先进制造实用技术系列丛书

# 技能大师谈高效精密数控加工

梁　兵　王三民　主编

机械工业出版社

CHINA MACHINE PRESS

本书由中国兵器工业集团技能大师梁兵牵头、17 位技术骨干组成的编写组，围绕精密加工这一核心和难点题材，以突出"实用"为特点，以生产实际中的典型案例为主要内容，总结精密、高效数控加工技巧和经验，分门别类地对不同工件的加工实操予以分析，以实际操作和案例指导生产，提升全行业的数控加工水平。

本书可作为各企业一线数控加工从业人员、质量管理人员、安全监督人员、工艺技术人员的技能培训教材，也可供研究机构、应用型本科院校、中高等职业院校师生学习参考。

## 图书在版编目（CIP）数据

技能大师谈高效精密数控加工／梁兵，王三民主编 . —北京：机械工业出版社，2022. 12（2024. 1 重印）

（先进制造实用技术系列丛书）

ISBN 978-7-111-72502-2

Ⅰ.①技… Ⅱ.①梁…②王… Ⅲ.①数控机床-加工 Ⅳ.①TG659

中国国家版本馆 CIP 数据核字（2023）第 012809 号

机械工业出版社（北京市百万庄大街 22 号 邮政编码 100037）

策划编辑：王建宏 责任编辑：李亚肖

责任校对：曹胜玉 责任印制：郜 敏

中煤（北京）印务有限公司印刷

2024 年 1 月第 1 版第 3 次印刷

184mm×260mm · 14.25 印张 · 362 千字

标准书号：ISBN 978-7-111-72502-2

定价：85.00 元

电话服务 网络服务

客服电话：010-88361066 机 工 官 网：www.cmpbook.com

　　　　　010-88379833 机 工 官 博：weibo.com/cmp1952

　　　　　010-68326294 金 书 网：www.golden-book.com

**封底无防伪标均为盗版** 机工教育服务网：www.cmpedu.com

# 序　言

进入 21 世纪，我国已成为制造业大国，正在努力迈向制造业强国行列，这对技术和技能人员提出了更高的要求，只有掌握了先进的科学技术并拥有与之相应的技术精湛、手艺高超的技能人才，才能生产出高质量的产品，打造出自己的品牌，才能在激烈的市场竞争的大潮中勇立潮头、勇往直前。

劳模和工匠人才创新工作室是新时代技术创新的主力军，解决生产难题的攻关站，作为新时期知识型、创新型技能人才的培育平台，工作室围绕企业发展，弘扬精益求精、敬业担当和专业、专注、专心的工匠精神，积极开发技艺高超、善于创新、攻坚克难、追求卓越的"工匠智慧"，充分发挥了工作室在技能创新、技术攻关和人才培养等方面的示范引领作用，各工作室之间相互技术交流、技能竞赛，能够快速传播适用的技术知识，促进优秀创新成果转化应用，并服务于生产，为保障高精尖产品生产构筑坚实基础。

本书是由全国劳动模范、中华技能大奖获得者梁兵及其带领的国家级技能大师工作室团队，在历年来生产实践中总结提炼的创新成果、发明专利、特色操作法、高效切削参数设置、宏程序案例应用等的基础上编写而成的，结合现场使用的五轴数控机床论述驱动变轴加工和角度头后置处理、立式数控机床联动摇篮转台的宏程序换算、冰固盘冷冻装夹加工和深冷处理防变形技术等核心技术经典案例，精心编著和图文解析，涉及特殊材料加工、新型刀具应用、高效切削方法、典型工装设计等专用知识，是在实践中总结提炼的实用性极强的专业书籍。编著者有国家级技能大师、全国数控技能大赛专家、正高级工程师、高级技师等理论严谨、经验丰富的专家团队，并诚邀北京理工大学指导并加盟编著，旨在传承核心技术，攻克瓶颈难关，增强竞争实力，助力企业发展。

真诚希望这套丛书能够成为广大技术和技能人员学习进步的良师益友，能够为传承机械加工行业操作技能，推广高效加工技术，引领大家匠心向党，技能建功，创新奉献，强军报国，为中国制造业的转型升级贡献力量！

中华全国总工会副主席：高凤林

# 前　言

随着数控机床在机械制造行业的迅速普及，高效精密数控加工已经成为机械加工的主要形式，并正在向智能化、柔性化方向发展。日益发展壮大的数控加工技术，对现代技术工人提出了更高要求，既要有高超的操作技能又要能总结提炼拓展，用科学理论、正确原理、前沿技术指导激发创新灵感，在本职岗位提质增效和发明创造，将创新成果有序传承、以点带面，更大范围服务于社会。

河南平原光电有限公司（以下简称"平光"）是中国兵器工业集团"高精尖"光电装备的制造企业，公司的数控加工技术起步较早，期间涌现出了一批荣获中华技能大奖、全国技术能手、国务院政府特殊津贴的数控操作技能人才，他们在岗位上刻苦钻研、拼搏进取、创新创造，为武器装备性能提升解决了大量"卡脖子"技术难题，为企业转型升级做出了巨大贡献。

为了传承和发扬平光几代数控人的绝招绝技，我们将数控团队成员历年来在技术攻关、生产实践中总结提炼的创新成果、发明专利、特色操作法等收集编写成书，使其具有扎实的实践基础和推广价值。

编写本书的指导思想是：源于生产，结合实际，实用性强，注重案例解析，体现以职业能力为本位，以应用为核心，以"必需、够用"为度的编写原则。文章条理清晰、图文并茂、可读性强，适合相关专业的职业院校和有一定机械加工基础的技术技能人员借鉴应用。

本书注重实用性，书中的全部实例均来自于生产实践，涵盖前沿数控加工技术、高效高精加工工艺技术等，最新收录了中国兵器工业集团创新大赛获奖的部分特色操作法，由中华技能大奖和国赛冠军等专家、大师审稿与编著，按国家标准制图，历时两年多的修改、完善、定稿，内容丰富值得研读。

本书由梁兵、王三民任主编并统稿，参编人员还有刘红武、李宝生、刘菊花、刘红德、张燕春、张涛、王维博、廉继西、杨兴隆、胡飞嘉、陶卫军、张旭哲、周峥峥、孙俊霞和李广周。具体编写分工：梁兵编写前言、第五章，王三民编写第一章、第二章，李宝生、张燕春、张涛、廉继西编写第三章，刘菊花、王维博、孙俊霞编写第四章，胡飞嘉、陶卫军、李广周、周峥峥编写第六章，刘红武、杨兴隆、刘红德、张旭哲编写第七章。

由于书中内容涉及专业、领域较广，加之编者知识水平有限，书中难免出现个别错误，希望谅解并指正，感谢广大读者关注和阅读。

编　者

# 目 录

# 第五章 技能大师工作室特色操作法

# 第六章 精密加工技巧案例汇编

# 第七章 宏程序创新加工应用

# 第一章

# 高效精密数控加工概述

## 一、高效精密数控加工技术

精密加工技术（High Precision Machining Technology）是获得高尺寸精度和表面完整性的必要手段。加工的精细化程度代表着一个国家制造业的发展水平。为适应产品小型化、轻量化、智能化和高集成化的发展趋势，数控加工技术不断向着精密和超精密方向开发及应用。

数控技术，即采用数字控制方法对某一工作过程实现自动控制的技术，在产品加工中扮演着越来越重要的角色，在大幅地提高产品加工质量和效率的同时，也大幅地降低了操作人员的劳动强度，在保障产品研制与批量生产中发挥了重要作用，因此数控技术是具有高效率与高精度的加工技术。

高效精密数控加工技术（Efficient Precision CNC Machining Technology）是以精密加工为核心，融入数控技术的现代制造技术，是制造业尖端领域的重要支撑技术，是现代高科技产业和科学技术的发展基础，也是现代制造科学的发展方向。高效精密数控加工技术是先进实用的制造技术，广泛应用于航空、航天、兵器及船舶等制造业，尤其在飞机制造业、船舶制造业更加受到重视，可大幅地提高生产效率，切削效率为传统切削效率的 5 倍以上，加工精度可达到 0.001mm。实践证明，高效精密数控加工技术可大大缩短产品生产周期，加速新产品的开发。因此，高效精密数控加工技术具有强大的生命力和应用前景，是切削加工发展的主流。我国高效精密数控加工技术的开发与应用还处于初步阶段，每年进口大量高端数控设备，同时也研发多种高速、高效加工设备，只要我们充分认识高效精密数控加工技术的优越性和产生巨大经济效益的潜力，发挥我们自身数控加工技术优势，就一定会把我国的高效精密数控加工技术推进到一个新高度。

### （一）精密加工技术的发展

精密加工技术的发展总共经历了三个阶段。

1）出于国家国防科技及航天技术的需求，美国开发了单点金刚石切削（Single Point Diamond Turning，SPDT）技术，也称为"微英寸技术"。1966 年，美国联合碳化物公司

（Union Carbide）、美国劳伦斯利弗莫尔实验室（Lawrence Livermore Laboratories）以及荷兰飞利浦公司（Philips）相继各自研发出超精密金刚石车床。1974年，Taniguchi使用纳米技术一词描述超精密机械加工。1983年，Taniguchi又对各时期的机械加工精度进行了总结并对其发展趋势进行了预测，在此基础上，Byrne等人描绘了20世纪40年代后加工精度的发展，如图1-1所示。纵观加工精度的发展历史可以看出，21世纪的精密加工水平已达到20世纪50年代的超精密加工水平。

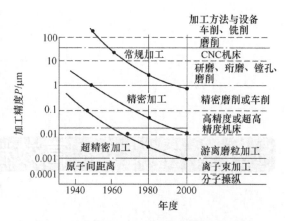

图1-1　20世纪40年代后加工精度的发展

从机械加工行业发展的角度来讲，精密及超精密加工的界限是一个相对量，加工精度仅从尺度来描述是不够的，还应结合不同时代的科学技术水平，进行尺度、技术等多方面的综合描述。

2）20世纪80~90年代为民用初期。美国政府于20世纪80年代，推动穆尔特殊工具公司（Moore Special Tool）等民间企业研制精密加工设备，日本东芝（Toshiba）、日立（Hitachi）以及欧洲的克兰菲尔德大学（Cranfield University）也陆续推出其精密加工设备，这些设备开始应用于一般民间工业光学组件商品的制造。但此时的精密加工设备依然高贵而稀少，主要以专用机的形式订做。20世纪80年代后期，美国对超精密金刚石切削机床的开发研究，投入了巨额资金和大量人力，实现了大型零件的微英寸精密加工。

3）20世纪90年代至今为民间工业应用成熟期。从1990年起，由于汽车、能源、医疗器材、信息、光电和通信等产业的蓬勃发展，所以精密加工设备的需求急剧增加，在工业界的应用包括非球面光学镜片、菲涅尔透镜、精密及超精密模具、磁盘驱动器磁头、磁盘基板加工以及半导体晶片切割等。在这一时期，精密加工设备的相关技术，例如控制器、激光干涉仪、空气轴承精密主轴、空气轴承导轨、油压轴承导轨和摩擦驱动进给轴等的研制技术也逐渐成熟，精密加工设备成为工业界常见的生产机器设备，许多公司、甚至是小公司也纷纷推出量产型设备。此外，设备精度也逐渐接近纳米级水平，加工行程变得更大，加工应用也逐渐广泛，除了金刚石车床和超精密研磨外，超精密五轴铣削和飞切技术也被开发出来，并且可以加工非轴对称、非球面的光学镜片。

目前，世界上的精密加工强国以欧美国家和日本为先，但两者的研究重点并不一样。欧美国家出于对能源或空间开发的重视，比如美国，几十年来不断投入巨额经费，对大型紫外线、X射线探测望远镜的大口径反射镜的加工进行研究。日本对超精密加工技术的研究相对美国、英国来讲起步较晚，却是当今世界上超精密加工技术发展较快的国家。日本超精密加工的应用对象大部分是民用产品，包括办公自动化设备、视像设备、精密测量仪器、医疗器械和人造器官等。日本在声、光、图像、办公设备中的小型、超小型电子和光学零件的超精密加工技术方面，具有优势，甚至超过了美国。日本超精密加工最初从铝、铜轮毂的金刚石切削开始，而后集中于计算机硬盘磁片的大批量生产，随后是用于激光打印机等设备的多面镜的快速切削。随着科技的不断发展，精密加工技术不断发展更新，加工精度不断提高。虽然不同国家对于精密加工技术的研究侧重点不同，但推动其发展的主要因素是相同的：对产品高质量的追求、对产品小型化的追求及对产品性能的追求。

**（二）高效精密数控加工的影响因素**

制造过程是指将能量流、物质流、信息流通过机械加工转化为产品的过程，即把原材料、毛坯转化为成品的过程，包括毛坯制造、机械加工、检验等过程，如图1-2所示。因此，加工效率及成品的精度受到如下几个因素的影响。

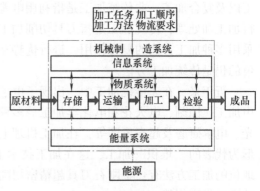

图1-2　制造过程示意

**1. 毛坯制备**

毛坯质量是保证最终成品质量的基础。毛坯的形状和尺寸取决于成品的形状和尺寸。毛坯是在成品需要加工的表面上，增加一定的机械加工余量。毛坯制造时，同样会产生误差，毛坯制造的尺寸公差称为毛坯公差。毛坯加工余量和公差的大小，直接影响机械加工的劳动量和原材料的消耗，从而影响产品的制造成本。因此，现代机械制造的发展趋势之一，便是通过毛坯精化，使毛坯的形状和尺寸尽量与零件一致，需要配合的部位与尺寸精度要求高的部位预留加工余量，力求作到少、无切削加工。

**2. 加工机理**

根据加工方法的机理和特点的不同，精密加工方法可以分为：去除加工、结合加工和变形加工三大类，见表1-1。

表1-1　精密加工方法分类

| 分　类 | 加工方法 | | 主要加工方法举例 |
|---|---|---|---|
| 去除加工<br>（分离加工） | 电物理加工<br>电化学加工<br>超声加工、光学加工<br>力学加工、力溅射<br>热蒸发、热扩散、热溶解 | | 电火花加工（电火花成形、电火花线切割）；电解加工、蚀刻（电子束曝光）、化学机械抛光；切削、磨削、研磨、抛光、超精加工、珩磨、超声加工、离子溅射加工、等离子加工和喷射加工；电子束加工、激光加工、脱碳处理、气割 |
| 结合加工 | 附着加工 | 化学<br>电化学<br>热熔化 | 化学镀、化学气相沉积；电镀、电铸；真空蒸镀、熔化镀；离子镀（离子沉积）、物理气相沉积 |
| | 注入加工<br>（渗入加工） | 化学<br>电化学<br>热熔化<br>力物理 | 氧化、渗氮、渗碳、活性化学反应；阳极氧化；晶体生长、分子束外延、掺杂、烧结；离子束外延、离子注入 |
| | 连接加工 | 热物理<br>化学 | 激光焊接、气焊、电焊、快速成形加工；化学粘接 |
| 变形加工<br>（流动加工） | 热流动、表面热流动、黏滞流动分子定向 | | 锻造、热流动加工（气体火焰、高频电流、热射线、电子束和激光）；铸造、液体流动加工（金属、塑料等压铸或注塑）；液晶定向 |

根据加工方法的机理、特点以及传统状况来看，精密加工又可分为非传统加工、传统加工以及复合加工。非传统加工是指利用电能、磁能、声能、光能、化学能和核能等对材料进行加工和处理；传统加工是指刀具切削加工、固结磨料和游离磨料的磨削加工；复合加工是采用多种加工方法的复合作用，进行优势互补，相辅相成。目前，在实际运用中，占主要地位的仍是传统加工方法。

近年来，在非传统加工中，出现了电子束、离子束、激光束等高能加工、微波加工、超声加工、蚀刻、电火花和电化学加工等多种方法，特别是复合加工，如磁性研磨、磁流体抛光、电解研磨及超声珩磨等，在加工机理上均有所创新。在加工机理上特别提出了以快速成形为代表的"堆积"加工，这在加工技术上具有里程碑意义。在传统加工方法中，占主要地位的加工方法有：金刚石刀具超精密切削、精密高速切削、金刚石微粉砂轮超精密磨削和精密砂带磨削等。

### 3. 加工设备——机床精度、刀具角度

机床作为机械制造业的基础装备，在为刀具和工件装夹提供基础支撑的同时，还为所需要加工要素的形成提供各种相应的运动。机床的精度包括几何精度和传动链精度。机床的传动链误差对一般圆柱面、平面的加工精度没有影响，但会对工件与刀具具有严格内联系的加工表面的精度产生影响。例如，在车削螺纹时，机床的传动链误差是影响精度的主要因素。机床的几何精度对加工精度的影响较大，主要体现在机床主轴的回转精度和机床导轨的直线运动精度。因为机床一般是通过主轴将动力传递给工件或刀具，所以主轴的回转精度对加工精度有直接的影响，其主要表现形式为轴向窜动和径向圆跳动。因此，机床自身精度的高低对加工精度有着决定性的影响。

合理的刀具使用，可以提高工件的表面质量。以金属切削过程为例：金属切削过程是指刀具与工件运动并相互作用的过程，其机理是刀具切削刃和前刀面对工件的推挤、摩擦，使切削层金属发生剪切滑移变形和摩擦塑性变形而形成切屑。后刀面与工件挤压形成加工表面，切削过程如图1-3所示。

刀具角度可以控制切屑的类型（见图1-4）和流向，减少切屑与工件已加工表面的接触，进而提高工件的表面精度。在加工不同刚度的工件时，改变刀具的主偏角大小，能明显减小加工过程中的机械振动和工件变形，从而降低已加工表面的表面粗糙度值。

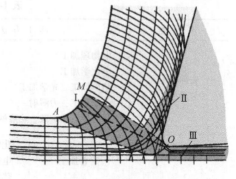

图1-3　金属切削过程

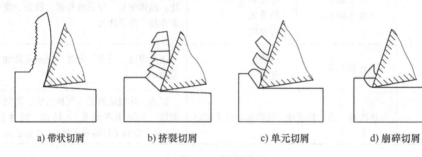

a) 带状切屑　　　b) 挤裂切屑　　　c) 单元切屑　　　d) 崩碎切屑

图1-4　切屑类型

#### 4. 加工环境与工艺规程

精密机械加工对作业环境的要求很严格。一般来说，在产品设计阶段假设车间环境是相对稳定的，但在实际加工过程中，环境温度、湿度和机床的清洁度都会发生变化。对于磨削类型的加工，工件表面在环境的影响下可能造成暂时性的光滑，从而导致表面粗糙度、光滑度无法满足设计要求。此外，精密加工现场的抗振性、防电磁干扰、清洁度等因素都会影响到产品质量。因此，精密加工需要在专业的精密加工车间内进行。

工艺规程是以文件形式规定的工艺过程，其形式包括工艺过程路线表、工序卡、工序检验卡及机床调整卡。合理的工艺规程可为加工提供科学的指导，保障产品的质量。

#### 5. 高速切削

高速切削加工技术（High Speed Machining Technology）的概念是由德国 Carl. J. Salomon 博士提出的。他认为每一种材料在加工时都存在一个临界切削速度，当切削速度小于材料的临界切削速度时，切削温度将随着切削速度的增加而提高，同时刀具磨损也将持续增大，这对工件加工表面的质量和刀具寿命将产生不利影响。但随着切削速度的增加，当切削速度大于材料的临界速度后，温度、刀具磨损以及切削力都会下降，从而提高工件的表面质量，刀具寿命、生产效率也可以得到极大的提升，如图 1-5 所示。

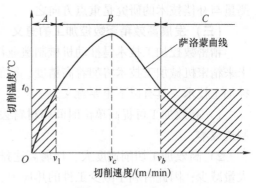

图 1-5　萨洛蒙曲线

目前，在金属切削研究中，高速切削还没有统一的概念，通常使用切削速度进行定义，高速切削进给速度为常规切削的 5~10 倍。高速切削分高速铣削、高速车削及高速钻孔等，高速切削针对薄壁件非常适合，可提高表面精度，同时省去后续的精磨工序。高速切削是相对的，不同的材料具有不同的切削速度范围，因而其高速切削速度的范围也不尽相同。例如，目前加工铝合金切削速度已达到 2000~7500m/min，钢为 600~3000m/min，超耐热镍基合金为 80~500m/min。高速切削作为一种重要的先进加工技术，是国内外在加工领域中的重要研究对象，对我国的制造业发展具有非常重要的意义。

#### 6. 误差测量与补偿技术

数控机床是制造业的基础，高精度、高效率、高稳定性是机械加工制造领域永不停歇的追求目标。航空、航天、能源、微电子及生物医疗等领域高精尖复杂产品的加工生产，向现代制造工艺、装备和系统的极限性能不断提出新的挑战。数控机床作为现代制造业的"工业母机"，其精度要求受到各国专家、学者的关注。近年来，如何对影响加工精度的机床误差进行测量、补偿，已成为研究热点。

现代制造业中，普遍将误差元素分为三大类。

（1）加工前固有的因素引起的误差　包括：①原理（理论）误差；②机床夹具和刀具的制造误差，机床、夹具在加工过程中的磨损。

（2）加工中产生的因素引起的误差　包括：①机床调整（对刀）误差；②装夹误差；③加工过程中的切削力；④加工过程中的切削热；⑤刀具磨损；⑥毛坯残余应力；⑦切削参数。

（3）加工后出现的因素引起的误差　包括：①残余应力变形；②测量误差。

在加工过程中，各类误差元素作用于成形过程，使刀具与工件的实际相对位置偏离理论值，形成加工误差。在所有误差元素当中，机床、夹具和刀具的制造误差和加工过程中的热引起的误差总共占了所有误差的45%~65%。

误差补偿技术（Error Compensation Technique）是一种改善机床加工精度的"软"技术，即针对机床存在的误差元素建立精确的数学模型，通过软件手段来人为制造出与实际误差大小相同、方向相反的误差，叠加到机床的实际运动过程中，从而实现对原有误差的补偿。

为了提升我国基础装备制造业的技术水平，缩小与国外高档数控机床的技术差距，我国于2009年开展了"高档数控机床与基础制造装备"的国家重大专项研究工作，其中，误差测量与补偿技术的研究是重点方向之一。

### （三）发展高效精密数控加工的意义

精密数控加工技术是推动机械制造业深化发展的源动力，是工业4.0时代的核心动能，未来精密机械加工技术将朝着高精度、智能化的方向持续发展。因此，大力发展高效精密数控加工技术，具有以下重要意义。

1）高效加工可提高单位时间内材料去除率，减少切削加工时间，提高加工效率，降低制造成本。

2）高效加工切削速度大，切屑高速排出，可带走90%以上切削热。由于工件的切削热大量减少，因此有利于减少工件的热应力，提高工件的加工精度。

3）高效加工切削速度大，切削力随之减少，大致平均减少35%以上，有利于减少工件切削应力，对弱刚度薄壁结构件，有利于提高其加工精度。

4）高效加工可加工高硬度淬火金属材料，替代电加工和磨削加工，缩短产品研发与批量生产制造周期，降低加工成本。

## 二、高效精密数控加工的难点与技巧

随着对精密数控加工的精度、效率、智能化等各方面的要求逐渐提高，精密数控加工难免会遇到一些技术难题甚至是瓶颈，下面列举精密数控加工发展过程中遇到的一些难点以及通过实践已经获得的技巧和经验。

### （一）机床几何误差

机床几何误差的研究伴随着机床产生和发展的全过程，因此已有了相当长的历史。实际上，在机床发展的初始阶段，提高加工精度的主要方法就是提高机床自身的几何精度。机床各零部件的几何误差，最终均将反映在被加工工件的加工误差上，因此机床每一个零件的几何误差都是关注的对象。

### （二）机床热变形误差

相对机床几何误差影响加工精度的认知，人们对机床热变形影响加工精度的问题发现的较晚。热变形误差产生的过程为：发热部位产生热量，热量通过接触面向周围传递，最终导致机床关键部件变形，从而产生误差。在精密加工领域，机床几何精度已经很高，此时的热变形误差成为影响机床加工精度的最主要因素之一。

### （三）伺服误差

伺服系统是数控机床的重要组成部分，伺服系统的静态和动态特性的优良程度直接影响着机床的定位精度、加工精度和位移速度。伺服系统的误差是数控机床的主要误差源之一。由于数控机床伺服轴的运动不是人工控制，而是通过伺服电动机及其传动机构来驱动的，而伺服电动机则由数控加工程序指令来控制，因此伺服系统的结构和工作特性复杂，导致伺服误差的复杂变化。在多轴联动数控加工过程中，伺服系统处于非常频繁的加减速状态，使伺服误差发生更为复杂的变化，最终影响到工件的加工误差，伺服误差变化的复杂性更增加了对其控制的难度。

在数控机床加工控制中，各轴伺服系统准确跟踪指令的能力起着非常关键的作用。随着高精度、高速度加工的日益发展，对各轴伺服系统的跟踪性能提出了更为严格的要求，特别是在当今超精密加工中，对各轴伺服系统性能的要求到了极为苛刻的程度，靠常规控制方法已经难以实现。对于多轴数控加工，任意伺服轴运动轨迹的偏差或故障均会引起整个运动规律的变化，产生轮廓加工误差，因此各轴伺服系统不但要有很好的位置跟踪能力，还要有极高的可靠性和稳定性。

### （四）振动与环境误差

在数控机床发展的初期，人们虽然早已认识到机床振动及环境条件对加工精度的影响，但由于加工精度要求比较低，振动及环境误差的影响并不明显，因此对振动及环境误差的研究未受到重视。应该说，对振动及环境误差问题的真正研究开始于精密加工的兴起。对于普通加工，机床振动及环境波动引起的误差在机床加工误差中所占分量很小，因此对机床地基及周围加工环境没有严格的要求。但是，对于精密加工，机床振动严重影响到加工工件的表面粗糙度，会影响 $0.1\mu m$ 级的尺寸精度，给机床加工精度造成了很大危害，因此必须予以限制。

### （五）检测误差

在数控机床加工过程中进行检测与监控已越来越普遍，机床装有各种类型的检测、监控装置。位置检测装置则是数控机床闭环伺服控制系统必不可少的重要组成部分。闭环伺服控制的数控机床的加工精度主要取决于检测系统的精度。

### （六）几何误差的控制

减少和防止机床各零部件在制造和安装过程中的几何误差的措施，主要就是改进工艺和采用新材料。就几何误差而言，在机床各零部件中，其中构成机床的关键部件——主轴和导轨，其几何精度的高低，对数控机床的加工精度起着决定性影响，因此为了提高数控机床的精度，许多国家投入了大量的人力、物力用于研究和开发高精度的主轴轴系和导轨。近些年来，各类新型轴承和新型导轨的成功研制和应用，使机床主轴的回转精度得到大幅度提高，机床导轨的直线度也得到极大提高，进而大大提高了数控机床的精度，为进行精密、超精密加工提供了极为重要的物质基础。

由于机床各零部件几何精度是机床加工精度的基本保证，以及人们对高加工精度的向往和不断追求，所以防止和减少机床几何误差的研究必将是一个漫长而艰辛的过程，也必将不断涌现出新的工艺和材料。

### （七）热变形误差的控制

降低热变形误差是提高加工精度的最好方法，这需要对环境条件，如温度、湿度等进行严格的控制，必要时可采用空气静压轴承和磁浮轴承，以减少摩擦和由此产生的热量。机床主轴单元功率大、发热严重，且其径向圆跳动和轴向窜动均直接反映在加工工件上，因此必须采用冷却措施使其温度不至于大范围变化。

热流控制有被动热流控制和主动热流控制之分。被动热流控制是将绝热物插入机床主要结构中，如机身、头架等，以控制热流，试图使每一单元热变形均匀，在被动热流控制中，绝热物不仅阻碍了热流，也形成了很好的温度场。适当地安装绝热物，可以使机床温度场和热流敏感性得到改善；主动热流控制是采用外部热源来改善机床的热变形，一方面使不对称温度分布化为对称分布，从而降低机床结构的热变形，另一方面也大大减少了精密机床的预热时间。

热稳定结构设计通过改变机床结构和热源设计来消除热量的影响。对机床热性能机理的研究及基于此提出的各种热变形理论为在设计阶段优化机床的热特性提供了理论支撑。但是，由于热变形误差受电动机和运动副所产生的热量及切削力、环境温度、冷却系统等诸多因素的影响，并且与机床各部分的热特性有关，使得热变形情况极为复杂，以及机床连接处热源和边界条件存在很大的不确定性，从而进行热变形误差理论计算时，导致计算的热变形结果与实际情况往往有明显的差异，因此必须通过生产试验对计算结果进行考核，使一些在实验室可行的方案难以用于生产实践。目前，尚缺乏一种精确的热变形误差计算方法，相关研究还需进一步深入。

### （八）伺服误差的控制

为了改善伺服系统性能，提高伺服精度，国内外许多学者和专家进行了长期不懈的努力研究。目前，伺服误差控制研究的侧重点分为单轴伺服系统性能和多轴伺服系统综合性能的改善与提高两方面，伴随着产生开环控制和闭环控制两种不同方法。

（1）开环控制方法　开环控制的加工精度由机床零部件的精度来保证，采用直线度非常理想的导轨（如液体静压导轨、气体静压导轨等）、更高回转精度的主轴（如液体静压主轴、气体静压主轴等）、高性能的电动机（如 DYNASERV 电动机，其最小输出脉冲可达 2.53″），以及各种精密驱动方式（如滚珠丝杠、静压丝杠、摩擦驱动和直线驱动等），提高机械系统的响应速度和定位精度。根据开环方法设计的机床结构简单，如果加工过程的状态可以事先预知，并可以用适当的方法达到，则反馈是多余的，所以可以采用开环结构。这种单纯依靠提高机床零部件的性能来提高机床机械系统的运动精度的方法，适用于轻载、负载变化不大或经济型数控机床的伺服系统控制，在精密加工中也可采用。但是，由于机械系统中普遍存在摩擦和间隙，在低速运动时会产生爬行（stick-slip）现象，反向运动时产生反程差（backlish），因此为了提高位置精度，机械传动系统还需要足够的连接刚度以克服弹性变形。要克服这些非线性因素的影响，开环方法是以更高的成本为代价的，更高精度意味着更高的成本。要用开环方法达到高精度就意味着成本更高。

（2）闭环控制方法　闭环控制又分为全闭环控制方法（见图 1-6）和半闭环控制方法（见图 1-7）。全闭环和半闭环控制系统具有一致的结构，二者差异只是位置信号检测点有所不同，前者的位置信号检测点是最终运动部件（机床工作台或刀架），检测信号是最终运动部件的实际位置，而后者的位置检测信号检测点是坐标运动传动链中的某处机械传动部件（如伺服电动机），检测信号是该传动部件的运动参数，再将其转换为位置信号，因此全闭环系统环内包括较多的机械传动部件，理论上具有比半闭环控制更高的控制精度。目前，半闭环控制系统在普通和精密机床中应用较多，全闭环控制方法则多应用于超精密机床上，例如美国 LLNL 以及英国 Rank Pneumo 公司、Granfield 大学开发成功的超精密金刚石车床，原因是由于开环控制易受机械变形、磨损、温度变化、振动及其他因素的影响，系统稳定性难以调整，对传动部件精度、性能稳定性及使用过程的温差变化需要有很好的保障措施。

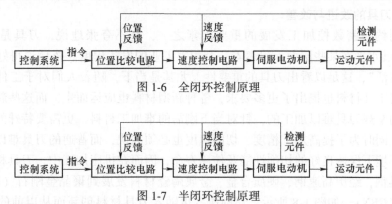

图 1-6　全闭环控制原理

图 1-7　半闭环控制原理

上述机床的闭环控制都采用前馈加 PID 控制方法，这种传统控制方法稳定性好、可靠性高，PMAC 运动控制板就是这种控制器的代表。超精密数控系统要求有纳米级运动分辨力，因此要求有更短的插补周期（<1ms）和控制周期（<0.1ms）。此外，针对超精密加工特点，需要多轴联动生成高次曲线、曲面，在传统控制算法的基础上，采用交叉耦合控制、最优预见控制（OPC）、逆补偿滤波器（IKF）控制、滑模控制、陷波及前馈等方法，可以较大地提高跟踪精度。

另外，适应控制（Adaptive Control，AC）技术开始在数控机床伺服系统中得到应用。适应控制就是使机床能随加工过程中切削条件的变化，自动调节切削量，实现加工过程最佳化的自动控制。适应控制技术已形成了约束适应控制（Adaptive Control Constraint，ACC）、最佳适应控制（Adaptive Control Optimization，ACO）和学习适应控制（Trainable Adaptive Control，TAC）等多个分支。

**（九）振动与环境误差的控制**

防止和减少振动误差的措施是减轻机床内部和外部振源的影响。为了减轻机床内部振源的影响，须提高机床零部件的加工精度，对于机床中的回转零件要进行严格的动平衡，或者选择低速加工以减轻回转件不平衡的影响；为了减轻或消除来自机床外部振源的影响，必须采取合适的机床基础和防振装置，得到成功应用的防振装置已有橡胶隔振器、金属弹簧、G型隔振器及压缩空气垫等。另外，在精密加工中，对加工环境有着严格的要求，空气中的温度、尘埃、湿度、气压和气流都有可能危及加工精度，因此要求对加工环境进行防尘、除湿等净化处理，并保持温度和气压的恒定。国外（如美国）已形成了加工环境的净化标准，我国的相关标准尚在研究形成阶段。

**（十）检测误差的控制**

为了满足各种不同闭环伺服控制及加工精度的需要，人们研制了多种位置检测装置，如回转型的脉冲编码器、旋转变压器、圆感应同步器、圆光栅、圆磁栅、多速旋转变压器、绝对脉冲编码器、三速圆感应同步器，以及直线型的直线圆感应同步器、计数光栅、磁尺、激光干涉仪、三速感应同步器和绝对值式磁尺等。另外，还研制了一些监测手段如红外、声发射（AE）及激光检测装置等来对刀具和工件进行监测。国内外科学家对如何合理设计、选择与使用这些装置以消除或减少测量误差做了大量研究，相关研究文献浩如烟海，并且这方面的研究工作还在继续。

**（十一）刀具的改进与改善**

刀具是制约精密数控加工发展的重要因素之一，毫不夸张地说，刀具是工业的"牙齿"，它的发展水平在某些层面上代表着一个国家工业的发达程度。俗话说得好"没有金刚钻，别揽瓷器活"，这足以看出刀具的重要性，尤其是当下，随着人们对于工件的性能要求日益严苛，对工件材料也提出了更多要求，各种新型材料也应运而生，而这些新型材料中有很多是目前的常规刀具难以加工的，针对当下刚需的难加工材料，更需要特殊的刀具、刀片及切削方法。同时为了提高加工精度，切削速度也必须加快，而普通的刀具难以在高速甚至超高速切削环境下保持良好的切削性能及使用寿命，因而在机床加工中，刀具材料已从碳素钢、合金工具钢，经历高速钢、硬质合金、金属陶瓷材料发展到聚晶金刚石（PCD）、聚晶立方氮化硼（CBN），如图 1-8 所示。切削速度也随着刀具材料创新而从以前的 12m/min 提高到 1200m/min 以上。因此，有人认为随着新刀具（磨具）材料的不断发展，每隔 10 年切削速度会提高一倍，亚音速乃至超声速加工的出现将不会太遥远。由此可见，各类硬质合金刀具、PCD 刀具、CBN 刀具、陶瓷材料刀具和刀具涂层等在精密数控加工中扮演着越来越重要的角色。因为除了刀具材料，刀具自身的精度也会对精密数控加工造成影响，这就形成了一个悖论，即更好的刀具需要更好的机床加工，而更好的机床却离不开更好的刀具，所以人们往往采取磨削、抛光等其他方式来提高刀具精度，而非仅依靠车削、铣削等。

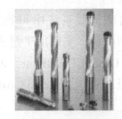
a）合金工具钢刀具

b）高速钢刀具

c）硬质合金刀具

d）陶瓷材料刀具

e）PCD刀具

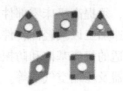
f）CBN刀具

图 1-8　各类材料刀具

**（十二）切削过程的建模与仿真**

材料切削加工过程是一个非常复杂的非线性变形过程，传统的研究方法很难对其切削机理进行定量分析。利用计算机进行有限元仿真研究具有系统性好、继承性好和可延续性好的优点，且不受时间、空间和试验条件的限制，一旦获得较好的仿真效果，则可大大缩短工艺设计的时间和成本，有限元仿真还可以获得许多用试验方法难以获得或不能获得的信息，能够再现切削过程的变形和温度变化，利用有限元仿真技术能够方便地分析各种工艺参数对切削过程的影响，为优化切削工艺、提高产品精度和性能提供理论与实用的手段，同时为更好地研究切削理论提供了极大的方便。

以金属切削加工过程为例，在掌握金属切削的材料非线性、几何非线性问题的基础上，利用弹塑性大变形有限元方法，可以求解金属切削加工的过程。

在切屑形成过程仿真方面，考虑到切屑的卷曲原因，建立切屑厚度、卷曲半径的数学模型，获得在不同切削条件下，切屑形成过程的 3D 实时模拟过程，获得在加工过程中，工件和切屑中的应力、应变、温度的分布情况，通过改变切削条件，可以分析切削条件对切屑形成的影响，包括未变形切屑厚度、切削速度、刀具前角等。在斜刃切削条件下，可以得到切屑卷曲的有限元仿真结果，根据仿真结果，探讨金属切削毛刺的产生原因、影响因素，并建立切削方向毛刺的数学模型，仿真并分析正交切削条件下，切削方向毛刺的形成过程与机理，通过改变切削条件，分析切削条件对毛刺形成的影响，从而得到更合理的切削参数。

**（十三）误差补偿**

提高数控机床精度有两条途径：其一是误差预防；其二是误差补偿。误差预防也称为精度设计，是试图通过设计和制造途径消除可能的误差源。单纯采用误差预防的方法来提高机床的加工精度是十分困难的，因而必须辅以误差补偿的策略。

误差补偿一般是采用"误差建模-检测-补偿"的方法来抵消既存的误差。误差补偿的类型按其特征可分为实时误差补偿与非实时误差补偿、硬件补偿与软件补偿、静态补偿与动态补偿。

**1. 实时误差补偿与非实时误差补偿**

如数控机床的闭环位置反馈控制系统，就采用了实时误差补偿技术。对于非实时误差补偿，其误差的检测与补偿是分离的。一般来说，非实时误差补偿只能补偿系统误差部分，实时误差补偿不仅能补偿系统误差，而且还能补偿相当大的一部分随机误差。静态误差都广泛采用非实时误差补偿技术，而热变形误差总是采用实时误差补偿。非实时误差补偿成本低，实时误差补偿成本高。只有制造超高精度机床时，才采用实时误差补偿技术。此外，在动态加工过程中，误差值迅速变化，而补偿总有时间滞后，因此实时补偿不可能补偿全部误差。

**2. 硬件补偿与软件补偿**

在机床加工中，误差补偿的实现都是靠改变切削刃与工件的相对位置来达到的。硬件补偿是采用机械的方法，通过改变机床的加工刀具与工件的相对位置达到加工误差补偿的目的。与利用计算机的软件补偿相比，此方法显得十分笨拙，要改变补偿量，需改制凸轮、校正尺寸补偿装置，或重新调整，很不方便。再者，这种方法对局部误差（短周期误差）一般无法补偿。

软件补偿是通过执行补偿指令来实现加工误差的补偿。由于软件补偿克服了硬件补偿的困难和缺点，因此逐渐取代了误差的硬件补偿方法。采用软件补偿方法，可在不对机床的机械部分做任何改变的情况下，使其总体精度和加工精度显著提高。软件补偿具有很好的柔性，用于补偿的误差模型参数或者补偿曲线可随机床加工的具体情况而改变，这样在机床的长期使用中，只要实时对机床进行误差标定，修改用于软件补偿的参数，就可使数控机床的加工精度多次恢复。

**3. 静态补偿与动态补偿**

误差的静态补偿是指数控机床在加工时，补偿量或补偿参数不变，它只能按预置的设定值进行补偿，而不能按实际情况改变补偿量或补偿参数。采用静态补偿方法只能补偿系统误差而不能补偿随机误差。

动态误差补偿是指在切削加工条件下，能根据机床工况、环境条件和空间位置的变化，来跟踪、调整补偿量或补偿参数，是一种反馈补偿方法。这种方法也叫综合动态误差补偿法，它不但能补偿机床系统误差，也可以补偿部分随机误差，能对几何误差、热误差和切削载荷误差进行综合补偿。动态补偿法可以获得较佳的补偿效果，是数控机床最有前途的误差补偿方法，但需要较高的技术水平和附加成本。

### （十四）高速切削

高速加工和传统加工工艺有所不同，传统加工认为，高效率来自低转速、大切削深度、缓进给和单行程，而在高速加工中，高转速、中切削深度、快进给和多行程则更为有利。高速切削具有加工效率高、加工精度高、单件加工成本低等优点，具体阐述如下。

**1. 加工效率高，降低加工成本**

高速切削加工与传统的常规加工相比，高速切削加工允许使用较大的进给量，各种材料的高速切削进给速度可达到 $2 \sim 25 \text{m/min}$，进给速度比常规加工提高 $5 \sim 10$ 倍，单位时间材料去除率提高了 $3 \sim 6$ 倍。当加工需要大量切除金属的零件时，可使加工时间大大减少。

B. GIRIRAJ 等通过自适应控制系统在高速加工中降低表面粗糙度值的研究，发现改进切削速度可以修正现有进给量的计算方法，得出加工过程能力指数提高了 39%、相应的加工过程效率提高了 25% 的试验结果。

**2. 切削力较低，切削热量少**

由于切削速度较快，有助于降低切削力的大小，相对常规切削至少降低 30%，极限剪切应力提高 $7 \sim 9$ 倍，减少了刀具与工件表面的接触时间，对于加工壁厚较薄的零部件有很大的技术优势，可以大大减小不必要的受力变形和热变形。由于切削速度极高，切屑也以很高的速度从加工零件表面下落，同时带走 95% 以上的切削热，所以可大大减小工件的热变形和减少应力集中现象的发生。

**3. 精简加工流程，集约加工工序**

高速切削加工工件能够获得较高的加工精度和表面质量，加工过程中产生的系统振动小、变形小，能够快速加工硬质材料，同时免除了传统加工中人工修整淬火处理后产生的变形及人工抛光工序等，以最少的生产工序获得理想的工艺规格标准。高速切削加工对薄壁复杂结构件更能体现出其价值。

**4. 减少能耗，节约能源**

高速加工以其单位时间内较高的材料去除率，大大缩短了零件的加工时间，从而直接减少能源消耗。有些高速加工免除了切削液的使用，采用风冷及油雾冷却方式，降低了加工成本，如省去了润滑及切削液的购置及回收处理费用，节省了工人清洗零件及处理废弃油屑的时间，同时减少了废弃物对环境产生的负面影响，真正响应了高效、低耗、环保的可持续发展号召。

### 三、高效精密数控加工的应用领域

数控加工技术被广泛应用于各行各业的加工制造中，对于航空、航天、汽车和医疗等多种行业的发展起着至关重要的作用。由于效率和质量是制造技术研究的重点，所以高精度、高效率的数控加工技术也成为数控行业发展的方向。目前，在精度方面，超精密数控机床的精度可达到 0.003mm。在效率方面，数控机床的切削进给速度达到 100m/min。然而，由于数控加工技术需求的不同，衍生出各种各样的数控加工技术。精密加工主要包括精密切削（车、铣）、精密磨削研磨（机械研磨、机械化学研磨、研抛、非接触式浮动研磨以及弹性发射加工等）和精密特种加工（电子束、离子束、等离子加工、激光束加工以及电加工等）。

**（一）精密切削加工**

精密切削加工可以加工出表面质量极高的表面。在此过程中，刀具是制约加工精度的重要因素之一。随着加工速度的不断提升，普通刀具已经难以保持良好的切削性能，刀具磨损也极其严重，这对加工精度的影响是致命的，因而在高速切削加工中，刀具材料从碳素钢和合金工具钢，发展到高速钢、硬质合金钢、陶瓷刀具，以实现精密高速切削。人造金刚石、聚晶金刚石（PCD）、立方氮化硼（CBN）及聚晶立方氮化硼（PCBN）等刀具，可以达到纳米尺度的超精密切削。此外，精密切削加工还采用了高精度的基础元部件（如精密轴承、气浮导轨等）、高精度的定位检测元件（如光栅、激光检测系统等），以及高分辨力的微量进给机构。机床本身采取恒温、防振及隔振等措施。

**（二）精密磨削加工**

精密磨削技术是基于一般磨削而发展起来的，是用精确修整过的砂轮在精密磨床上进行的微量磨削加工，金属的去除量可在亚微米级甚至更小，可以达到很高的尺寸精度、几何精度和很低的表面粗糙度值。但磨削加工后，被加工的表面在磨削力及磨削热的作用下金相组织发生变化，易产生加工硬化、淬火硬化、热应力层、残余应力层和磨削裂纹等缺陷。

精密磨削不仅要得到镜面级的表面粗糙度，还要保证能够获得精确的几何形状和尺寸。这一过程中砂轮的修整技术相当关键。尽管磨削比研磨更能有效地去除物质，但在磨削玻璃或陶瓷时很难获得镜面，主要是由于砂轮粒度太细时，砂轮表面容易被切屑堵塞。日本理化学研究所学者大森整博士发明的电解在线修整（ELID）铸铁纤维结合剂（CIFB）砂轮技术可以很好地解决这个问题，如图 1-9 所示。主要的修整方法还有电化学在线控制修整（ECD）、干式 ECD、电化学放电加工（ECDM）、激光辅助修整及喷射压力修整等。

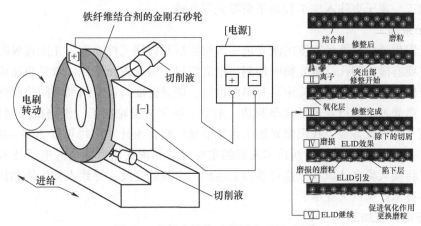

图 1-9 电解在线修正磨削法 ELID 原理

**（三）精密研磨**

精密研磨包括机械研磨、化学机械研磨、浮动研磨、弹性发射加工以及磁力研磨等加工方法。研磨金刚石车刀除采用机械磨料研磨之外，还采用了离子刻蚀和热化学方法。在研磨中，研磨盘原来均用高磷铸铁，后来采用高速钢研磨盘。例如：日本东海大学安永畅男教授等提出采用高速回转的高速钢盘与被加工的金刚石在接触和摆动中，通过物理化学作用，不用磨料，高速研磨金刚石车刀，完全突破了传统的研磨途径。超精密研磨可解决大规模集成电路基片的加工和高精度硬磁盘的加工等。这种过程修整法可以在研磨加工过程中控制磨粒锐度，使磨具保持高速研磨能力。

### （四）超精密特种加工

当加工精度要求达到纳米甚至达到原子单位（原子晶格距离为 0.1~0.2nm）时，切削加工方法已不能符合加工精度要求，这就需要借助特种加工方法，即应用化学能、热能、电能或电化学能等，使这些能量超越原子间的结合能，从而去除工件表面部分原子间的附着、结合或晶格变形，以达到超精密加工的目的。

**1. 电子束加工**

电子束加工是指在真空中将阴极（电子枪）不断发射出来的负电子向正极加速，并聚焦成极细的、能量密度极高的束流，高速运动的电子撞击到工件表面，动能转化为势能，使材料熔化、气化并在真空中被抽走。控制电子束的强弱和偏转方向，配合工作台 $X$、$Y$ 方向的数控位移，可实现打孔、成形切割、刻蚀及光刻曝光等工艺。集成电路制造中因广泛采用波长比可见光短得多的电子束光刻曝光，所以可以达到高达 $0.25\mu m$ 的线条图形分辨力。电子束焊接技术的应用越来越广泛，其还广泛应用于高精度掩模、微机电器件制造、新型 IC 研发等诸多方面，因此正逐步成为半导体器件和微细加工的关键技术之一，现在对电子束焊接设备的需求量也越来越大。

**2. 离子束加工**

离子束加工是指在真空下将离子源产生的带正电荷且自重比电子大数千万倍的离子加速（加速后可获得更大的动能），然后聚焦使之撞击工件表面。它是靠微观的机械撞击能量而不是靠动能转化为热能来加工的。离子束加工可用于表面刻蚀、超净清洗，实现原子、分子级的切削加工。根据所利用的物理效应和达到的目的，可分为离子束溅射去除加工、离子束溅射镀膜加工、离子束注入加工和离子束曝光等几种。

**3. 激光束加工**

由激光发生器将高能量密度的激光进一步聚焦后照射到工件表面，光能被吸收瞬时转化为热能。主要有激光制孔、激光精密切割、激光焊接、激光表面强化、激光快速成形技术及加工精微防伪标志等。基于激光束具有单色性好、能量密度高、空间和时间控制性良好等一系列优点，激光加工的行业包括汽车制造、航空、航天、齿轮加工、铁路机车制造、电子、化工、包装及医疗设备等，我国激光加工市场前景广阔，预计平均每年以 20%~30% 的速率递增。激光技术将是 21 世纪高新技术发展的主要标志和现代信息社会光电子技术的支柱之一，其发展将使人类在认识和改造自然力上达到一个新的高度，导致人类生活和社会物质文明以及科学技术产生巨大变革。

**4. 微细电火花加工**

电火花加工是指在绝缘的工作液中通过工具电极和工件间脉冲火花放电产生的瞬时局部高温来熔化和气化而有控制地去除工件材料，以及使材料变形、改变性能或被镀覆的特种加工。微细电火花加工的特点是每个脉冲的放电能量很小，工作液循环困难，稳定的放电间隙范围小等。由于加工过程中工具与工件间没有宏观的切削力，因而只要精密地控制单个脉冲放电能量并配合精密微量进给就可实现极微细的金属材料的去除，可加工微细轴、孔、窄缝、平面及曲面等。

### 四、国内外高效精密数控加工的应用与发展状况

#### （一）国内外高效精密数控加工的发展

**1. 国内外高速切削技术的发展现状及应用**

高效切削是指单位时间内材料去除率高，自从德国切削物理学家萨洛蒙提出高速切削概念后，高速切削技术的发展经历了理论探索、应用探索、初步应用和成熟应用等阶段，特别是近几年各工业发达国家相继投入大量人力、财力，研究开发高速切削技术及其相关技术。高速切削是相对常规切削而言，用较高的切削速度对工件进行切削，一般认为是常规切削速度的 5~10 倍。

近年来，国外高速加工机床发展迅速，美国、法国、德国、日本和瑞士等国家相继开发出各自的高速切削机床。进给系统采用直线电动机或小导程、大尺寸、大自重的滚珠丝杠或大导程多头丝杠，以提供更高的进给速度和更好的加、减速特性，最大加速度可达 $2g~10g$。高速主轴采用主轴–电动机一体化的电主轴部件，实现无中间环节的直接传动。此外，国外对于一些难加工材料的高速切削研究较为深入，镍基合金、钛合金以及纤维增强塑料等，在高速条件下变得易于切削，高速切削的速度范围与工件材料密切相关。

相对而言，我国对高速切削的研究及应用起步较晚，但进入 20 世纪 90 年代以来，此技术越发得到关注与重视。目前，我国航空、航天、汽车、模具、机床和工程机械等行业所使用的高端数控设备仍需要依靠进口。现在国内 10000~30000r/min 的立式加工中心和 18000r/min 的卧式加工中心均已研发成功并实现量产，生产的高速数字化仿形铣床最高转速已达 40000r/min，3500~4000r/min 的数控车床和车削中心也已实现量产。

由于高速切削技术及其相关技术的迅速发展，因此高速切削技术已广泛应用于航空、航天、汽车和模具等行业中。对常规的切削加工，其速度得到显著提升，尺寸精度和表面质量明显改善，制造成本大幅降低。钛合金、镍基合金、纤维增强塑料等难加工材料，均可通过高速切削来提升加工质量。

不同加工方式、不同材料均有其不同的高速切削范围，其中不同加工方式的高速切削速度范围见表 1-2，不同材料的高速铣削速度范围如图 1-10 所示。

**表 1-2　不同加工方式的高速切削速度范围**

| 加 工 方 式 | 切削速度/（m/min） |
| --- | --- |
| 车削 | 200~30000 |
| 铣削 | 300~40000 |
| 钻削 | 150~2000 |
| 拉削 | 20~100 |
| 铰削 | 30~600 |
| 磨削 | 300~10000 |

**2. 国内外精密加工技术的发展现状**

精密、超精密加工技术起步于美国。经过半个世纪的发展，美国已处于世界领先地位，其次是欧洲国家以及日本。美国有超过 30 个研究单位和厂家研制并生产精密、超精密加工机床。美国是最早研制能加工硬脆材料的 6 轴数控精密研磨抛光机的国家；在 20 世纪 50 年代末，美国开展了空气轴承主轴的超精密机床的研发，其可用于加工激光核聚变反射镜、战术导弹及载人飞船用球面、非球面大型零件。

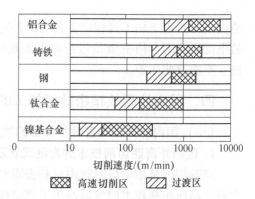

图 1-10 不同材料的高速铣削速度范围

日本对于精密、超精密技术的发展也十分重视。20 世纪 70 年代初，日本成立了超精密加工技术委员会，制定了技术发展规程，成为此项技术发展速度最快的国家。日本现有 20 多家超精密加工机床研制公司，重点开发民用产品所需的加工设备，力图使其设备系列化，并成批生产了多品种商品化的精密加工机床。

我国的精密、超精密加工技术在 20 世纪 70 年代末期发展迅速，80 年代中期研制生产了具有世界水平的超精密机床和部件。目前，我国已成功研制出回转精度达 0.025μm 的超精密轴系，并已装备到超精密车床和超精密铣床，解决了长期以来由于国外技术封锁给超精密机床的研制带来的巨大阻力。北京机床研究所是国内进行超精密加工技术研究的主要单位之一，研制出了多种不同类型的超精密机床、部件和相关的高精度测试仪器等，达到了国内领先、国际先进水平。哈尔滨工业大学精密工程研究所研发的超精密 KDP 晶体加工机床，工件最大尺寸 410mm×410mm，铣刀直径 600mm；同时，其研发的亚微米超精密加工机床标志着我国超精密机床技术已达到了国际水平。此外，中科院长春光学精密机械研究所、华中理工大学、沈阳第一机床厂、成都工具研究所和国防科技大学等都进行了这一领域的研究，成绩显著，如采用超声珩磨加工方法，实现了工程陶瓷缸套内圆面的高效延性加工，加工效率比普通加工方法高 2 倍，加工精度达到 IT6 ~ IT7，表面粗糙度值 $Ra = 0.1μm$，圆度 0.002mm，圆柱度 0.005mm/1000mm。

**（二）高效精密数控加工的展望**

**1. 智能化**

智能化的内容包括在数控系统中的各个方面。

1）自适应控制技术。数控系统能检测过程中一些重要信息，并自动调整系统的有关参数，达到改进系统运行状态的目的。

2）专家系统。将熟练操作人员和专家的经验、加工的一般规律与特殊规律存入系统中，以工艺参数数据库为支撑，建立具有人工智能的专家系统。当前已开发出模糊逻辑控制和带自学习功能的人工神经网络电火花加工数控系统。

3）故障诊断系统。如智能诊断、智能监控，方便系统的诊断及维修等。

4）智能化数字伺服驱动装置。可以通过自动识别负载而自动调整参数，使驱动系统获得最佳的运行。如前馈控制、电动机参数的自适应运算、自动识别负载、自动选定模型及自整定等。

**2. 高速、高效**

机床向高速化方向发展，不但可以提高加工效率、降低成本，而且还可以提高零件的表面加工质量和精度。自 20 世纪 90 年代初以来，高速切削加工便成为机床技术重要的发展方向。高速加工对机床和功能部件的要求是：主轴功能部件的转速应达到 12000~40000r/min；工作台最高进给速度应达到 40~60m/min；加速度达到 1g；高刚度的机械部件结构；高稳定、高刚度、冷却良好的高速主轴；精确的热补偿系统；高速处理能力的控制系统（具有 NURBS 插补功能和预处理能力的控制系统）。

由此，各国相继推出了许多主轴转速 10000~60000r/min 甚至更高的加工中心和数控铣床。高速切削加工正与硬切削加工、干切削和准干切削加工以及超精密切削加工相结合；正从铣削向车、钻、镗等其他工艺扩展；正向较大切削负荷方向发展。新一代数控机床（含加工中心）通过高速化可大幅度缩短切削工时，进一步提高生产率。超高速加工尤其是超高速铣削与新一代高速数控机床特别是高速加工中心的开发应用紧密相关。高速主轴单元（电主轴，转速 1500~100000r/min）、高速且高加/减速度的进给运动部件（快移速度 60~120m/min，切削进给速度高达 60m/min）、高性能数控和伺服系统以及数控工具系统都出现了新的突破，达到了新的技术水平。

随着超高速切削机理、超硬耐磨长寿命刀具材料和磨料磨具，大功率高速电主轴、高加/减速度直线电动机驱动进给部件以及高性能控制系统（含监控系统）和防护装置等一系列技术领域中关键技术的解决，新一代高速数控机床应运而生。依靠快速、准确的数字量传递技术对高性能机床执行部件进行高精密度、高响应速度的实时处理，满足其高速、高效化。由于采用了新型刀具，车削和铣削的切削速度已达到 5000~8000m/min；主轴转速在 30000r/min 以上（有的高达 100000r/min）；工作台的移动速度：进给速度在分辨力为 1μm 时，在 100m/min 以上（有的到 200m/min）；在分辨力为 0.1μm 时，在 24m/min 以上；自动换刀速度在 1s 以内；小线段插补进给速度达到 12m/min。根据高效率、大批量生产需求和电子驱动技术的飞速发展，高速直线电动机的推广应用，开发出一批高速、高效响应的数控机床，以满足模具、航空、军事和汽车等工业的需求是一种必然的趋势。

**3. 高精度**

从精密加工发展到超精密加工，是世界各工业强国致力发展的方向。其精度从微米级到亚微米级，乃至纳米级（<10nm），其应用范围日趋广泛。超精密加工主要包括超精密切削（车、铣）、超精密磨削、超精密研磨抛光以及超精密特种加工（三束加工及微细电火花加工、微细电解加工和各种复合加工等）。近十多年来，普通级数控机床的加工精度已由 ±10μm 提高到 ±5μm，精密级加工中心的加工精度则从 ±(3~5)μm 提高到 ±(1~1.5)μm。随着现代科学技术的发展，新材料及新零件的出现，更高精度要求的提出等都促进了超精密加工工艺、新型超精密加工机床等现代超精密加工技术的完善，以适应现代科技的发展。

**4. 高可靠性**

数控机床的工作环境比较恶劣，工业电网电压的波动和干扰对数控机床的可靠性极为不利，因而对 CNC 的可靠性要求要优于一般的计算机。数控机床加工的零件型面较复杂，加工周期长，要求平均无故障时间在 20000h 以上，且有多种报警和保护措施；出故障时尽可能不损坏机床、刀具和工件，且能根据报警信息了解故障部件，并及时排除故障。

**5. 绿色环保**

随着人们环境保护意识的加强，对环保的要求越来越高。人们不仅要求在机床制造过程中不产生对环境的污染，也要求在机床的使用过程中不产生二次污染。在这种形势下，装备制造领域对机床提出了无切削液、无润滑液、无气味的环保要求，机床的排屑、除尘等装置也发生了深刻的变化。上述绿色加工工艺越来越受到机械制造业的重视。

**（三）启示**

高效精密数控加工技术是提高产品性能、质量、可靠性的重要途径，尤其对去除量大、复杂薄壁精密的零部件更加适应，这项技术在我国的应用已经从国防尖端和航空、航天等领域向民营经济领域扩展，应用规模也迅速增长。计算机、现代通信、人工智能等诸多行业，都需要精密、超精密加工设备为其提供技术支撑。精密、超精密加工方法显得越来越重要，精密数控加工技术已成为目前高科技领域的基础，提高精密、超精密加工的精度和效率已成为迫在眉睫的问题。目前，我国的精密数控加工技术飞速发展，但与发达国家相比在复合数控机床领域还有一定差距。我国应该吸收国外的最新尖端技术，来开展与之相关的理论和试验研究，把国外的技术用于自己的发展，使用一些复合加工技术，使我国的精密加工技术与国际接轨，在国际上达到领先水平。

# 第二章

# 精密架杆类零件高效数控加工

## 一、轴套类零件加工的变形原因分析及控制技术

光电产品中轴套类零件大多属于薄壁件，结构简单，精度要求高，一般尺寸精度：IT5~IT9，几何精度：0.01~0.015mm，在产品中起到轴及轴承定位、旋转的作用，并承受轴、轴承的径向力和轴向力。其加工质量直接影响产品的性能和寿命。光电产品中大都有轴套类零件，由于加工变形严重，因此严重影响了尺寸精度、几何精度和表面完整性。要解决轴套类零件变形问题，必须分析其变形原因，采取有效的工艺措施，才能保证零件精度。某型号产品中轴套类零件较多，零件精度要求也较高，如短空心轴（见图2-1）和解算器座（见图2-2），其尺寸精度都在 IT5~IT7，同轴度为 $\phi0.008 \sim \phi0.015$mm，垂直度为 0.01~0.015mm。零件具有精度高、刚度差、易变形的特点。

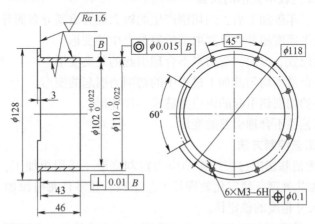

图 2-1　短空心轴

## （一）加工过程中存在的问题

短空心轴零件加工，工艺采用粗加工、精加工分开，中间安排去应力处理，精加工后，在车床上进行检测，用杠杆表和千分表分别检测零件的孔径尺寸、外径尺寸及圆度，精度均

符合图样要求，但零件从机床卸下后再检测，孔变形量达 0.1~0.2mm，孔径尺寸、外径尺寸及圆度超差严重，影响产品装配。

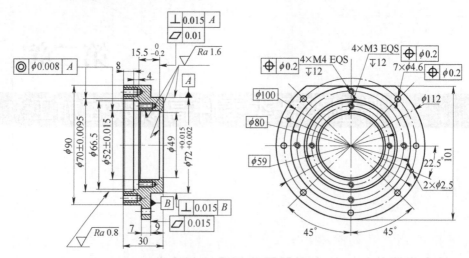

图 2-2　解算器座

解算器座零件配合装配面精度要求高，工艺采用了在高精度车削中心上一次装夹完成其外圆、内孔和各台阶等要素的加工，以保证其同轴度、垂直度、圆度等几何精度的要求。零件加工后采用三坐标检测，孔的变形量达 0.05~0.15mm。采取粗加工、精加工分开，中间安排时效处理，零件仍存在严重变形，尺寸和几何精度严重超差。

这两种比较典型的轴套类零件，材料均为 2A12-T4 铝棒，精加工时不能磨削加工，工艺难点是加工过程中零件出现变形，严重影响到尺寸及几何精度。

**（二）变形原因分析及工艺措施**

**1. 短空心轴加工过程中变形的原因**

1）零件刚度差，车削加工后，因切削产生的较大应力重新分布而导致零件变形。

2）定位基准面平面度超差，夹紧取消后回弹产生的变形。

3）零件的夹紧位置、方向、受力点不合理引起的装夹变形。

4）零件的加工余量不均匀及加工过程中的切削力引起的变形。

5）加工过程中的切削热引起的内应力造成零件变形。

6）零件结构工艺性不合理引起的变形。

**2. 零件变形的工艺控制方法**

（1）通过热处理消除切削过程产生的应力控制变形　采用粗加工、半精加工、精加工分开，以及中间增加热处理、稳定化处理等工艺手段，让零件每阶段加工后释放加工应力，提高精加工后零件尺寸精度的稳定性。

（2）精加工定位基准面控制变形　采用研磨工艺方法精加工基准面，提高定位面精度，以防止夹紧取消后回弹变形。

（3）改进装夹系统控制变形　将径向压紧改为轴向压紧，固化夹紧力矩，首件采用打表检测确定力矩，通过改变夹紧位置、方向、受力点控制装夹变形。

（4）减小切削力控制变形　精加工采用高速加工、优化切削参数等工艺措施，减小加工过程中切削力造成的加工变形。

（5）减少切削热控制变形 为防止切削热引起的热变形，加工中采用锋利刀具，减少切削量以及切削液消除加工变形。

**（三）针对零件采取的工艺措施**

零件粗加工后进行时效处理，释放加工应力；采用高速加工、优化切削参数等工艺措施，减小加工过程中的切削力；同时加工中使用切削液冷却，减小切削过程产生的切削热引起的变形；优化刀具几何参数和精加工余量，减小切削力；优化装夹系统，将径向压紧改为轴向压紧，固化装夹夹紧力矩。尤其优化装夹系统，在多次试验加工中，发现装夹系统不恰当是引起变形的主要原因。为此，工艺中采取了以下措施。

**1. 短空心轴**

1）研磨定位基准面。

2）按图 2-3 制作专用车削加工夹具，精加工时按图 2-4 所示进行，采取端面定位及轴向夹紧方式，一次装夹完成零件各加工要素精加工。

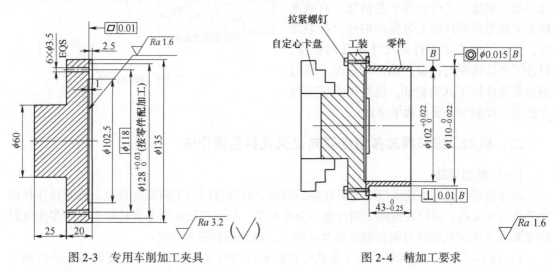

图 2-3 专用车削加工夹具　　　　　　　图 2-4 精加工要求

3）精加工采用锋利刀具，余量 0.5mm 分三次切削，最后一次背吃刀量 0.05mm，以减小精加工时切削力、加工应力引起的零件变形。

注意事项：所制作的专用车削加工夹具，其定位基准面的平面度≤0.005mm；零件基准面研磨要达到 0.01mm 以内；螺钉拉紧力采用力矩扳手；切削参数根据刀具和加工材料进行加工试验确定，刀具要保持锋利。

通过采取轴向夹紧、优化切削参数、优化加工余量和细化装夹力矩等工艺措施，实现零件圆度 0.01mm 左右、同轴度 $\phi0.006\sim\phi0.015$mm，合格率达 100%。

**2. 解算器座**

1）针对零件不对称、壁厚不均的问题，在粗加工时就将直边加工出来，使此处应力完全释放。

2）加工时，由自定心卡盘径向夹紧改为图 2-5 所示的螺纹拉紧。

3）精加工余量由 1mm 减到 0.5mm，加工时分三次切削，加工量分别为 0.2mm、

0.2mm 和 0.1mm，以控制精加工时切削力、加工应力引起的零件变形。

按照图 2-5 所示进行内孔、外圆等要素加工，下车后采用端面和心轴定位，轴向压紧端面，将工艺外螺纹 M74 车削到零件尺寸 $\phi$72mm，轴向保证图样尺寸要求。

通过采用以上工艺措施，零件圆度、同轴度等几何精度达到图样技术要求，零件合格率由原来的 15% 提高到 95% 以上。

**（四）效果**

通过实例分析，采用热处理消除加工过程中的切削应力、精加工定位基准面、改进装夹系统，以及采用轴向压紧装夹、优化切削参数、增加工艺凸台等工艺措施，有效地解决了轴套类零件加工过程中的变形控制难题，保证了轴套类零件的尺寸及几何精度，促进了产品研制与批量产品生产进度。通过轴套类零件加工试验验证，这些工艺措施组合使用，控制加工变形效果更好。

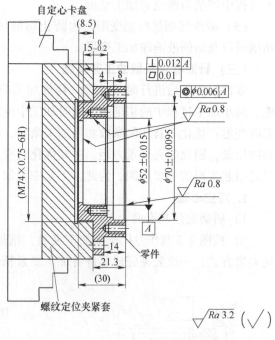

图 2-5 螺纹拉紧

## 二、机加工细长阀芯多角度斜向交叉孔特色操作法

### （一）提出问题

阀芯类零件针对油路或气流通道转换的需要，柱体径向加工斜孔很普遍。在圆柱体径向加工垂直交叉孔，可以在铣床上用分度头分度加工，如果在细长阀芯圆柱体上加工多角度斜向交叉孔（斜向孔轴线与阀芯轴线夹角 $\neq 90°$），就会遇到很多难题：

1）阀芯零件多为细长轴，加工斜孔时径向切削力较大，由于零件刚度较差，所以加工时会产生切削颤振，细长柱体会发生弯曲变形。

2）多组复合角孔位即使在多轴车铣复合数控机床上加工，也要制作支撑辅具解决细长柱体弯曲变形和加工颤振问题。

3）斜孔轴线与阀芯的轴线焦点均是空间尺寸，常用的双顶尖定位，轴向误差较大，空间焦点测量困难。

如图 2-6 所示，在细长轴柱体上加工多角度斜向交叉孔时，由于细轴径向抗力差，加工时受到切削力的作用，零件（材料 QAL 10-4-4R）会产生弯曲变形和切削颤振，从而影响零件的加工质量。我们摒弃传统思维方式，创新设计制作了一套复合夹具，如图 2-7 所示。通过将加固套（材料调质钢 40Cr）与细长轴柱体紧固成一个整体，间接整体增大轴体直径，减小加工体的长度与直径比值（长径比），提高轴类零件的径向抵抗力。同时加固套的周圈留有让位窗口，不影响各斜向交叉孔的加工。压紧机构采用锥面滑移轴向压紧，将螺旋推紧的径向力转化为加固套的轴向移动拉紧，施压在阀芯台阶内端面上。该操作方法实现了快速定位、压紧功能，解决了细长轴柱体上加工多角度斜向交叉孔时引起的弯曲、颤振问题。

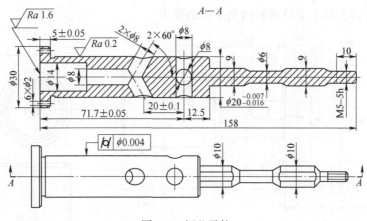

图 2-6　阀芯零件

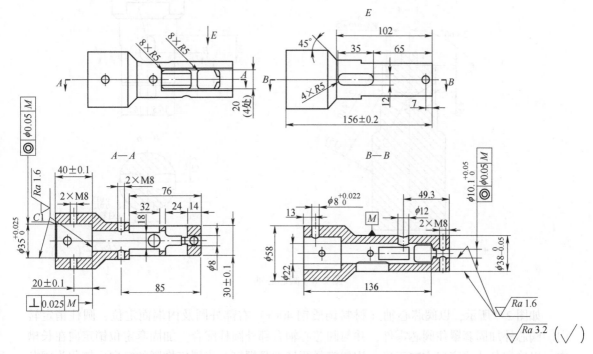

图 2-7　阀芯外加固套

　　创新设计制作加固套楔紧式复合夹具,采用锥面滑移轴向压紧方式,制作多功能加固套筒,通过引导孔间隙配合罩住阀芯柱体,加固套上铣削有多组让位窗口和定向销孔,使得刀具可以通过窗口加工零件上的多组复合角度交叉孔,加固套上分布多组等距螺纹孔,适度紧固零件,防止加工时零件弯曲、颤振,用定位心轴和定向销保证零件定位稳定,旋紧两处楔紧螺钉,将螺旋推紧的径向力转化为轴向拉紧力,施压在阀芯台阶内端面上,实现压紧功能。使用五轴加工中心高速切削,一次加工完成全部交叉斜孔,机床宝石探头自检轴线空间焦点,避免多次定位装夹造成的各加工要素相对位置累积误差。

**(二) 解决方案**

　　该操作法的目的是采用工序集中工艺原则,创新设计定位、夹持工装 (见图 2-8),满足细长阀芯圆柱体上加工多角度斜向交叉孔的要求。

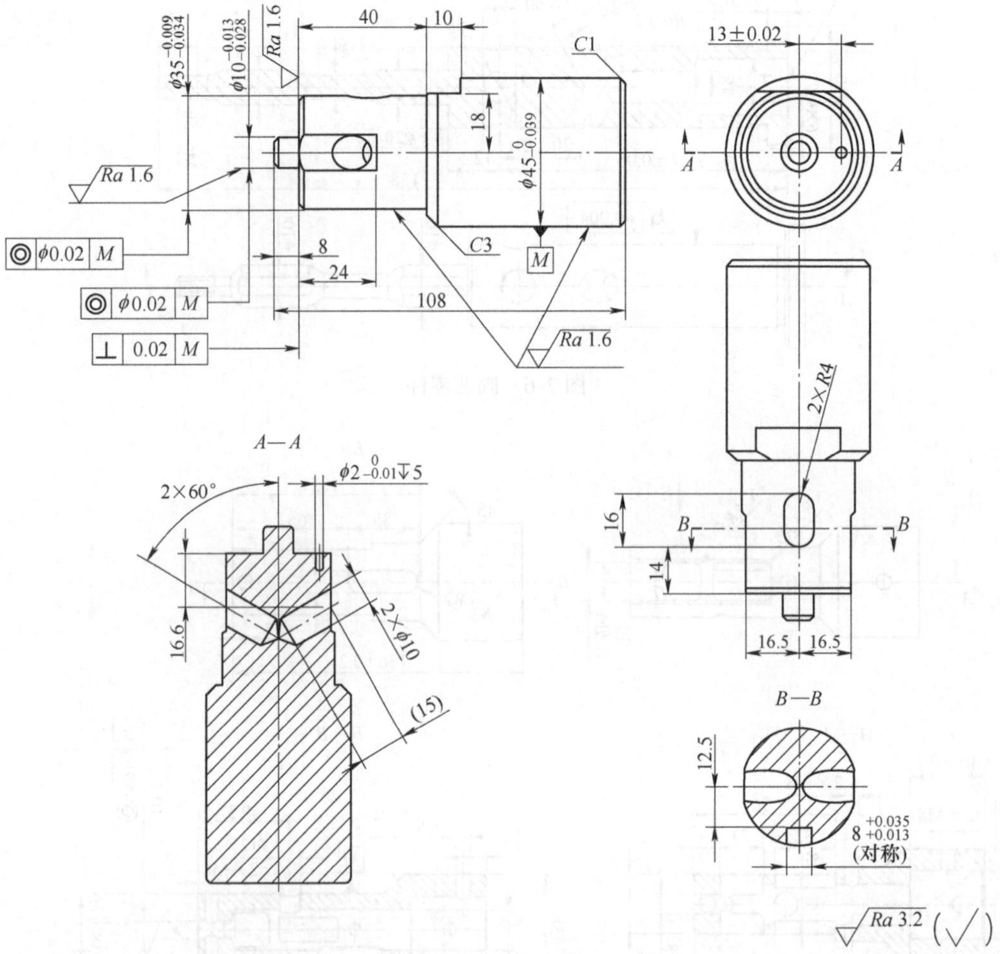

图 2-8　阀芯心轴

如图 2-9 所示，以阀芯心轴（材料调质钢 40Cr）右部外圆及内端面定位，圆柱销定转向。阀芯外加固套罩住阀芯零件，并与阀芯心轴右部外圆柱配合。加固套定位销定向在长槽内，以确定各让位窗口方向正确。均匀旋紧两处楔紧螺钉，将螺旋推紧的径向力转化为阀芯外加固套轴向移动的拉紧力。用等距分布的两对辅助紧固螺钉适度旋紧，使阀芯零件与阀芯外加固套固定成一个整体，减小轴类零件的长径比值，提高零件径向抗弯曲能力和抗加工振动能力。

工艺编制时阀芯精密外圆预留磨量，右部外圆按等直径 $\phi10_{-0.05}^{0}$ mm 加工。如图 2-9 所示定位、装夹工件。

1）将阀芯零件左部 $\phi10_{0}^{+0.022}$ mm 工艺孔与阀芯心轴右部 $\phi10$ mm 外圆及内端面定位，用阀芯定向销与阀芯零件定向，确定五轴加工中心转台转角零位。

2）阀芯外加固套配合罩住阀芯零件，阀芯零件右部 $\phi10$ mm 外圆穿入阀芯外加固套右部引导孔，阀芯外加固套左部 $\phi35$ mm 孔与阀芯心轴右部 $\phi35$ mm 外圆配合。加固套定位销穿过阀芯外加固套的 $\phi8$ mm 定向孔插入阀芯心轴的定向长槽内，以确定各让位窗口方向正确，

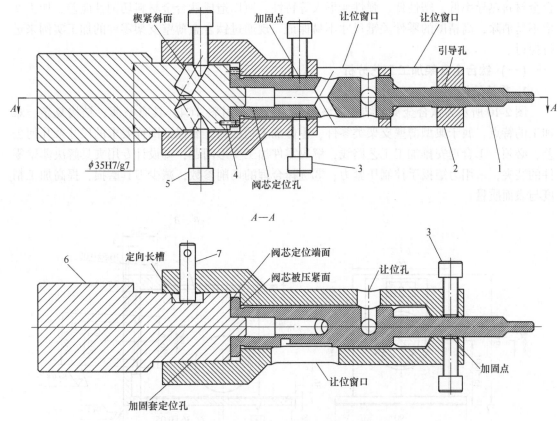

图 2-9 工件加固定位楔紧组装示意

1—阀芯零件 2—阀芯外加固套 3—M8×20mm 辅助紧固螺钉 4—阀芯定向销
5—M8×25mm 楔紧螺钉 6—阀芯心轴 7—加固套定位销

同时阀芯外加固套受轴向拉紧力移动时，加固套定位销在长槽内移动不干涉。

3）均匀旋紧两处 M8×25mm 楔紧螺钉，螺钉前端的 60°锥面沿着阀芯心轴的两处 60°夹角 φ10mm 斜孔母线弧面滑移运动，将螺旋推紧的径向力转化为阀芯外加固套轴向移动的拉紧力。

4）等距分布的两对 M8×20mm 辅助紧固螺钉适度旋紧，使阀芯零件与阀芯外加固套紧固定成一个整体，减小轴类零件的长径比值，提高零件径向抗弯曲能力和抗加工振动能力。阀芯外加固套加工有 5 处让位窗口和 1 处 φ10mm 让位圆孔，巧妙地露出了阀芯零件要加工的 5 处 φ8mm 交叉孔位置、1 处台阶键槽位置和 4 处扁圆位置。

使用五轴加工中心高速切削，一次加工完成全部交叉斜孔，机床宝石探头自检轴线空间焦点，避免多次定位装夹造成的各加工要素相对位置累积误差。

该操作法的装夹方式并不仅限于上述实施方式，在本领域具备相关基础知识的技术、技能人员，还可以延伸拓展到其他形状的零件加工。

### 三、钛合金支架零件工艺解决方案

钛合金材料具有强度好、自重轻的特点，广泛应用于航空、航天和兵器等行业。但因钛合金材料热导率低、塑性低、弹性变形大等特性，所以造成钛合金材料切削性能差，加工变形不易消除，高精度的零件关键尺寸不易保证。现通过钛合金薄壁支架零件的加工实例来进行探讨。

**（一）钛合金支架加工工艺分析**

**1. 零件结构**

图 2-10 所示为钛合金支架结构。该零件为钛合金材料 TC4，具有壁薄、结构复杂、难加工的特点，属于典型薄壁支架类零件，零件加工精度高，要保证图样要求的尺寸及几何公差，必须：①合理安排加工工艺路线，解决零件加工变形问题；②设计专用夹具解决薄壁零件的装夹，采用力矩扳手控制压紧力；③选择合理的切削参数，减少刀具磨损，提高加工精度与表面质量。

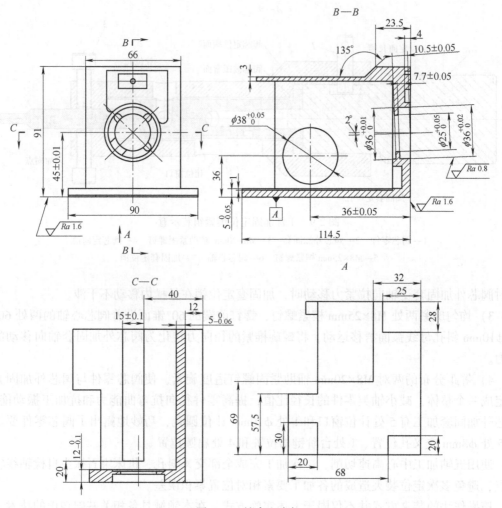

图 2-10 钛合金支架

**2. 工艺难点**

1）该零件由钛合金型材加工成形，加工去除量大，内应力释放缓慢，零件变形量较大。由于钛合金材料热导率低、散热速度慢，在切削加工过程中，极易产生大量切削热，在切削区域形成高温，引起较大切削残余应力，加工后零件变形回弹造成零件变形。因此，如何合理地安排工艺路线、热处理工序以及工序间的余量，最后消除零件的变形，保证零件的尺寸精度及几何公差，是工艺技术人员需要解决的问题。

2) 钛合金材料的切削加工性能差，导热性差，极易产生高的切削热，降低了刀具的寿命。零件表面形成硬化层（厚度为 0.10~0.15mm 的氧化层），刀具极易磨损。

**（二）确定加工工艺路线**

选择合理的数控加工工艺路线，经过不断实践与摸索，对于这种由型材加工成的薄壁且材料去除率较大的易变形零件，制定了优化后的工艺方案：

1) 铣削。加工六面做基准，要求相对面平行度、相邻面垂直度≤0.1mm，机床选用刚度较好的 X52K 铣床，机用虎钳装夹即可，基准面留加工余量 1.5mm。

2) 数控铣削。铣削俯视图示 12mm 宽台阶面，铣削孔 φ36mm 留加工余量 2mm。

3) 数控铣削。加工左视图示深腔单面留加工余量 1.5mm，该处是造成零件变形的主要部位，机床选用刚度及稳定性好的数控设备 DMG635V，为防止因刀具摩擦产生较大的切削热而引起大的变形量，刀具直径不易大，经过试切选择 φ12mm 铣刀，变形量控制在 0.2mm 左右。

4) 数控铣削。加工左视图上平面及角度斜面，此时的零件强度已经较差，切削时极易引起颤振，颤振也是造成变形的主要因素之一，并且加工后表面质量较差，因此可在零件方腔中放置可调节的辅助支撑螺钉，分层切削，以减小变形。

5) 数控铣削。加工 A 向各处台阶，方法同上。

6) 时效处理。

7) 数控铣削。钳工校正、研磨 A 基准面（平面度 0.04mm）。

8) 数控铣削。加工尺寸 91mm 上面、斜面，加工时选用锋利的硬质合金铣刀，注意增加辅助支撑，减小变形，加工后留加工余量 0.5mm。

9) 数控铣削。铣削 A 基准面、形状及台阶尺寸，A 面应在右上角位置增加工艺凸台，且与其余 3 处凸台高度一致，为后续加工做准备，加工面平面度、垂直度≤0.03mm。

10) 卧式加工中心。加工左视图所示左侧面上型腔及旋转 2° 方向，φ25mm、φ36mm 孔及侧面各处台阶尺寸，加工后留加工余量 0.5mm。二次装夹加工左视图方腔形状，单边留加工余量 0.5mm，加工俯视图 15mm 宽槽，自制合金成形铣刀，铣削空位部分，普通铣刀改制较易，但由于耐磨性较差，刀齿磨损后，加工零件产生切削热，零件容易变形，所以采用硬质合金刀具改制，中间空位采用电脉冲加工方式去除，改制后的刀具寿命较之前的普通刀具提高了 5 倍。

精加工工艺路线的选择：

1) 钳工研磨 A 基准面，达到平面度 0.03mm。

2) 数控铣削加工尺寸 91mm 的上平面及台阶面，尺寸公差≤0.02mm，用于后续工序加工夹具定位，压紧，加工到零件要求尺寸公差。

3) 数控铣削加工 A 基准面及侧面基准面，平面度 0.02mm，加工前检查夹具的平面度，压紧时，调节压紧力大小，防止压紧变形，精铣刀铣削平面，选择合适的切削参数，保证零件要求。

4) 卧式加工中心加工垂直面及孔，精加工前一定要检测定位基准面、夹具及机床的精度，图 2-10 所示的零件 A 基准面为主要定位面，检查 A 基准面，如果产生变形，则采取钳工校正、刮研 A 基准平面使变形在 0.01mm 之内。压紧零件使用力矩扳手，在首件压紧零件前，使用千分表，调整压板位置及压力大小，压紧位置与定位面一定贴实，防止压紧变形，造成加工后零件回弹，影响尺寸与几何公差精度，然后加工垂直于 A 基准面的面。

在精镗角度孔时，需要工作台旋转 2°，我们平时采用的是在零度方向打好坐标后在电脑上计算出转角后的坐标，然后输入机床坐标系的方法。该方法较为繁琐，可以编制用于坐标系旋转换算的指令宏程序，存储在机床程序里，下次对刀时，直接调用该程序即可精确计算任意转角后的坐标原点位置。

### （三）确定合理的切削参数

1）全部采用高速加工方法，即高转速、小切削深度及大进给量的加工方法，减小变形，加工后效果极佳，采用钨钴类硬质合金铣刀，直径不宜大，最好选用非对称钛合金专用铣刀，可以减小振动，提高加工效率。

2）在切削过程中，冷却要充分，1 个部位切削完成，应立即退刀，避免形成坚硬的氧化层而加大刀具磨损。加工中心可采用快速圆弧进刀和快速圆弧退刀的方法，减少刀具在零件中的停留时间。

3）优化刀具几何参数，采用较小的前角和较大的后角，刀尖采用圆弧过渡刃，在提高刀具强度的同时，也可避免刀尖烧损和崩刃。

4）刀具切削刃保持锋利，排屑流畅，避免粘屑崩刃；可采取小的切削速度、适中的进给量和大的切削深度，既提高加工效率，又避免刀尖过度磨损，提高刀具寿命，降低切削过程切削力，减少切削热，减小切削应力造成的加工变形。试验验证，采用涂层硬质合金刀具最佳切削参数为转速 1200r/min、切削深度 1~2mm、每齿进给量控制在 0.08mm 左右，刀具寿命长，且不易产生加工硬化现象。

## 四、特殊结构的偏心轴精密加工

偏心轴是用来将回转运动变为往复直线运动，或往复直线运动变为回转运动的部件，在光电产品中应用广泛。随着新型光电武器装备轻量化、精密化、智能化的发展，对偏心轴的偏心距精度要求也越来越高，偏心方向要求越来越精确，偏心轴的加工难度也越来越大。如何保证偏心距的精度及偏心方向，怎样用简单的方法来快速加工零件并保证其精度，在对偏心轴类零件的结构特点和加工难点分析的基础上，提出了包括加工方法、夹具设计等在内的具体工艺方案和设计思路，通过加工试验及小批量验证，满足了图样技术要求，解决了高精度特殊结构的偏心轴加工质量及效率低的问题。

### （一）工艺性分析

#### 1. 结构特点

偏心轴结构简单，有两个圆柱体，柱体的轴线平行但不重合，这两条轴线之间的距离称为"偏心距"，如图 2-11 所示，是常用的偏心轴结构，其偏心轴一端为螺纹，另一端为圆球，圆球用于中心定位，开口槽用于左右定位，圆球轴线与螺纹轴线有一定的偏心距，但两轴线平行。

图 2-11　偏心轴零件

**2. 技术要求**

某产品的偏心轴如图 2-12 所示，定位用的圆球要求淬火，需要重点保证的尺寸是偏心距尺寸精度，以及偏心方向与开口槽中心线要求在一条线上，尺寸精度要求较高，为 IT7~IT9；其几何精度主要是限制圆球的位置要求，保证定位稳定不松动，一般规定在 0.02mm 以内，零件有相应的表面粗糙度值要求，一般 $Ra=0.8~1.6\mu m$。

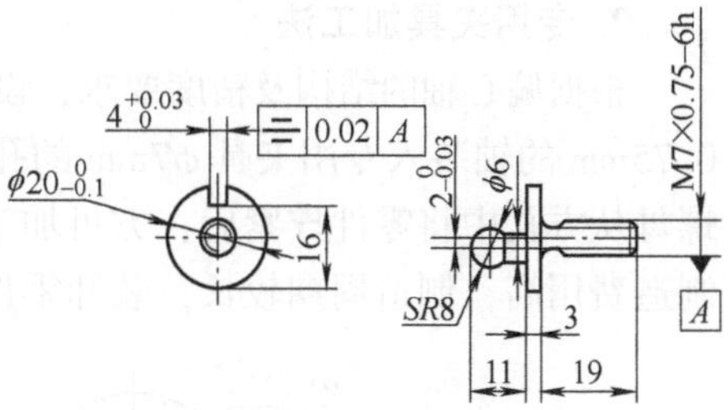

图 2-12　偏心轴尺寸

**（二）加工技术难点及分析**

偏心轴的偏心距精度要求不高，是长度较短的简单零件，其常用的加工方法有：自定心卡盘加工法、单动卡盘加工法、双卡盘加工法、花盘加工法和偏心卡盘加工法等。图 2-12 所示偏心轴的开口槽中心线与球轴线要求在一条线上，偏心距公差 h9，采用上述的自定心卡盘加工法进行 20 件加工试验，偏心距超差、开口槽中心线与球轴线不在一条线上，合格率仅 20%，而且装夹麻烦，找正难度大，需要进行工艺、工装改进，采取一定的工艺措施才能保证其加工质量。

**（三）加工难点及工艺措施**

在保证偏心距尺寸精度的同时，还必须满足开口槽中心线与球轴线在一条线上，而且球头还要淬火。根据零件的结构和技术要求，确定了攻关的工艺方案和技术措施，见表 2-1。

表 2-1　工艺方案和技术措施

| 加 工 难 点 | 对　　策 | 目　　标 | 工 艺 措 施 |
|---|---|---|---|
| 偏心距尺寸精度 | 优化装夹方式 | 合格率保证 98% 以上 | 设计夹具 |
| 开口槽中心线与球轴线在一条线上 | 优化定位方式 | 合格率保证 98% 以上 | 优化夹具结构 |

**（四）工艺方案及验证**

针对其加工难点，进行了加工试验和工艺攻关。主要进行了下列几种工艺试验。

**1. 自定心卡盘加工**

自定心卡盘加工偏心轴（见图 2-13），其加工过程：首先把偏心轴的非偏心部分的外圆 M7×0.75-6h 加工好，然后在卡盘的任意一个卡爪与已加工好外圆之间垫上一块预先加工好的垫片，零件夹紧后，要用带有磁力表座的百分表在车床上进行打表，校正母线与偏心距，找正开口槽位置，符合要求后可进行车削加工。垫片厚度计算公式为

$$T=1.5E(1-E/2D)$$

式中，$D$ 是卡盘所夹外圆的直径（mm）；$E$ 是偏心距（mm）；$T$ 是垫片厚度（mm）。

此种方法比较常用，但偏心距尺寸精度不易保证，开口槽中心线与球轴线在一条线上合格率不足 30%，这种方法适用精度要求不高且没有偏心方向要求的零件小批量生产。因

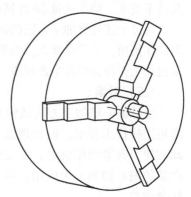

图 2-13　自定心卡盘加工偏心轴

此，该方法不能满足零件技术要求。

**2. 专用夹具加工法**

根据偏心轴的结构及精度要求，设计了专用夹具，如图 2-14 所示。其加工要点：将 M7×0.75mm 的轴装入专用夹具 $\phi$7mm 的孔中，$4_{0}^{+0.03}$mm 的槽卡在专用夹具 $\phi$4mm 的销上，用圆螺母从方孔中将零件拧紧后，方可加工。此种加工方法的特点是专用夹具制造加工难度大，制造费用高，制造周期较长，装卸零件比较麻烦，但零件精度比较稳定。

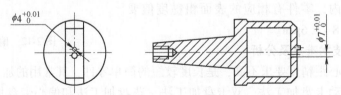

$\phi 4_{0}^{+0.01}$      $\phi 7_{0}^{+0.01}$

图 2-14　专用夹具加工偏心轴

**3. 简易夹具快速加工法**

针对专用夹具装卸繁琐、效率低等问题，对原夹具进行了改进，如图 2-15 所示。其加工要点：将 M7×0.75mm 的轴装入简易夹具 $\phi$7mm 的孔中，$4_{0}^{+0.03}$mm 的槽卡在专用夹具 $\phi$4mm 的销上，用六角螺母将零件拧紧后，用自定心卡盘夹住夹具 $\phi$30mm 外圆，台肩贴紧自定心卡盘前端面，夹紧后方可加工。

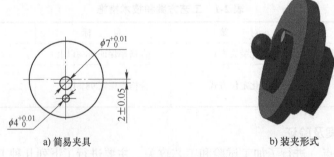

$\phi 7_{0}^{+0.01}$    $2\pm0.05$    $\phi 4_{0}^{+0.01}$

a) 简易夹具             b) 装夹形式

图 2-15　简易夹具加工偏心轴

简易夹具装卸方便，操作简单，省力、省时，最主要是加工质量稳定一致，可满足图样及技术要求。经小批量 50 件试验验证，合格率 100%，同时比专用夹具平均每件节省 5min。

通过上述几种加工方法的试验及验证，专用夹具虽然也能保证特殊结构的偏心轴质量，但操作繁琐，劳动强度大，而简易夹具不仅装卸方便，操作简单，应用多个夹具可实现一人多机加工，符合精益生产要求。

**（五）效果**

通过偏心轴加工方法试验对比，专用夹具和简易夹具都能弥补常用加工方法的不足，满足图样技术要求，设计理念都非常巧妙和实用。简易夹具在装夹方式方面更巧妙，装卸方便，夹紧动作快速，加工效率高。利用该夹具的设计理念，已经在批量产品和试制产品的偏心轴加工中应用，可缩短生产周期，节约加工成本，产生了较好的经济效益和社会效益。

### 五、小型马氏体不锈钢轴的精密加工技术

某制导武器系统的码盘部件中普遍采用马氏体不锈钢精密电动机轴,电动机轴是码盘部件的关键零件,其加工精度直接影响产品的整机性能。该电动机轴在多种产品中通用,用量较大。但该零件加工的合格率较低,原批生产合格率维持在40%左右,是产品配套生产的瓶颈。为此,针对马氏体不锈钢精密轴开展了专项工艺技术攻关,新工艺提高了零件的加工合格率,合格率达到90%以上,取得了预期成果。

#### (一)工艺性分析

**1. 零件结构特点**

零件结构如图 2-16 所示。零件为大轴径差的多阶梯轴,两端轴径 φ3g5mm,中间轴径 φ36mm,一端主轴颈上开有键槽,在零件上还有轴向螺钉孔和径向孔;轴径 φ3g5mm 一端与电动机连接,另一端与陀螺连接,轴径小是该零件刚度差的主要因素。

**2. 技术要求**

从图 2-16 中可以看出,零件关键尺寸精度和几何精度要求较高,两端轴径尺寸精度 IT5 级。几何精度:同轴度 φ0.01mm、圆跳动 0.005mm,圆度 0.004mm,表面粗糙度值 $Ra = 0.2\mu m$;零件的材料为马氏体不锈钢 40Cr13,切削加工性较差,切削力大,不易获得光洁表面;而且由于刚度较差,所以装夹过程顶尖易引起零件呈现弓形。

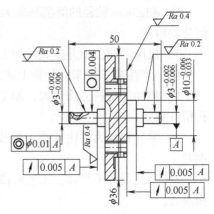

图 2-16　零件结构尺寸

#### (二)试验过程及原因分析

**1. 试验过程**

轴类零件的工艺方案以车削、磨削为主线,中间穿插其他工序。对于图 2-16 所示精密轴的加工,采用的工艺装备见表 2-2。

表 2-2　精密轴的加工所采用的工艺装备

| 机　床 | 精密车床、工具铣床、台钻、电脉冲机床及精密外圆磨床 |
| --- | --- |
| 刀具 | YG3 或 YG8 车刀、中心钻、麻花钻、丝锥及单晶刚玉砂轮 |
| 量具 | 卡尺、杠杆千分尺、千分表及偏摆仪 |

工艺设计时遵循的工艺原则:基准统一,粗加工、精加工分开,次要表面先行加工,合理安排热处理等辅助工序,精加工前修研精基准。

按照上述工艺原则,在产品样机生产中,采用双中心孔实现基准统一,粗加工车削后安排时效处理,螺纹孔等次要表面先行加工,精加工前修研中心孔,最终用磨削加工保证零件的精度要求,形成了样机阶段的工艺方案:车削成形(留磨量、钻中心孔)→调头车削成形(留磨量、钻中心孔)→时效→车削(完成次要轴颈加工)→铣削(完成孔加工)→电脉冲(制键槽)→钳(攻螺纹、去毛刺)→车削(修研中心孔)→磨削(主轴颈及端面)。

在产品批量生产中,按照上述工艺方案实际加工后,由于 φ3g5mm 尺寸超差和几何公差超差,合格率仅为 40% 左右。

**2. 原因分析**

（1）φ3g5mm 轴径尺寸超差　零件加工精度主要取决于磨床精度和操作人员的技能水平。因为 φ3g5mm 尺寸的公差仅有 0.004mm，属于微米级。而加工该零件采用的是 20 世纪 60 年代进口的精密磨床，该设备的最小径向进给刻度仅为 0.01mm，这与加工尺寸精度的要求差一个数量级，进给量要凭经验控制，而且零件外形尺寸小，加工时不易观察和操控。

（2）几何公差超差　具体如下。

1）φ3g5mm 的轴径小，由于切削力造成弹性变形及加工残余应力，引起圆跳动超差。

2）φ3g5mm 轴径的磨削基准为两端中心孔，它的加工精度、磨损及误差复映，引起几何公差超差。

3）机床的调整误差造成的加工误差。

（3）产生超差因素　分析上述工艺方案存在的不足，引起超差的具体原因如下。

1）粗加工材料去除量大，加工应力大，先期制成中心孔、时效后零件变形，造成中心孔精度降低。

2）零件材料为供应状态，强度、硬度较低，加工过程中中心孔磨损量大，产生复映误差。

3）工艺设计不严谨，工艺阶段划分不细致，一次修研中心孔不能完全消除中心孔的累积误差。

4）精加工前应力消除不充分，造成零件精度不稳定。

**（三）要因确定及工艺措施**

**1. 要因确定**

经过加工试验及验证，影响零件加工超差的主要因素是切削力及加工残余应力引起零件的变形，以及两端中心孔的过度磨损产生的误差复映等（见图 2-17）。

**2. 工艺改进措施**

1）细分工艺阶段，将工艺过程分成粗加工→半精加工→精加工三个阶段。

图 2-17　零件加工超差的主要因素

2）工艺规程的设计采用工序分散的原则，利用自然时效减小零件工序间的加工应力。

3）从半精加工开始用两中心孔定位，实现基准统一，多次修研中心孔，保证定位精度。

4）采用调质处理，使零件具有良好的综合力学性能，有效地改善零件的切削加工性能，提高中心孔的耐磨性，保证零件工艺基准的可靠性。

5）精加工前增加稳定化处理，消除零件的内应力，保持零件精度的稳定性。

6）细化磨削工序，将 φ3g5mm 轴径的加工细分为粗磨削、半精磨削和精磨削，保证加工余量均匀，减小力-热变形效应，最终保证加工精度。

7）强化过程控制，实现工艺稳定运行。

**3. 工艺方案**

（1）优化的工艺方案　车削成形（去余量）→调头车削成形（去余量）→调质→车削（准备半精基准）→车削（互为基准、钻中心孔）→车削（互为基准、钻中心孔）→粗磨削（粗磨削各轴径）→铣削（完成孔加工）→电脉冲（制键槽）→钳（攻螺纹、去毛刺）→稳定化处理→车削（修研中心孔）→半精磨削（自研中心孔、留余量磨主轴颈及端面）→精磨削（自研中心孔、磨削主轴颈及端面）。

（2）工艺技术要点　具体如下。

1）合理分配加工余量。①粗车削外圆留余量 3mm，端面留余量 1mm，并在轴肩加工 $R1.5mm$ 大圆角，避免淬火开裂现象；②精车削外圆留磨量 0.4mm，端面留磨量 0.1mm；③粗磨削外圆留余量 0.2mm，端面留余量 0.05mm；④半精磨削外圆留余量 0.05mm，端面留余量 0.02mm。

2）合理选择刀具几何参数。①粗车削：刀具材料 YG8 硬质合金，刀具几何参数为前角 18°、后角 7°、刃倾角 -2°、主偏角 75°、副偏角 9° 及刀尖圆弧半径 0.6mm；②精车削：刀具材料 YG3 硬质合金，刀具几何参数为前角 25°、后角 9°、刃倾角 5°、主偏角 90°、副偏角 15° 及刀尖圆弧半径 0.2mm；③磨削：单晶刚玉砂轮，陶瓷结合剂，中硬，粒度 F60~F80。

3）调质处理的硬度要求。调质处理硬度取上限值 28~35HRC，既可保证零件具有良好的综合力学性能，较高的耐磨性，又可改善零件的切削加工性。

4）中心孔的加工精度。中心孔实现了基准统一和基准重合，它的同轴度、圆度误差会直接复映到 $\phi 3g5mm$ 主轴颈上，引起零件几何公差超差，产生废品。在精密车床上制作中心孔时，应仔细挑选中心钻，保证顶角对称并打表找正零件两次装夹的同轴度在 $\phi 0.003mm$ 以内，磨削前应在磨床上自研中心孔，保证零件圆跳动 <0.005mm。

5）切削用量的合理选择。①粗车削：$n=500~750r/min$、$a_p=2~4mm$、$f=0.25~0.5mm/r$；②精车削：$n=750~1200r/min$、$a_p=0.5~1.5mm$、$f=0.1~0.25mm/r$；③粗磨削：$f_r=0.02~0.05mm$、$f_a=0.05mm$、$n_w=150r/min$；④半精磨削：$f_r=0.01~0.02mm$、$f_a=0.03mm$、$n_w=300r/min$；⑤精磨削：$f_r=0.002~0.005mm$、$f_a=0.02mm$、$n_w=350r/min$。

（3）过程控制措施　具体如下。

1）对磨床精度进行精细调整，保证磨床头架与尾座的同轴度 <$\phi 0.002mm$。

2）通过零件涂色，控制磨削径向进给量。

3）在磨床大拖板上架设百分表，控制磨削轴向进给量。

4）精磨前对磨床进行预热，待磨床热平衡后，再开始加工。

5）将检验用偏摆仪顶尖及零件用顶尖在加工用磨床上配套加工，保证两者的一致性，以消除测量误差的影响。

6）零件流转用周转箱垂直放置，防止零件变形。

**（四）试验验证及推广应用**

工艺优化后分别进行了 20 件、30 件小批量加工试验验证，合格率均在 95% 以上，零件的加工合格率提高一倍以上，解决了该型号产品大批量生产中的工艺瓶颈问题。目前，多个型号产品的小型不锈钢精密轴加工已应用了该工艺成果，在保障型号产品的质量和精度方面发挥了巨大作用，节约了制造成本，产生了巨大的经济效益和良好的社会效益。

**（五）效果**

小型马氏体不锈钢精密轴工艺技术，提供了一条在普通加工设备上加工精密轴的工艺途径。特别适合对小型精密轴加工的生产现状，具有较高的推广和应用价值。若能采用高精度的加工设备，零件的加工合格率还能够进一步提高，必将产生更大的经济效益。

### 六、外表面电镀的精密轴类零件加工

插轴属于精密细长轴类零件，工作时将其插入炮管或枪管中，完成校正精度的任务之后，再从炮管或枪管拔出来。由于需要反复插拔安装，所以对其外表面的耐磨性能要求较高，一般可通过对外表面进行局部淬火和镀铬处理等方法，提高其耐磨性和耐蚀性等。下面通过一个具体零件，举例说明此类零件的加工方法。

#### （一）零件结构特点及设计要求

如图 2-18 所示，插轴属于细长轴类零件，长径比>5，中空结构，尺寸和几何精度要求都较高：外圆尺寸公差 h7 级，外圆圆柱度 0.01mm，外圆同轴度 $\phi0.015$mm 等。要求 $\phi30$h7mm 外圆表面淬火达到硬度 40~45HRC，表面进行镀铬处理，镀铬层厚度 0.03~0.05mm。

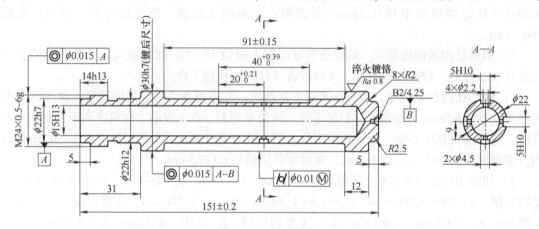

图 2-18  插轴零件

#### （二）零件工艺设计

该零件材料为 40Cr，零件尺寸和几何公差要求较高，图样要求进行调质处理、时效处理、尺寸稳定性处理、外表面局部淬火，以及表面电镀和发蓝处理。因此，在加工过程中如何合理安排各项热处理和表面处理工序，以及如何合理分配工序间的加工余量是该零件工艺设计的关键。

#### 1. 加工阶段划分

加工过程中需进行调质、时效、局部淬火和稳定化等 4 次热处理，以使零件达到所需的力学性能、表面硬度以及稳定的尺寸。在零件的粗加工、半精加工和精加工阶段，需合理地穿插 4 次热处理工艺，具体思路如下。

调质处理安排在粗加工之后。进行调质的目的主要是提高零件的综合力学性能，为后续的表面淬火做准备。因调质处理后零件硬度提高，切削难度增大，故调质处理前先进行粗加工，降低去除大加工余量时的切削难度，提高刀具的寿命，同时零件经粗加工后，厚度变薄，调质过程中的淬火工序更容易淬透零件，也相当于进行了一次去应力处理。

表面淬火安排在半精加工之后、精加工之前进行。因表面淬火后零件表层硬度提高到 45HRC，普通刀具已无法切削，在表面淬火前，应将精度要求较低的外圆、内孔、键槽和螺纹孔等全部加工到成品尺寸。

电镀安排在精加工之后进行。因为镀铬后表面硬度可达 66HRC，普通刀具无法切削，只能进行磨削加工，镀铬后再将精度要求较高的外圆磨削到成品尺寸即可。

为消除加工应力，还需安排一次时效和一次稳定化处理，因此该零件需经 4 次热处理和 2 次表面处理，工艺路线：下料→粗加工两端外圆，内孔加工完成→调质处理→半精车削两端外圆，径向小孔加工完成→时效处理→粗磨削两端外圆，键槽加工完成→外表面局部淬火→精磨削外圆→电镀→稳定化处理→精磨削电镀后外圆→抛光未磨削外圆→表面处理。

**2. 加工余量的分配**

调质处理前的粗加工，为保证调质变形后的加工有足够余量，外圆单边留余量 1.5mm，内孔加工到图样尺寸；半精加工阶段，精度要求高的 $\phi30h7$mm、$\phi22h7$mm 外圆和螺纹 M24 预制直径均单边留磨削余量 0.3mm，其余外圆、槽、孔均加工到图样尺寸；时效处理后，粗磨削外圆，单边留余量 0.15mm；表面淬火处理后，精磨削外圆，由于之后要对外表面进行电镀，镀铬层厚度要求 0.03~0.05mm，因此精磨外圆的公差要将图样要求的公差带向下移动 0.06~0.10mm，该零件按镀层尺寸的上限 0.05mm 留余量，也就是将公差带整体下移 0.1mm。以 $\phi30h7$mm 外圆为例，按图样应加工 $\phi30_{-0.021}^{0}$mm，此处为留出镀层厚度，将外圆磨削到 $\phi30_{-0.2}^{-0.1}$，镀铬后外圆增大为 $\phi$（30.1±0.03）mm，再精磨到图样要求的尺寸 $\phi30_{-0.021}^{0}$mm。同样的，宽度为 5H10mm 的键槽，由于公差较小，加工时也应考虑留出镀层厚度，将工序尺寸控制为 $5_{+0.16}^{+0.21}$mm。

**3. 装夹方式的选择**

轴类零件以车削、磨削为主要加工手段，一般采用自定心卡盘、顶尖等通用夹紧方式即可满足装夹要求。该零件粗加工阶段刚度较好，用自定心卡盘夹紧车削即可；半精加工阶段，需要磨削外圆，而零件仅右端有中心孔，左端为 $\phi15H13$mm 的孔，为实现磨削所需的双顶尖夹持方式，加工过程中采用在孔 $\phi15H13$mm 中镶入工艺堵头的方法，在堵头上制作中心孔，如图 2-19、图 2-20 所示。

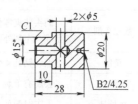

图 2-19　工艺堵头

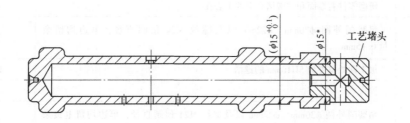

图 2-20　安装了工艺堵头的零件

工艺堵头的外圆 $\phi15$mm 要与零件上的孔 $\phi15H13$mm 配作，保证两者过盈配合，过盈量为 0.01~0.02mm。另外，在工艺堵头上还设计了两个互相垂直、直径为 5mm 的小孔，其目的是在后续的电镀工序中，方便零件内部浸入的电镀液排出。

#### 4. 磨削用量的选择

在实际生产中发现，磨削进给量对于镀铬层的耐盐雾腐蚀性能影响很大。磨削进给量越小，镀铬层的耐蚀性越好。这是由于磨削量越大，对镀铬层造成的损害就越大，裂纹产生越明显，导致腐蚀介质从表面渗透至界面而腐蚀基体，因此在镀铬处理后的磨削工序，应选择尽量小的磨削进给量。

#### 5. 工艺过程

工艺过程见表 2-3。

表 2-3　工艺过程

| 工序名称 | 工序内容 | 工艺装备 |
| --- | --- | --- |
| 下料 | 钢棒 φ34mm×156mm | 锯床 |
| 车削 | 自定心卡盘夹右端，车削左端面，见平即可。粗车削左端螺纹 M24 预制直径，外圆 φ30mm 车削 70mm 长，单边均留余量 1.5mm，孔 φ15H13mm 点、钻完成 | C616A |
| 车削 | 调头装夹零件，车削端面保证总长 153mm；粗车削外圆 φ30mm 与前道接齐，粗车削外圆 φ22mm，单边均留余量 1.5mm | C616A |
| 热处理 | 调质处理 | |
| 数控车削 | 自定心卡盘夹右端外圆 φ30mm，车削左端面，车削左端螺纹 M24 预制直径和外圆 φ22h7mm，单边均留余量 0.3mm，外圆 φ22h12mm 车削完成 | GLS-2000L |
| 数控车削 | 调头装夹零件，车削右端面，加工中心孔 B2/6.3，右端外圆 φ20mm 车削完成，车削外圆 φ30mm 和 φ22mm，单边均留余量 0.3mm | GLS-2000L |
| 铣削 | 点、钻孔 4×φ2.2mm，扩沉孔 2×φ4.5mm | FN25 |
| 钳 | 去所有毛刺 | |
| 热处理 | 人工时效处理 | |
| 磨削 | 按照孔 φ15H13mm 的实测尺寸，配磨堵头外圆，保证两者之间过盈量 0.01~0.02mm，将堵头压入零件左端 φ15H13mm 孔中 | M114W |
| 车削 | 研磨零件右端面和左端堵头上的中心孔 | C616A |
| 磨削 | 粗磨削外圆 φ30mm、φ22mm 以及螺纹 M24 预制直径，单边均留余量 0.15mm | M114W |
| 电脉冲 | 加工两处宽度为 5H10mm 的键槽 | EDGE 3 |
| 热处理 | 淬火 | |
| 磨削 | 精磨削外圆 φ30mm、φ22mm 以及螺纹 M24 预制直径，单边均留电镀余量 0.05mm | M114W |
| 钳 | 去除所有毛刺，在零件表面均匀涂抹一层润滑脂，并用包装纸包好，防止零件生锈 | |
| 表面处理 | 电镀 | |
| 热处理 | 稳定化处理 | |
| 磨削 | 精磨削外圆 φ30mm、φ22mm 以及螺纹 M24 预制直径到图样尺寸 | M114W |

（续）

| 工 序 名 称 | 工 序 内 容 | 工 艺 装 备 |
|---|---|---|
| 车削 | 抛光外圆 φ20mm、φ22mm，不允许有划痕、夹伤等表面缺陷 | C616A |
| 表面处理 | 发蓝处理 | |
| 磨削 | 磨削外螺纹 M24×0.5-6g | Y7520W |
| 车削 | 去堵头，清理孔 φ15H13mm 内氧化皮 | C616A |
| 检验 | 按图样检查各部尺寸和几何公差 | |

### （三）加工过程中的注意事项

由于零件工序较多，工艺路线长，所以在工序间流转过程中，要注意零件的摆放方位，避免零件变形。根据零件结构细长的特点，应制作专用流转箱，将零件在箱中呈直立位摆放，相互之间应有隔板间隔，避免磕碰。精加工阶段，还应在表面涂抹润滑脂，避免零件生锈。

## 第三章

# 精密薄壁类零件高效数控加工

### 一、薄壁光学变焦凸轮的数控加工

连续光学变焦系统一般是一类被动跟踪的光学系统，该类系统能够探测、定位并连续跟踪在红外背景辐射和其他干扰下发射红外线的物体和目标。光学变焦系统通常可以分为两类：一类是机械补偿变焦；另外一类是光学补偿变焦。机械补偿变焦可以满足大倍率连续变焦的功能，并且成像清晰，像面稳定，在光学变焦系统被广泛应用。机械补偿式连续变焦系统最典型的结构形式为三组元结构形式，系统除前固定组和后固定组外只有一个变焦组和一个补偿组。为了使变倍透镜和补偿透镜按一定的规律同步移动，实现自动连续变焦，在结构设计上多采用凸轮机构实现。因此，该机构中的凸轮槽的加工精度和表面质量将会直接影响连续变焦系统的成像质量和稳定性。

#### （一）工艺分析

#### 1. 技术要求

曲线套筒如图 3-1 所示，尺寸 $L_1$ 和 $L_2$ 分别为 $\phi 4^{+0.012}_{0}$ mm 圆心的横向尺寸，尺寸公差为 $\pm 0.015$mm；A 和 B 两条螺旋槽相对应的两个 $\phi 4^{+0.012}_{0}$ mm 中心线与基准 A 的平行度为 0.02mm，每一个 $\phi 4^{+0.012}_{0}$mm 的中心线与基准 A 的正交性为 0.02mm。

#### 2. 曲线套筒建模

凸轮槽的建模，通常采用矩形沿曲线导动的方式，在构筑凸轮槽曲线时先要将角度坐标

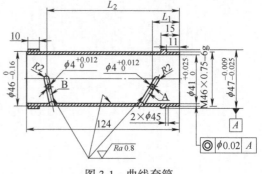

图 3-1　曲线套筒

转换为长度坐标，然后将绘制的曲线缠绕到圆柱上，再通过软件的扫略功能沿缠绕曲线切割凸轮槽，这种绘制方法存在着如何确定矩形所在的平面及导动辅助线的问题。

改进后的方法是通过对曲线的拟合过程进行公差控制，并利用缠绕后的曲线与其沿圆柱面法线方向的投影线生成直纹面，再对生成的直纹面进行加厚处理，然后与圆柱体进行布尔

运算，就可以绘制出完整的凸轮槽建模，确保建模后的精度。

（1）拟合曲线　导入曲线点的数据，并将曲线点的数据处理成笛卡尔坐标的形式，以文本格式进行存储，使用 NX 软件的 point from file 功能，导入曲线点的数据并形成点阵。

接下来使用 Fit Spline 命令实现对拟合误差的精确控制，如图 3-2 所示，采用五阶曲线，平均误差控制在微米级别。

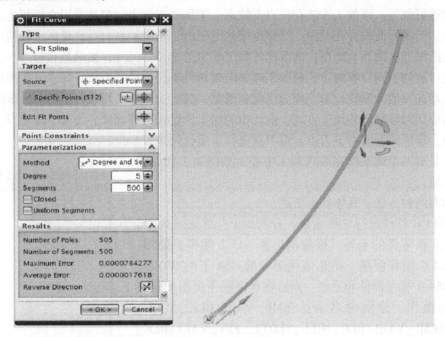

图 3-2　拟合点阵曲线

（2）凸轮槽建模　使用 Wrap 命令将曲线缠绕到圆柱面上。将内圆柱面上的曲线沿着圆柱面法向投影到外圆柱面上，然后用这两条曲线建立直纹面，用加厚的命令建立起凸轮槽轨迹实体，如图 3-3 所示，再采用布尔运算即可完成曲线套筒建模，如图 3-4 所示。

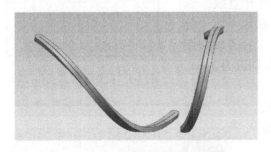

图 3-3　直纹面加厚凸轮槽轨迹实体

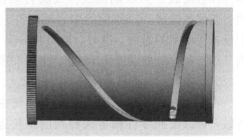

图 3-4　曲线套筒建模

### 3. 工艺分析和加工思路

该光学变焦零件属于薄壁筒类零件，其曲线槽及内外径的相关尺寸属于关键尺寸，前期粗加工工序的目的是去除余量，充分释放加工过程中的内应力；时效处理主要目的是进一步消除内应力；精加工工序是为了保证加工精度，提高装夹精度与可靠性；制作专用心轴定位，方便零件装夹与定位，消除加工过程中产生的扭曲变形。根据零件的加工精度、结构、材料、装夹方式和技术要求，制订加工工艺方案：粗车削内径、外径各留余量 1mm，两个端面各留余量 0.3mm→粗铣削两曲线凹槽单边留余量 0.5mm→时效处理→精车削外螺纹及端面→螺纹及端面定位，精车削外径及内孔→单边留余量 0.1mm 分两次精铣削曲线槽。

(1) 编制数控程序　数控车削加工程序较简单，这里不再赘述。凸轮槽常采用的加工方式为根据补偿曲线、变倍曲线的原始点数据，采用与槽宽尺寸相等的键槽铣刀沿螺旋槽的中心位置进行加工。该加工方法存在以下缺点：①每个线段之间都是采用直线相连，过渡部分不连续，与实际曲线存在差距；②螺旋槽的宽度由于精度较高，受到机床主轴精度和刀具系统精度的限制，因此只能根据曲线槽的精度要求选择刀具尺寸，如果是非标刀具，则必须对刀具进行定制，而且粗加工、精加工需要定制两种不同直径的刀具；③铣刀在曲线槽的加工当中，存在一侧为顺铣、另一侧为逆铣的现象，造成加工中的切削力不均匀，影响加工品质。创新应用四轴联动的加工方式，曲线槽的加工全过程实现顺铣，为了消除进刀、退刀时的接刀痕，程序编制时对进刀点、退刀点进行了重合处理。

以下是对两个螺旋槽在卧式加工中心上如何加工和编程的过程介绍。

编程有两种方法，具体如下所述。

1) 用 UG 软件进行三维建模。方法如下：首先进入 UG 建模模块，将零件的毛坯三维绘制出来，以方便模拟使用；然后进入 UG 编程模块，在几何视图中的 G54 下的 WORK-PIECE_G54 中指定部件和毛坯，而后在程序顺序视图中建立 4 个变轴操作，分别命名为：SEMI＿VARIABLE＿MILL＿SLOT1、SEMI_VARIABLE_MILL_SLOT2、FIN_VARIABLE_MILL_SLOT1 和 FIN_VARIABLE_MILL_SLOT2。在这 4 步操作中分别设置驱动方式和刀轴，如图 3-5 所示。

首先在 SEMI＿VARIABLE＿MILL＿SLOT1 和 FIN_VARIABLE_MILL_SLOT1 中，选择曲线一为驱动曲线，另两步操作选曲线二为驱动曲线，其次刀轴选"离开直线"选项，直线就选择"三维筒的中心轴线"。而后在这 4 步中分别设置非切削的逼近、进刀、退刀和分离为手工→刀轴→距离。逼近和分离分别设为 15mm，进刀和退刀分别设为 3mm。

其中曲线一、曲线二如图 3-6 所示。

在驱动方式菜单下要合理地选择切削步长参数，可以按照零件精度选择切削步长数量或是切削精度大小。

如果选项中数字项太小，则步长将会加大，造成曲线插补不平滑，因此应根据机床工作台分度精度确定好数字，保证曲线平滑。设置完刀具和切削参数，然后就可以生成操作步骤，生成刀轨，而后进行 2D 模拟，最后选择合适的多轴后处理文件就可以生成程序了。

图 3-5　设置驱动方式和刀轴

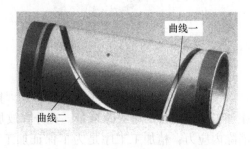

图 3-6　曲线一、曲线二

2) 手工编制程序方法。手工编程采用宏程序编程方法，也就是利用变量编程，通过将曲线参数变量关系编入程序，数控装置自动计算出凸轮上每一点的坐标值，通过连续进给，加工出凸轮的轮廓线。这种方法的优点是：程序体积小，占用系统内存非常少，对于内存小的数控系统来说，无疑是一种很好的编程手段，宏程序编程加工精度也很方便控制，不同的凸轮只需要修改几个参数值，基本都可以应对。

程序及说明如下：

```
% O0001
G0G90G54G43H01Z100S1500M03 X0Y18.11
G01Z20F500
#1=0(初始 t 值)
#2=66(最终 t 值)
WHILE[#1LE#2]DO1(循环开始)
#3=2.578×#1(角度值)
#4=0.25×#1 ( X 值)
#6=62.1606×62.1606×#4
#7=41.2386×[41.2386-#4]
#8=#6/#7-#4( Y 值)
#9=18.11+#8 ( L₁ 坐标)
Y#9B#3
#1=#1+0.05（自变量变化）
END1
G0Z100
Y108.36
G01Z20F500
#1=0(初始 t 值)
#2=66(最终 t 值)
WHILE[#1LE#2]DO1(循环开始)
#3=2.578×#1(角度值)
#5=108.6-#4 ( L₂坐标)
Y#5B#3
#1=#1+0.05(自变量变化)
END1
G0Z100 M05
M30
```

（2）加工刀具与加工路线的选择　为了保证加工精度，在加工凸轮槽时通常采用硬质合金立铣刀，加工铝合金材料通常选用大螺旋角的铝合金专用铣刀，锋利的刀刃可以减小切削力，从而提高零件表面质量和降低切削作用力。在加工钛合金等难加工材料时，由于需要承受较高的切削力，对机床的主轴功率和刀柄选择等要求很高，可以选用针对钛合金材料的专用立铣刀，首选不等齿距、不等螺旋角的铣刀结构，可以解决加工钛合金材质键槽过程中由于振动而造成的表面精度差的问题，降低切削作用力，提高加工中的平稳性。在刀柄的选择上，尽量将刀具安装在热缩刀柄或液压刀柄上，这两类刀柄的径向圆跳动误差和重复定位精度基本可以控制在 $3\mu m$ 以下，从而保证键槽的加工表面质量，满足宽度尺寸的精度要求。

刀具的安装在满足不发生碰撞与干涉的原则下，悬伸长度要尽可能短，可以保证加工的效率与切削刚度。刀具在初始下刀位置尽量提前预钻孔，或采用螺旋下刀和斜线下刀的方式进刀。

粗加工采用 NX8.5 软件的 CAM 加工模块的 Vari-able Contour 对凸轮槽进行程序的编制。首先使用 $\phi 3mm$ 立铣刀沿槽的中心线铣削，粗加工凸轮槽，单边留余量 0.5mm，切削参数 $S=35000r/min$，进给速度 $v_f=100mm/min$。

半精加工采用 NX8.5 软件的 CAM 加工模块的 Contour Profile 对凸轮槽进行程序的编制。$\phi 3mm$ 立铣刀沿凸轮槽的侧壁走刀，半精加工凸轮槽，单边留余量 0.1~0.15mm。切削参数选择 $S=3500r/min$，进给速度 $v_f=150mm/min$。

精加工采用 NX8.5 软件的 CAM 加工模块的 Contour Profile 编制凸轮槽精加工程序。选用 $\phi 3mm$ 立铣刀或者定制的 $\phi 3.5mm$ 的键槽铣刀加工，沿槽的侧壁走刀，精加工凸轮槽，为了避免产生下刀痕，选用圆弧进刀、退刀的方式，下刀点尽量选择在凸轮槽的根部，保证螺旋槽光顺面的表面质量，切削参数选择 $S=3500r/min$，进给速度 $v_f=150mm/min$。

为了保证加工整个侧壁的光顺度，在精加工时必须保证铣削过程中不能变换切削速度、主轴转速和关闭切削液等操作，并保证在加工中不能有停顿，否则由于切削参数的变化与刀具的停顿，使切削力发生改变，会在键槽侧壁留下清晰的刀痕，从而影响整个侧壁的光顺度而造成零件的报废。

（3）夹具（见图 3-7）的设计　根据零件的尺寸可知，由于槽宽 4mm 的尺寸公差为 0.012mm，所以在零件的装夹上不能受任何的轴向力，否则由于压紧力的影响会造成尺寸超差。为了让筒形零件的内壁只受直径方向的力，特意设计了液压胀紧式的心轴来保证装夹可靠。

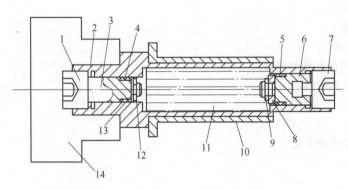

图 3-7　夹具

1—密封螺栓　2—心轴　3—左调压柱塞　4、5—密封圈　6—右调压柱塞　7—密封螺钉　8、13—垫片
9、12—轴端螺母　10—工件　11—液压油　14—自定心卡盘或弹簧套

与普通夹具不同之处在于，液压胀紧夹具采用静压膨胀技术，对夹具进行加压后，液压介质在加压机构作用下会产生极大的压力，迫使变形元件在整个夹持范围内 360° 周向均匀地弹性变形，实现对工件定位孔/轴的胀紧。这种夹持方法具有较高的夹持定位精度，大大提高了工件加工精度及质量稳定性。液压胀紧式夹持还可以实现变径夹持，通过使用变径卡簧，可以针对不同直径的工件进行相应的适应性应用。

如图 3-7 所示，本案例针对变焦凸轮设计的心轴内部有一个薄壁内腔，内腔装有黏度较大的液压油，内腔两端安装有调压柱塞。心轴一端安装在自定心卡盘上，另一端经过找正上下垂直并安装工件，通过旋紧密封螺钉使液压腔内的液压油产生膨胀压力，并传导到心轴侧壁，实现对零件的径向夹紧。由于采用的刀具较小，并且加工方式为高速加工，产生的切削力很小，所以夹紧力需适当控制，以双手握住旋不动零件即可。

心轴在设计制造中注意以下几点：①心轴的工作外圆与工件内孔的配合采用 f8/H7 的配合精度，便于产品零件的定位可靠；②心轴前端的内螺纹与柱塞相配合的孔的长度要控制好，保证心轴内孔中的柱塞有足够的位移调节空间，以保证产生足够的胀紧力；③要严格控制空腔壁厚，否则会影响夹紧力的大小。心轴空腔壁厚的确定，参照液性塑料定心夹紧结构中薄壁套筒壁厚 $h$ 的计算方法求得，见表 3-1。

表 3-1 薄壁套筒壁厚计算 　　　　　　　　　（单位：mm）

| 套筒定位直径 $D$ | 套筒薄壁长度 $L$ | 套筒壁厚 $h$ | |
| --- | --- | --- | --- |
| | | $D = 10 \sim 50$ | $D > 50$ |
| $D < 150$ | $L > D/2$ | $h = 0.015D + 0.5$ | $h = 0.025D$ |
| | $D/2 > L \geqslant D/4$ | $h = 0.01D + 0.5$ | $h = 0.02D$ |
| | $D/4 > L \geqslant D/8$ | $h = 0.01D + 0.25$ | $h = 0.015D$ |

## （二）零件的测量

### 1. 目前检测中存在的问题

在近几年的科研试制生产中，变焦凸轮图样所表示的曲线形状和运动轨迹，采用曲线方程或参数方程来表示，纵坐标反映转动角度，横坐标反映变焦位置。零件螺旋槽形状采用三维造型、计算机编程和四轴加工完成。对于整个装配部件来说，螺旋槽面的主要作用是控制某个部件的运动轨迹，所有螺旋槽面的尺寸与位置精度的高低直接影响整个部件在使用中的效果。零件完成后，以河南平原光电有限公司现有的检测手段，普通检测只能对槽宽进行测量，但对螺旋槽的导程、导程角、起始角度及曲线形状等都无法检测，只能依靠三坐标测量机进行全面测量。同一设备和程序加工出的零件，三坐标测量机检测的结果因零件曲面粗糙度、曲线拐点圆滑度、零件外形几何公差等多方面综合因素的不同，检测出的结果出入很大，存在不同程度误判的问题，同时整个过程繁琐、耗时、检测误差大，对成批零件检测成本太高，希望有一种高效、准确的检测方法。

### 2. 零件加工前的准备

设备采用通用的四轴加工设备，如卧式加工中心、车铣复合加工中心等。编程方法采用三维绘制曲线轮廓，设置好工艺参数，利用编程软件，自动生成程序。零件加工前必须对设备进行验证，以确保零件形状、精度的准确性。可选用以下办法：预先进行简单零件的验证，如采用同种材料加工 1 个 $SR20\text{mm}$ 的球体，形状如图 3-8 所示，用外径千分尺对球体进行测量，至少量取 6 点，测得 6 个直径方向的尺寸精度，以验证机床在 $X$、$Y$、$Z$ 各个方向的精度和所设置

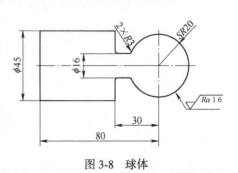

图 3-8 球体

的工艺参数的符合性，从而得出设备精度的稳定性状况。

### 3. 螺旋槽检测思路与工作原理

变焦凸轮的工作原理是利用该零件本身的曲线轮廓带动与之连接的零件做往复移动，即通过该零件的回转运动转化成传动零件的直线运动。其主要特点是凸轮回转平面与从动件的运动平面互相垂直，按运动轨迹 $s=s(\alpha)$ 运行，从而实现调焦的目的，工作原理如图 3-9 所示。以此为设计思路，利用通用分度头装置加辅助心轴，实现曲线螺旋槽的检测，工作原理和操作说明如下所述。

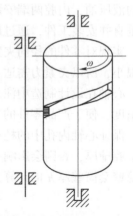

图 3-9　变焦凸轮的工作原理

1）首先将中心高为 105mm 的卧式万能分度头放置在工作平板上，并用螺钉固定；然后再以分度头中心轴线为基准，根据所测工件外径大小来确定"定位套筒"检测轴中心线的平行距离，并用螺钉固定，保证相对平行度在 0.012mm 内；最后，在万能分度头的对面增加一个弹簧顶尖，保证与分度头中心线同轴度在 $\phi0.01$mm 内，并用螺钉固定。

2）首先将检验心轴装夹在分度卡盘上，保证径向圆跳动在 0.01mm 以内，再将工件固定在检验心轴上，用螺母锁紧，并复检工件的径向圆跳动误差。心轴轴端用弹簧顶尖辅助支撑。

3）根据工件螺旋槽宽度尺寸来确定"可换定位轴"的直径，保证"可换定位轴"在螺旋槽中平稳滑移，不得有阻尼或松紧不一现象，将"可换定位轴"用螺母锁紧。

4）根据工件要求，利用螺旋槽运动轨迹方程，可测算出工件每旋转一定角度（分度头可直接读出度数）轴向移动的距离。也可由角度差和轴向移动间距差进行确定。

需要注意的是，在检测前，首先用数显深度尺测出图 3-10 中"检测前测量该尺寸备用"位置实际长度。当分度头旋转一定角度后，用数显卡尺测量"检测轴"右端到"定位套筒"右端面的距离，减去检测前测量的尺寸，就是螺旋槽所要求的实际尺寸值。与工件理论上每

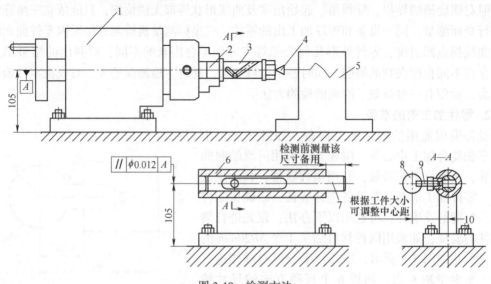

图 3-10　检测方法

1—分度头　2—心轴　3、8—工件　4—弹簧顶尖　5—尾座　6—定位套筒　7—检测轴　9—可换定位轴　10—螺钉

旋转一定角度螺旋槽轴向移动的距离进行比较，所得到的差值就是误差值。

该检测方法通用性强，只需更换"可换定位轴"和调整"定位套筒"位置，即可对不同曲线轮廓零件进行测量，简单、方便、准确且快捷，不但避免了三坐标检测因综合误差带来的累积影响，而且大大缩短了检测周期，对批量加工零件的检测是一种高效、准确的检测方法。

**（三）圆柱槽凸轮加工方法的扩展**

前面案例提到的变焦凸轮的绘制方法是导入曲线点数据，将曲线点数据处理成笛卡尔坐标的形式，使用 NX 软件的 point from file 功能，导入数据，形成点阵，最后拟合成曲线。然而实际加工当中还有一些零件如圆柱端面凸轮、圆柱槽凸轮（见图 3-11）等，图样给出的是圆柱面展开的形状。这些零件在数

图 3-11 圆柱槽凸轮

控机床上铣削时，通常是靠 X 轴和 A 轴联动来加工出所需形状的。然而，X 轴和 A 轴联动有两个问题：一是只能使用 G1 指令来逼近，无法使用 G2/G3 指令，也不能使用圆角指令（，R_）；二是无法使用半径补偿。这两个原因造成了一些看似很简单的形状在加工时也变得非常复杂，如展开图中有圆弧，或槽宽要求较严需精铣削槽的两侧面等。这些形状如果是在平面上，靠 X 轴和 Y 轴联动来加工，则编程非常简单。很多数控系统提供了这方面的编程指令，HAAS 数控系统的圆柱展开指令 G107 就可以实现用 Y 轴来取代 A 轴，具体地说就是程序中写的是 Y 坐标，实际上运动的是 A 轴。这样一来在编程时就可以把圆柱面上的形状当成平面上的形状来编程了，前述的两个问题自然就迎刃而解了。

HAAS 系统 G107 指令的格式是 G107 Y_ A_ R_（或 Q_）。意思是把半径为 R（或直径为 Q）的圆柱展开，Y 值对应处是 A 值。通常都是设 Y0 A0。R 值是圆柱的半径。

**1. 例 1：铣削圆柱面上的导向槽**

要铣削如图 3-12 所示的圆柱面上的导向槽这样的曲线槽，需要把工件装夹在分度头上，用直径与槽宽相等的键槽铣刀分层铣削。如果展开图上没有两个 R8mm 圆弧，槽中心线仅仅是由 3 段直线段组成的折线，那么编程就很简单了，不需要使用 G107 指令。程序段如下：

```
G0 X-3 A0
G1 X10
X25 A-30
X35
```

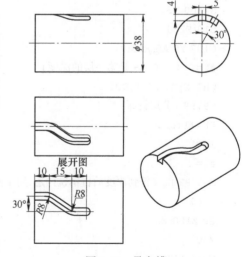

图 3-12 导向槽

然而，实际上拐角处有两个 R8mm 圆弧，为了走出这两个圆弧，就需要用 G107 指令，否则无法进行圆弧插补。编程前需计算 φ38mm 外圆面上 30°弧长：38mm×π÷12＝9.948mm。工件坐标系的 X 原点设在工件左端面处，Y 原点设在分度头中心，Z 原点设在外圆最高点处，A 原点任意。用φ5mm 键槽铣刀，每层铣削深 0.5mm。程序如下：

```
G54 G90 G0 X-3 Y0
```

```
S1600 M3
Z10 F200
G107 Y0 A0 R19
#1=0
WHILE[#1 LE 4]DO1
G0 X-3 Y0
Z-#1
G1 X10,R8.
X25Y-9.948,R8.
X35
G4 P300
G0 Z5
#1=#1+0.5
END1
G107
G0 Z100 M5
M30
```

程序中用了两个圆角指令（，R8.）就实现了圆弧过渡。编程时还需注意不要遗漏 R8. 的小数点，否则 HAAS 系统将视为 R0.008。使用圆柱展开指令 G107 后，除了可以用圆角指令外，也可以使用 G2、G3 指令。

如果槽宽要求较严，如槽宽为 $5^{+0.06}_{+0.03}$ mm，则需要精铣削槽的两侧面。这就要用到半径补偿功能了。要用 $\phi$5mm 的铣刀铣削宽度为 $5^{+0.06}_{+0.03}$ mm 的槽，程序如下：

```
G54 G90 G0 X-3 Y0
S1600 M3
Z10 F200
G107 Y0 A0 R19
#1=0.48（0.48是第一层的深度）
WHILE[#1 LE 4]DO1
M97P9（分层铣深）
#1=#1+0.5
END1
#1=4
M97 P9 L2（铣到深度后再精铣两遍,用于修光侧面）
G107
G0 Z100 M5
M30
N9 X-3 Y0
Z-#1
G42 D1(=0.02) X-2.5
G1 X10,R8.
X25 Y-9.948,R8.
X35
```

```
G4 P300
X25,R8.
X10Y0,R8.
X-2.5
G40 X-3
M99
```

程序中是先分层铣削到 Z-3.98 深，然后在最终深度 Z-4 处空走两遍，用于精铣削槽的侧壁。走刀路径在子程序（从 N9 到 M99）中描述。程序中使用了半径补偿指令 G42 D1，$D_1$ 的值是 0.02mm，所用的铣刀直径是 5mm，则铣削出的槽宽（理论上）是 5mm+0.02mm× 2=5.04mm，在公差带之内。实际加工时需根据槽宽实测尺寸来微调补偿值，以便控制槽宽。

上面的程序是用 $\phi$5mm 的铣刀铣削宽度为 $5^{+0.06}_{+0.03}$mm 的槽，半径补偿值是 0.02mm。然而也不能选用直径太小的刀具通过刀具补偿的方式加工，这是因为使用圆柱展开指令后，$Y$ 坐标的移动被转换成分度头的转动了。当铣削轴向（即 $X$ 向）槽时，半径补偿实际上是通过分度头向两边转动来把槽扩宽，会造成槽口宽、槽底窄，槽的截面呈喇叭形。上面计算出来的槽宽只是口部的宽度。口部和底部的宽度差值=2×刀具半径补偿值×槽深/圆柱半径。由此可见，刀具半径补偿值越大，造成的差值也就越大。这个差值实际上是在消耗宽度的公差。上例中，当刀具半径补偿值为 0.02mm 时，口部和底部的宽度差值是 2×0.02mm×4/19 = 0.0084mm，槽宽公差是 0.03mm，宽度差值 0.0084mm 尚在可接受的范围内。而当补偿值为 0.52mm 时，槽宽差值是 2×0.52mm×4/19 = 0.22mm，明显地超出了公差范围，显然无法加工出合格的工件。这说明在铣削圆柱面上的槽时，铣刀直径要尽量接近槽宽，不能小得太多（不超过 0.2mm 为宜）。当标准铣刀直径不能满足要求时，需要刃磨铣刀。尽管如此，圆柱展开指令仍是铣削圆柱面上的导向槽时非常实用的指令。它可以在铣刀正常磨损范围内通过调整半径补偿值的办法来加工出符合要求的槽。例如，一批零件要在圆柱面上铣削宽度为 $5.4^{+0.03}_{0}$mm 的曲线导向槽，可用 $\phi$5mm 铣刀粗铣削，用 $\phi$6mm 旧铣刀改磨成 $\phi$5.3~$\phi$5.4mm 铣刀进行精铣削。在加工过程中，随着精铣刀的正常磨损，直径会略微变小，这时可调整精铣刀的半径补偿值来扩宽槽（调整量通常都很小，不超过 0.05mm）。

如果曲线槽的圆弧过渡部分形状要求不严，可把圆柱的半径看作 57.296mm，即圆柱展开指令写成 G107 Y0 A0 R57.296。57.296mm 是周长为 360mm 的圆的半径 [360mm/(2π) = 57.296mm]。这样，圆柱展开后程序中的 $Y$ 坐标在数值上与分度头旋转的角度是相等的，可省去计算弧长的步骤。在使用 G107 指令时，57.296 是一个比较常用的数值，读者应记住这个数，参看下例。

**2. 例 2：铣削圆柱面槽**

这个圆柱面槽（见图 3-13）与上例类似，使用圆柱展开指令编程之前要计算 $\phi$120mm 外圆面上 60° 的弧长。如果圆弧部分要求不严，可以不必计算这个弧长，而把圆柱的半径看作 57.296mm。工件坐标系原点设置同上例，程序如下：

```
G54 G90 G0 X-3 Y0
S1600 M3
Z10 F200
G107 Y0 A0 R57.296
```

```
#1 = 0
WHILE[#1 LE 4]DO1
G0 X-3 Y0
Z-#1
G1 X25,R15.
Y-60,R12.(直接把角度值写成Y值)
X40
G4 P300
G0 Z5
#1 = #1+0.25
END1
G107
G0 Z100 M5
M30
```

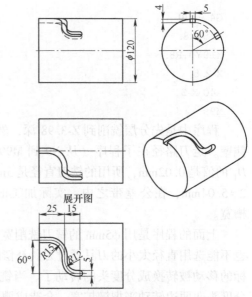

图 3-13　圆柱面槽

### 3. 例3：铣削圆柱端面凸轮

要铣削如图 3-14 所示的圆柱端面凸轮，应把工件装夹在分度头上，用立铣刀侧刃来切削（见图 3-15）。

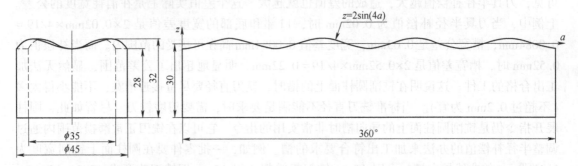

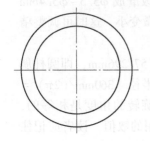

a) 二维图

b) 三维图

图 3-14　圆柱端面凸轮

如果把工件竖直装夹用球刀铣削曲面，则效率低且表面粗糙度较差。由于展开后的曲线是正弦曲线，因此应使用圆柱展开指令，以便进行半径补偿和圆弧指令。工件坐标系的 $X$ 原点设在工件左端面处，$Y$ 原点设在分度头中心，$Z$ 原点设在外圆最高点处，$A$ 原点任意。用 $\phi12$mm 的立铣刀铣削。程序如下：

图 3-15　工件装夹方式

```
#2＝4（整个圆周上分布的周期数）
#3＝22.5（圆柱半径）
G54 G90 G0 X-10 Y0 A0
S1800 M03
Z10
G1 Z-10 F300
G107 Y0 A0 R#3
G41 D1 Y-10
G3 X0 Y0 R10
#1＝0
WHILE [ #1 LE 360* #2 ] DO1
G1 X[[SIN[#1-90]+1]* 2] Y[#1* #3/#2/57.296]
#1＝#1+2
END1
G91 G3 X-10 Y10 R10
G90 G40 G0 Y0
G107
G0 Z100 M05
M30
```

（在 G1 X 行下标注：从最高点处进刀　振幅）

程序中，#2、#3 作为原始数据输入，可使程序适应各种不同的尺寸。只要圆柱端面凸轮的展开曲线是正弦曲线，无论圆柱半径是多少、圆周上分布几个周期，都可以用这个程序来加工。例如，把#2 的值改为 5，则加工出的工件在圆周上分布有 5 个周期（即有 5 个波峰和 5 个波谷）。而振幅在程序中只出现一次，可不用设置变量，加工振幅不同的工件时直接修改这个数值即可。（当然也可以把振幅设置成变量作为原始数据输入，依个人习惯而定。）

这个程序只是把正弦曲线的形状走了一遍，没有分粗精铣削。实际加工时，先把工件坐标系 $X$ 原点向左移动 0.2mm 左右，用于留出精铣削余量。铣削完一遍后，把 $X$ 原点移回来，再精铣削 1～2 遍即可。也可以先把 $D_1$ 的值改大一点用来留精铣削余量，然后把 $D_1$ 的值改成实际铣刀半径。加工出的零件如图 3-16 所示。

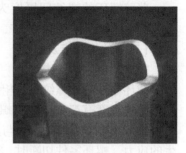

图 3-16　零件

从本例可以看出 G107 指令编程的方便性。如果不使用圆柱展开功能，要铣削这个形状则必须计算圆柱面展开后铣刀中心的轨迹，这就需要对正弦曲线进行求导，显然不如 G107 指令使用方便。

## 二、薄壁环类零件精密加工

伴随着武器装备逐渐向精密化、轻型化发展，产品结构零部件也普遍呈现出复杂化及高精度要求。薄壁环类零件，其承担着光学件的定位及固定的作用，在武器精密光学部件瞄准精度上发挥着重要作用。它具有高精度的尺寸和几何公差要求，内外螺纹同轴度和螺纹与端面的垂直度要求高，而且零件壁薄，加工易变形，零件生产合格率不足50%，废品率高，造成了大量的生产浪费，并严重制约了薄壁精密环类零件的推广应用。针对加工中出现的问题，通过研究与攻关，分析加工过程中涉及的工艺、加工、刀具、切削参数及装夹等对加工质量与效率的影响因素，总结提炼有效控制薄壁精密环类结构件加工变形的工艺措施与加工方法，对促进薄壁精密环类零件的推广与应用具有重要意义。

### （一）工艺性分析

#### 1. 结构特点

某薄壁螺环是典型的薄壁环类零件，如图3-17所示，材料2A12-T4，最大外圆直径为112mm，最大内孔直径为100.5mm，有30°的锥面，用于增强光束，内外双螺纹结构用于连接镜筒，外圆和端面用于定位及固定透镜，壁薄主要是减重，却是影响零件质量的主要因素。

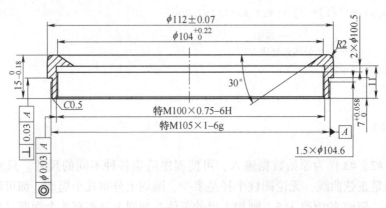

图 3-17　薄壁螺环零件结构尺寸

#### 2. 技术要求

薄壁螺环的螺纹间厚度为2.5mm，双螺纹同轴度要求$\phi0.03$mm，与端面垂直度要求0.03mm。对于一般零件来讲，这种精度不算太高，但对于薄壁件加工，难度就非常大。

### （二）加工难点及分析

#### 1. 工艺难点及分析

螺环零件内外螺纹直径相差小，同轴度要求高，轴向尺寸也较小，零件内外螺纹直径对端面的垂直度有严格要求。螺环直径尺寸较大、壁薄，壁厚为2.3mm，刚度差，零件切断时，螺环变形造成尺寸精度与几何精度超差。分析螺环变形原因，主要是切削力、切削热产生的应力，螺环零件切断时，这些内部应力重新分布，引起螺环零件变形，影响了螺环的加工精度。

#### 2. 加工难点及分析

零件主要尺寸精度和几何精度为内外螺纹同轴度、与端面的垂直度。螺纹加工过程产生的切削热要比一般孔和轴大得多，大量的切削热产生的应力极易造成螺环变形，影响零件的加工质量与效率，因此这类零件加工对加工工艺流程、刀具几何参数与切削参数、装夹方式的选择具有一定的技术经验与工艺方法要求。

### （三）提高薄壁环类本体加工质量工艺措施和加工方法

#### 1. 优化切断方法，减小切断后螺环变形

螺环属于薄壁环类零件，刚度相对较差。在加工阶段，零件在完成外圆、内孔及螺纹加工后，零件切断时，零件内部应力重新分布，引起零件变形。因此，应优化切断方法，最大限度地降低切断对零件的影响。

原工艺方案的工艺流程，采用粗加工→精加工，零件在完成外圆、内孔及螺纹加工后直接切断，零件加工合格率低。

针对上述问题，优化工艺流程采用粗加工→半精加工→精加工，创造性地设计了半精加工（见图3-18）后，粗车削切断槽，以保证零件的强度为前提，尽量减少槽的厚度，如此既可提前释放加工零件的残余应力，又可大幅度减少切断后零件内部应力的重新分布。对螺环进行精加工，精车削外圆、内孔和螺纹，再精车削切断槽，此工艺流程使粗加工、精加工工序得到合理分散，极大地消除了加工过程中因加工余量集中而产生的残余应力，可有效地防止零件因切削力过大和切削热不能及时消除而产生的变形，保证零件稳定性及精度。

图3-18　螺环半精加工状态

#### 2. 优化车削刀具几何参数及切削参数，提高加工精度

刀具是保证零件加工精度的前提。精车削螺环时，采用与螺环材料加工匹配的硬质合金YT-15材料刀具，减少修光刃长度，一般取0.2~0.3mm，刀具锋利，可减少加工过程中的切削力与切削热，降低加工应力，从而减小零件变形。

精车削螺环外圆，刀具采用主偏角93°、前角18°、后角9°、刀尖圆弧半径0.1~0.2mm，高速、小切削深度，吃刀量一般取0.1~0.15mm，最大程度地减少切削力与切削热，减小零件变形。

#### 3. 合理设计专用夹具工装，减少螺环装夹变形

薄壁环类零件进行车削时，加工误差的重要来源是自定心卡盘夹持引起的径向尺寸变形。因此螺环30°倒角加工时，减少自定心卡盘径向夹紧造成的变形，采用辅助工装定位的方式，将夹紧力作用在螺环零件的端面上，消除零件在径向方向受到的夹紧力，减小零件因尺寸变形而引起的零件圆度超差及同轴度超差。

为了避免零件原有精度受到破坏，根据螺环结构特征，设计完成了车削倒角的专用夹具工装，如图3-19所示。工装通过螺环外圆定位，利用旋盖轴向压紧，且旋盖采用超细牙螺纹，压紧螺环力度控制精准，尽量减小零件受力后产生的变形，实现加工倒角时，有效控制螺环零件其他精度不发生变化。

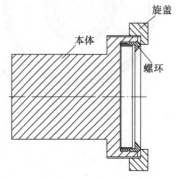

图3-19　工装

**（四）创新点**

1）加工精密薄壁环类零件，创造性地设计了半精加工之后，增加切断槽的方法。在保证零件强度的前提下，尽量减少槽的厚度，提前释放加工零件的残余应力，能够减少切断后零件内部应力的重新分布。然后对螺环进行精加工，精车削外圆、内孔和螺纹，最后再精车削切断槽，此工艺流程使粗加工、精加工工序得到合理分散，极大地消除了加工过程中因加工余量集中而产生的残余应力，可有效地防止零件因切削力过大和切削热不能及时消除而产生的变形，保证零件稳定性及精度。

2）设计了防变形夹具。工装通过螺环外圆定位，利用旋盖轴向压紧，且旋盖采用超细牙螺纹，压紧螺环力度控制精准，尽量减小零件受力后产生的变形，实现加工倒角时，有效地控制螺环零件其他精度不发生变化。

**（五）应用和推广情况**

通过优化切断方法，释放螺环零件内部零件应力，减小切断后螺环变形；精加工时优化车削刀具及切削参数，提高加工精度；合理设计专用夹具工装，采用轴向压紧的方式，减小螺环装夹变形。通过上述工艺措施与加工方法改进，螺环零件的加工质量与效率得到了较大提升，合格率从不足50%提升到95%以上，有效地促进了薄壁环形零件在光电产品中的应用。

## 三、复杂精密薄壁镜筒类零件加工

镜筒是光学系统中支承光学零件的基体，各类镜片通过若干垫圈、压圈固定于镜筒之中，并保证其光学间隔及共轴，从而形成精密光学系统。因此，镜筒的加工质量直接影响光学系统设计精度的实现，是光学系统中的重要零件。下面通过一个具体零件，举例说明此类零件的加工方法。

**（一）零件结构特点及设计要求**

如图3-20所示，该零件属于薄壁回转体类零件，材料为铝2A12-T4，最薄处壁厚仅

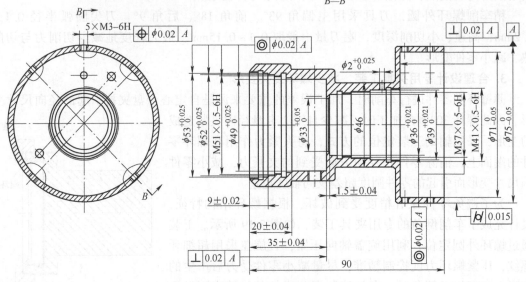

图 3-20　镜筒零件

2mm，内腔台阶孔达 16 个，并且尺寸和几何精度要求都较高：内孔尺寸公差 H7 级，外圆圆柱度 0.015mm，孔与外圆同轴度 $\phi0.02$mm，端面与孔中心垂直度 0.02mm，两组 5×M3-6H 螺纹孔位置度公差均为 $\phi0.02$mm 等。

**（二）零件工艺设计**

由于零件壁厚较薄，刚度较差，而设计精度较高，因此通过合理划分粗加工和精加工阶段、采取恰当的夹紧方式和选择优化的切削参数等方法，控制加工过程中的变形，从而保证零件设计精度，是工艺设计时应考虑的主要方面。

**1. 加工阶段划分**

由于零件毛坯为 $\phi80$mm 的棒料，要加工成壁厚仅 2mm 的薄筒，材料去除率接近 90%，因此在加工过程中须安排时效处理去除加工应力，并将加工过程分为粗加工、半精加工和精加工三个阶段，通过多次加工逐渐消除零件加工变形，保证尺寸和各项几何公差。其工艺路线具体为：下料→粗加工两端外圆和内孔→热处理→半精加工左端内孔，外圆加工完成→半精加工右端外圆，内孔加工完成→精加工左端内孔和右端外圆→表面处理→检验。

**2. 加工余量的分配**

由于该零件毛坯为棒料，加工过程中材料去除率接近 90%，所以在粗加工阶段，安排了两道普通车削工序，去除大部分加工余量，留余量 3mm，然后再到数控车床上进行粗加工，留余量 1mm。这样安排的好处是，一方面在批量生产中能够分散工序，平衡加工节拍；另一方面，将粗加工的工作由普通车床完成，数控车床上的加工余量较小，有利于精密数控车床的精度保持。人工时效处理后，又分为半精车削和精车削两个阶段，半精车削时将尺寸和几何公差要求高的表面留余量 0.2mm，在精车削时一次装夹完成，最大限度地减小装夹定位和基准转换误差，保证零件加工精度。

**3. 装夹方式的选择**

对于薄壁回转体类零件，在精加工阶段，由于零件整体壁厚很薄，刚度很差，如果在车床上用自定心卡盘直接夹紧外圆进行加工，则很容易造成零件变形。可以采取以下方法，减小夹紧力造成零件变形的不良影响。

1) 制作开口套或扇形软爪装夹零件，增大装夹接触面积，使零件在轴向受力较为均衡，可有效减小零件变形，如图 3-21 所示。

2) 采用轴向压紧（拉紧）的方法装夹零件，零件由径向夹紧改为轴向夹紧后，其夹紧力的正应力约为径向夹紧时的 1/6，在夹紧力撤除前后，零件状态变化微小，能够获得较为理想的加工结果，如图 3-22 所示。

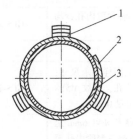

图 3-21 用开口套装夹零件

1—自定心卡盘 2—开口套 3—零件

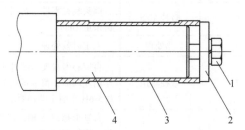

图 3-22 采用轴向压紧的方式装夹零件

1—螺钉 2—压板 3—套筒零件 4—心轴

对于此零件，由于左右两端内孔中均有螺纹孔，所以在精加工阶段可采用带螺纹的心轴进行定位和夹紧的装夹方式，如图 3-23 所示。

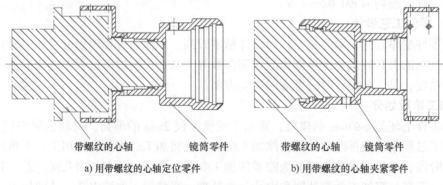

a) 用带螺纹的心轴定位零件      b) 用带螺纹的心轴夹紧零件

图 3-23 用带螺纹的心轴定位并夹紧零件示意

（1）切削用量的选择 由于零件刚度差，所以减小加工中的振动以及切削力和切削热引起的变形，是选择薄壁镜筒类零件切削用量时应重点考虑的因素。其中，背吃刀量对切削力影响最大，切削速度对切削热影响最大，因此应选取较小的切削速度和背吃刀量，进给量可适当增大，以减小切削力，减轻振动。

（2）刀具角度的选择 加工薄壁镜筒类零件的刀具刃口要锋利，一般采用较大的前角和主偏角，以减小加工中的振动，但也不能太大，否则会因刀头体积的减小而引起强度、刚度下降，散热性能变差，从而影响加工精度。增大副偏角可以减小刀刃与工件的接触面积，减小摩擦抗力，使切削平稳。

（3）工艺过程卡 具体工艺过程见表 3-2。

表 3-2 工艺过程

| 序 号 | 工序名称 | 工 序 内 容 | 工艺装备 |
|---|---|---|---|
| 1 | 下料 | 铝棒 φ80mm×95mm | 锯床 |
| 2 | 车削 | 自定心卡盘夹左端，车削右端面，见平即可。粗车削右端外圆 φ75mm 和孔 φ33mm、φ71mm，均留余量 3mm | C616A |
| 3 | 车削 | 调头装夹零件，车削端面保证总长 93mm；粗车削外圆 φ60mm 和孔 φ49mm，均留余量 3mm | C616A |
| 4 | 数控车削 | 自定心卡盘夹左端，车削右端面、右端外圆和各台阶内孔，均留余量 1mm | GLS-2000L |
| 5 | 数控车削 | 调头装夹零件，车削左端面、左端各外圆和各台阶内孔，均留余量 1mm | GLS-2000L |
| 6 | 热处理 | 人工时效处理 | |
| 7 | 数控车削 | 自定心卡盘夹右端外圆，车削左端各外圆至图样要求尺寸；车削左端面，留余量 0.1mm；车削左端各台阶孔，螺纹 M51×0.5-6H 车削至图样要求尺寸，其余各孔均留余量 0.2mm | GLS-2000L |
| 8 | 数控车削 | 自制带螺纹心轴，以左端孔 φ49mm 的预制孔 φ48.6mm 定位，螺纹 M51×0.5-6H 拉紧，车削右端面和右端各台阶内孔至图样要求尺寸，外圆 φ75mm 留余量 0.2mm。点、钻径向两组螺纹孔 5×M3-6H 并攻螺纹，点、钻端面孔 φ3mm，点、钻端面孔 2×φ3.4mm 的预制孔 2×φ3mm | GLS-2800Y |

（续）

| 序　　号 | 工序名称 | 工序内容 | 工艺装备 |
|---|---|---|---|
| 9 | 钳 | 扩孔 2×φ3.4mm，去净所有毛刺 | 台钻 |
| 10 | 数控车削 | 自制带螺纹心轴，以右端孔 φ36mm 定位，螺纹 M41×0.5-6H 拉紧，车削左端面和左端各孔至图样要求尺寸 | GLS-2000L |
| 11 | 表面处理 | | |
| 12 | 检验 | 按图样检查各部尺寸和几何公差 | |

### （三）零件检测方法

按照产品质量保证的要求，需要对每个零件进行全要素检验，以确保零件 100% 达到设计要求。这在大批量生产时，需要占用较多的时间对零件进行检测。为提高检测效率，采用多种检测手段相结合的方法对该零件进行质量控制。

对于公差较大的孔、外圆和长度尺寸，使用数显游标卡尺测量即可。

对于尺寸公差较小的外圆、光孔和螺纹孔，制作了专用环规和塞规进行定性测量，大大提高了检测效率。

（9±0.02）mm、（20±0.04）mm 等 4 个台阶深度尺寸，不但公差小，而且台阶面宽度仅 0.5mm，用卡尺或三坐标测量机测量均有难度，因此设计了专用深度量规进行测量。

对于圆柱度、同轴度和垂直度等几何公差，采用比对仪进行测量，与三坐标测量机相比，测量效率大幅度提高，单个零件的测量时间可节省 2/3。

## 四、高精度 U 形支架类零件加工

U 形支架类零件是常见的典型零件，应用于万向平台、转台类产品，图 3-24 所示零件为其中的一种。其通常特点是两端带有装轴承的高尺寸精度、高几何精度的孔系，而且壁薄、刚度差，精度高，机械加工难度大，加工时可借鉴的技术手段缺乏，但是它的加工精度直接影响产品设计精度。

根据此类零件结构设计特点和设计要求，其机械加工精度指标主要有孔或面的尺寸精度、几何精度及表面粗糙度，这些技术指标是影响这类零件性能的重要因素，因此，突破这些技术指标是保证质量稳定、可靠的关键。

### （一）工艺难点分析

根据零件的使用特性和图样要求，该零件的加工难点主要有以下几处：孔径精度 ±0.01mm、孔的几何精度 φ0.02mm、底面平行度 0.03mm 和表面粗糙度值 $Ra=1.6\mu m$。孔径的尺寸误差和几何误差会造成轴承与孔的配合不良，同一轴线上两孔的同轴度和孔端面对轴线的垂直度误差，会使轴和轴承装好后出现歪斜，从而造成主轴径向圆跳动和轴向圆跳动；孔和底面平行度超差，使轴装好后与底面不平；孔和底面的表面粗糙度会影响连接面的接触性质。

U 形开口处刚度差，加工时极易产生弹性变形。当刀具接触到零件表面时，零件开始受力，U 形口产生向里的变形，导致开口处去除的余量减少；当刀具退去后，受力消失，零件弹回处于自由状态，这样零件加工后左右两端面就会形成斜面，左右两端面上的孔就成了斜孔，两端孔的同轴度及其与底面的平行度就会超差。

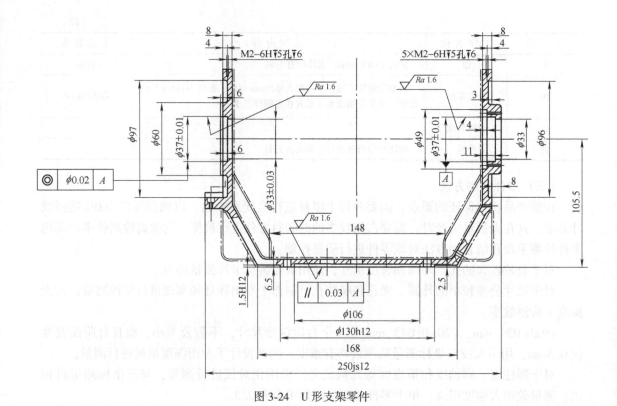

图 3-24  U 形支架零件

另外，由于零件刚度差，且两端的壁厚<8mm，零件加工时会产生颤振，导致零件孔径超差，加工后的表面存在颤纹，表面粗糙度超差。

**（二）加工中采取的措施**

此类薄壁件的找正、定位是加工的前提，为保证此类薄壁件的精度，还需要控制在机械加工中的变形问题，否则难以保证零件的精度。为了有效控制机械加工过程中的变形，还应从工序、热处理、夹紧力和切削参数等方面进行合理选择。

**1. 毛坯**

为减小零件加工变形，毛坯采用精铸件，尽量减少加工余量。

**2. 合理安排工序**

为防止薄壁件变形问题，必须合理安排粗加工、半精加工、精加工及热处理工序。

从理论上说，零件上去掉任何一层，金属因应力的重新分布都会发生变形。对刚度大的工件，由此引起的变形微乎其微，可不必考虑。但对于这类零件影响很大，必须在工艺上采取措施予以消除。加工过程中经常产生变形超差的问题，为此采用了"分层切削"的加工方案，即采用粗、精分开，使因切削引起的零件内应力重新分布造成的变形得到有效的控制。

**3. 零件装夹**

为提高零件的刚度，加工时可在零件刚度最薄弱的 U 形开口处增加辅助支撑。辅助支撑的使用要求：零件在自由状态下放入辅助支撑，并打表检测零件是否被撑开，放入辅助支撑前后 U 形开口变化在 0.01mm 以内。

由于薄壁件易在夹紧力作用下产生变形，所以这类零件加工时应严格控制夹紧力的作用点及夹紧力的大小。为保证工件在夹紧力的作用下造成的变形不致引起加工尺寸超差，加压时可在易变形的待加工部位抵百分表，使加压时变形的指示值远远小于该部位机械加工公差值。对夹紧力大小的要求应是在保证夹紧可靠的情况下夹紧力越小越好，并保证夹紧力均衡。夹紧力过大时易引起零件变形，减少夹紧力后避免了对称度超差，对夹紧力比较敏感的易变形工序，发生力矩全部重新配置的现象。为减小因操作夹紧的人为因素造成的零件变形，采用力矩扳手可以比较有效地控制夹紧力对变形的影响。

**4. 加工方式**

要保证 U 形两端孔的同轴度，必须采取一次装夹对镗加工，这样可以消除装夹和定位带来的误差。

**5. 选择合理的切削三要素**

粗加工、精加工时需采用不同的切削参数。粗加工以去除余量为主，采用低转速、小进给量和较大切削深度；精加工时以保证加工精度为主，采用较高转速、较大进给量和较小切削深度，且精加工时分两层加工，第一层切削深度 0.3mm，第二层切削深度 0.2mm。转速较高时产生的切削热虽然较多，但切削热绝大部分被切屑带走，传给工件的很少（通俗地说，因切削速度很高，切削热还没来得及传给工件就被切屑带走），故有利于减小变形。

**（三）结果**

针对 U 形薄壁件综合运用上述工艺技术进行加工，经对加工零件检验，基本能满足设计要求。

## 五、铝合金薄壁箱体类零件精密加工

铝合金精密薄壁箱体类零件作为光电武器装备产品的重要件，承载着各部件、零件的安装，并以安装尺寸为基础进行调校。在加工过程中，由于刚度不足，过大切削力及刀具与零件摩擦产生的切削热，导致箱体在高速切削过程中发生塑性变形和切削颤振。加工后变形回弹，影响箱体的尺寸及形状，需要进行多次重复精加工以保证加工质量，加工效率低，因此，加工变形和切削振动成为铝合金薄壁箱体的加工问题。在介绍该类零件的结构特点、技术要求以及加工瓶颈的基础上，提出了包括变形控制、切削参数等在内的具体工艺方案，该方案在薄壁箱体类零件加工中取得了较好的效果。

**（一）工艺性分析**

**1. 结构特点**

某铝合金精密薄壁箱体零件结构如图 3-25 所示，箱体与连接筋均为薄壁，内部结构复杂，有深腔、基准安装面及定位孔，腔体用于安装光学系统与控制系统；箱体外部的 4 个凸台安装热像仪，零件属于复杂薄壁箱体类结构件。其加工部位主要是热像仪安装面、光学系统与控制系统安装面、导轨安装面及目镜孔等。薄壁弱刚度腔体结构是造成整体零件刚度下降的主要原因。

图 3-25 箱体零件结构

**2. 技术要求**

精密薄壁箱体零件尺寸如图 3-26 所示，腔体内外安装基准面、目镜孔、导轨槽以及各孔为主要使用部位。通常对其尺寸精度要求较高，为 IT5~IT7；其几何精度主要是限制面与面、面与孔的位置要求，一般规定在 0.01mm 以内；从图 3-26 中可以看出，各安装基准面的平面度 0.005mm、面与面的平行度 0.01mm 以及目镜孔与热像仪基准面的平行度 0.01mm 以及导轨槽的直线度、对称度 0.01mm，此零件有相应的表面粗糙度值要求，一般 $Ra = 0.8~1.6\mu m$。

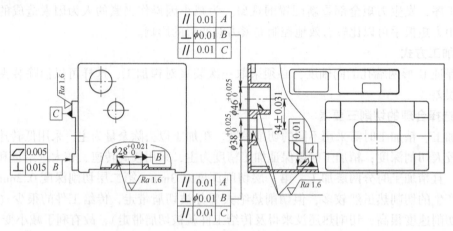

图 3-26　箱体零件尺寸

## （二）加工技术难点及分析

由于铝合金具有优良的延展性、耐蚀性、导电性和导热性等性能，而且密度低、性价比高，因此一直长期作为薄壁零件的主要材料。但由于铝合金材料黏性大、塑性变形大、刚度不足，在切削过程中极易产生变形与颤振。因此，加工变形和切削振动成为铝合金薄壁箱体的加工瓶颈，影响加工表面质量和精度。具体加工难点如下：

1）铝合金材料黏性大、塑性变形大，铣削过程中易产生加工变形，影响加工表面粗糙度、尺寸精度及几何公差要求。

2）箱体整体结构为多空腔薄壁结构，腔体壁厚 2.5mm，刚度差，在高速铣削过程中极易发生切削振动，加工质量、加工精度和加工效率难以得到保证。

3）箱体外部安装热像仪的侧壁，内腔无支撑筋，其结构刚度不足，加工后整体侧平面凹心，造成安装热像仪的 4 个凸台平面度及尺寸精度难以保证。

4）切削变形及颤振，目镜孔的尺寸精度及位置精度难以保证，加大产品装调难度，严重影响产品的研制进度。

## （三）加工难点及工艺措施

### 1. 质量问题之要因确定

薄壁箱体零件其表面几何特征差异及不同部位刚度不同，导致加工过程颤振严重，同时随着加工的进行，薄壁箱体的刚度发生显著的改变，刚度的变化导致材料去除过程中的变形更为复杂化，加工变形误差更为严重，颤纹更为明显，经过逐一分析及确认，影响箱体加工质量的主要因素是零件刚度不足、加工过程颤振、切削参数不合理这 3 项（见图 3-27）。

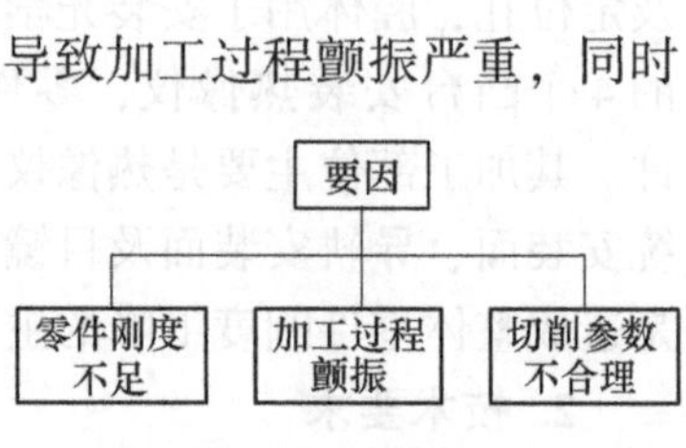

图 3-27　要因

**2. 工艺措施**

针对零件腔体刚度不足、切削参数不合理和加工过程颤振等 3 大因素，制定了相应工艺措施，见表 3-3。依据此工艺措施，开展工艺攻关，形成相关的机械加工工艺方案。

表 3-3 铝合金壳体加工工艺对策

| 序 号 | 要 因 | 对 策 | 目 标 | 工艺措施 |
|---|---|---|---|---|
| 1 | 零件刚度不足 | 提高零件腔体刚度，在箱体内壁粘贴增强腔体刚度的辅助铝板 | 提高箱体整体刚度，确保零件尺寸精度、位置精度及表面质量 | 根据内腔的布局，设计增强腔体刚度辅助铝板，满足零件刚度 |
| 2 | 切削参数不合理 | 优化切削参数 | 优化切削参数，控制变形在 0.003mm 以内 | 根据加工试验情况，确定切削参数 |
| 3 | 加工过程颤振 | 提高零件腔体刚度，在箱体内壁粘贴增强腔体刚度的辅助铝板；优化切削参数 | 提高箱体整体刚度，保证尺寸精度和几何公差在图样要求范围内 | 根据内腔的布局，设计增强腔体刚度辅助铝板；优化刀具路径及切削参数，减少零件颤振 |

**（四）工艺方案及验证**

**1. 提高箱体整体刚度，减小加工变形及侧壁平面凹心**

薄壁箱体零件加工过程存在装夹变形及加工变形，其主要因素是箱体刚度不足，如何提高零件整体刚度是实现薄壁箱体高精度、高效率加工的关键，一般常用提高零件刚度的工艺措施有填充法、内粘贴增强筋法。

1）填充法是运用填充剂填充薄壁零件的腔体，以达到增强薄壁零件的整体刚度，减小或控制薄壁零件装夹变形，消除薄壁零件在加工过程中颤振及防变形的方法。此方法运用在有大面积的薄壁腔体、刚度极差及装夹极易变形的薄壁腔体零件上。

2）内粘贴增强筋法是在薄壁腔体内壁或内腔粘贴增强筋或增强板，以提高薄壁零件的整体刚度，以零件加工过程中减小变形与颤振为目的的一种增强刚度的方法。

根据箱体零件的结构特点及加工装夹情况，零件采用内粘贴增强板法，解决箱体整体刚度差的问题，如图 3-28、图 3-29 所示。具体的方法是根据箱体内壁结构，制作增强板，在增强板粘贴面与箱体内壁面涂胶，再把增强板粘贴在箱体内壁面上，过 10min 就可装夹零件加工。通过此工艺方法的实施，提高了箱体整体刚度，消除了加工平面的凹心现象，加工后拆去增强板，4 个凸台的尺寸精度、平面度及位置度均满足图样要求。

图 3-28 内壁粘贴增强板      图 3-29 粘贴胶

**2. 优化切削参数，减小切削变形，提高箱体质量**

在切削加工过程中，切削力直接决定着切削热和切削振动的产生，并影响着刀具使用寿命、加工精度和已加工表面质量。切削力的大小与所选用的刀具几何参数和切削参数有密切关系，因此，合理选择刀具的几何参数和切削用量，以降低切削力、减少切削热，尤其是径向切削力，相当于提高了箱体工艺系统的刚度，所以对减小薄壁零件的变形十分有效。

在首次试加工时，采用与同类型零件相同的加工工艺和切削参数，随着零件的壁厚逐渐减小，刚度变差，零件产生较大的变形和切削颤振，平面度竟然达到 0.1mm，远远超过设计图样要求的 0.005mm，尺寸精度和几何公差也严重超差，表面粗糙度值只能达到 $Ra=3.2\mu m$。为了减小和消除零件切削加工变形，加工出合格的零件，一般最稳妥的解决方式就是不断将切削参数降低，采用多道工序加工，并且在每一道工序后增加一道去应力时效处理工序，虽然基本可以加工出满足图样尺寸要求的零件，但工序多，加工周期长，成本高，表面粗糙度还需要由钳工修整来保证。针对零件加工过程中的变形、切削颤振、加工效率及合格率低的问题，调整了切削参数和刀具，选用 $\phi10mm$ 的硬质合金立铣刀，采用高速切削加工技术，高转速、大进给量、多次走刀的方式进行加工，经过刀具改进、切削参数优化的加工试验，小批量加工验证，箱体加工变形得到了有效控制，同时加工效率和加工质量也得到了很大提高，除保证零件尺寸公差、几何公差外，平面度由原来 0.1mm 提高到 0.005mm，而且经过 30 天的自然时效，平面度仍在 0.005mm 以内。传统参数加工和优化参数加工效果对比见表 3-4。

表 3-4　传统参数加工和优化参数加工效果对比

| 传统参数加工 | | | 优化参数加工 | | |
|---|---|---|---|---|---|
| 项　目 | 图样要求 | 加工结果 | 项　目 | 图样要求 | 加工结果 |
| 平面度/mm | 0.005 | 0.1 | 平面度/mm | 0.005 | 0.004 |
| 平面度/mm | 0.01 | 0.12 | 平面度/mm | 0.01 | 0.008 |
| 垂直度/mm | $\phi0.01$ | $\phi0.15$ | 同轴度/mm | $\phi0.01$ | $\phi0.008$ |
| 平行度/mm | 0.01 | 0.12 | 平行度/mm | 0.01 | 0.007 |
| 表面粗糙度 $Ra/\mu m$ | 0.8 | 3.2 | 表面粗糙度 $Ra/\mu m$ | 0.8 | 0.8 |

**3. 提高箱体整体刚度，减少加工过程颤振**

薄壁结构件刚度不仅取决于材料的弹性模量，还与零件的几何形状、边界条件等因素以及外力的作用形式有关，提高零件的加工质量必须通过控制薄壁件刚度，以防止振动、颤振或失稳来实现。该铝合金薄壁箱体为多空腔薄壁结构，腔体壁厚 2.5mm，内腔无支撑筋，其结构刚度不足，造成了加工过程颤振，导致零件尺寸加工精度、表面质量差等问题。

基于金属切削理论、材料学、摩擦学、力学和运动学等学科理论知识与相关技术，开展了相关工艺技术攻关，在分析零件的结构特点以及主要加工部位、加工尺寸基础上，确定除壁薄是造成箱体刚度差的原因外，大尺寸开口也是造成箱体刚度差的原因，因此决定在箱体内壁粘贴增强板的同时，还在箱体的开口处粘贴工艺筋，使箱体整体刚度提高。

具体操作方法如下：

1）截取与箱体内腔尺寸一致的工艺筋，工艺筋尺寸不得大于内腔尺寸，否则会产生装夹应力。

2）用胶粘枪涂胶粘牢工艺筋，固化 10min 后装夹零件。

3）加工后拆掉工艺筋。

采用胶粘工艺筋的优点如下：

1）不会产生装夹应力，而采用螺杆加螺母制作的工艺筋，则会产生装夹应力，造成每道工序完成后，弹性恢复，薄壁件从机床或工装拆下时，造成尺寸变化，几何公差也发生变化。

2）胶粘的工艺筋在加工过程中不会松动，而采用螺杆加螺母制作的工艺筋，由于加工过程的振动，螺母会逐渐松动，造成工艺筋失去支撑作用，而且螺母松动在加工过程中又不易发觉，可能导致零件报废。

3）制作工艺筋和粘贴工艺筋，操作方便、简单。

**4. 验证及推广应用**

在不影响加工的前提下，采取粘贴增强板与工艺筋、切削参数优化等防振措施，提高零件刚度，减小振动对加工零件的影响，成功地解决了精密薄壁箱体类零件的加工质量和效率问题，并把这一成果大范围应用到制导系列产品的箱体类零件生产加工中，取得了较好的经济和社会效益。

在精密薄壁复杂箱体类零件切削加工中，通过粘贴增强板与工艺筋、优化刀具几何参数与切削参数，解决了薄壁箱体加工变形与颤振问题，提高了薄壁箱体的加工效率和质量，降低了加工成本。该工艺方案的成功实施，为类似薄壁箱体类零件的加工提供了很好的借鉴作用，特别是对壁薄、精度要求高、具有一系列孔系的大尺寸型腔类箱体零件的加工，更能体现出其优越性。

### 六、钛合金高精度薄壁零件加工技术

钛合金高精度薄壁零件是导引头系列产品中的陀螺部件中的外壳通用零件，材料密度小、比强度高，耐蚀性和抗疲劳性强。但钛合金本身切削加工性较差，尤其薄壁钛合金零件，加工过程易产生变形、加工颤振，切削加工刀具磨损快，热处理过程参数难控制等。结合钛合金材料的加工特性，通过对刀具材料、角度、切削要素、加工流程和夹紧力的制定等参数选择，解决了钛合金薄壁零件精度高、难加工、易变形及热处理过程易氧化的切削难题，建立了规范、标准的工艺加工流程，提高了零件加工质量，从而达到保证零件尺寸精度及几何公差的目的。

#### （一）工艺性分析

**1. 结构特点**

某导引头系列产品中锥形壳体的外形为锥形曲面回转体，可减小导引头高速飞行中的空气阻力，防止陀螺部件在导引头飞行中与空气摩擦产生的高温变形，内腔为锥形曲面回转体，内锥形曲面和后端面高精度的孔是连接起动导弹捕捉目标的线包骨架与电子舱的定位基准，零件前端的外圆及插针连接导引头的鼻锥，用以接收目标信号。零件由钛合金棒材加工而成，材料去除率达90%以上；锥形薄壁腔体结构是造成整体零件刚度下降的主要原因，整体结构有减重要求。

**2. 技术要求**

精密锥形壳体尺寸如图 3-30 所示，壁厚平均不超过 1.5mm，轴、孔、端面和螺纹孔为主要配合使用部位，尺寸精度：IT6～IT9；几何精度：≤0.03mm，主要是限制零件中轴、孔、曲面的形状位置；从图 3-30 中可以看出，轴、端面、曲面对基准的圆跳动均为

0.03mm，此类零件有相应的表面粗糙度要求，一般 $Ra = 0.8 \sim 1.6 \mu m$。

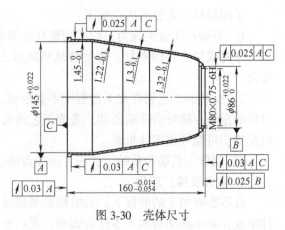

图 3-30　壳体尺寸

### （二）加工技术难点及分析

钛合金因自重轻、不易腐蚀，屈强比大，所以广泛应用在武器装备关键重要件中，但也给机械加工带来了一系列问题，可加工性差，在加工过程中具有较大的金属去除量，加工效率低，刀具磨损严重，制约着产品研制和批量生产，具体表现在以下几个方面：

1）钛合金切削性能差，属于难加工材料，切削区温度远高于其他材料，热导率小于不锈钢和高温合金，散热条件差，造成刀具磨损快。

2）壳体刚度差，加工过程中产生较大的弹性变形，切削深度小于理论上的切削深度，加工后的零件有部分材料残留，影响工件的尺寸精度及表面质量的完整性，导致尺寸精度和几何精度难以满足图样要求。

3）壳体零件因其表面不同的厚度使零件各部分刚度存在差异，同时壳体的刚度随着加工的进行发生改变，刚度的变化会导致加工颤振和更严重的变形，加工变形误差更为突出，一般需要进行多次重复加工才能保证加工质量，加工效率低、成本高。

4）壳体刚度差，加工中极易产生振动，影响零件加工精度，高频振动甚至会破坏零件表面，导致零件报废。同时颤振还会导致刀具崩刃和磨损加快。

5）壳体壁薄，装夹过程极易出现夹紧变形，壳体定位装夹时，若在径向进行夹紧，在作用力下产生的变形，会在零件加工完成后恢复弹性变形，壳体极易形成椭圆变形，造成尺寸超差报废。

### （三）加工难点及工艺措施

#### 1. 质量问题之要因确定

钛合金加工一直是铣削加工中的一个难题，其根本原因在于钛合金本身属于难加工材料，可加工性较差。壳体是典型薄壁精密结构件，材料去除率高，存在刀具磨损严重、加工颤振和加工变形等问题。经过多次试验验证、数据采集与分析，影响壳体加工质量和效率的主要因素是刀具材料与几何参数、切削参数、工艺流程、残余应力、装夹方式和冷却方法等（见图 3-31）。

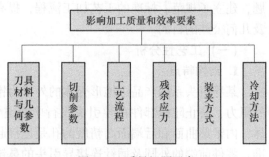

图 3-31　质量问题要素

#### 2. 工艺措施

针对影响壳体加工质量和效率的问题，制定了相应的工艺措施，见表 3-5。依据此工艺措施，开展工艺研究与攻关，形成相应的加工工艺方案。

表 3-5　钛合金壳体加工工艺对策

| 序　号 | 要　　因 | 对　　策 | 目　　标 | 工艺措施 |
|---|---|---|---|---|
| 1 | 刀具材料与几何参数 | 加工试验确定最佳材料和几何参数 | 提高刀具寿命，减少加工磨损 | 根据试验，确定刀具材料和几何参数 |
| 2 | 切削参数 | 试验与验证 | 提高加工质量和效率 | 根据试验确定最佳参数 |
| 3 | 工艺流程 | 增加时效处理 | 提高质量稳定性 | 增加稳定化处理 |
| 4 | 残余应力 | 改变时效处理方法 | 提高质量稳定性 | 深冷处理 |
| 5 | 装夹方式 | 优化装夹方式 | 减小装夹变形 | 设计专用夹具 |
| 6 | 冷却方法 | 改进冷却方式 | 提高冷却效果 | 采用内冷方式 |

## （四）工艺方案及验证

### 1. 刀具材料

表 3-6 为不同刀具材料加工 TC4 钛合金材料时刀具寿命对比。通过加工壳体质量效果，应优选 YG8，其他刀具寿命短，刀具磨损严重，换刀次数频繁，加工成本高。

表 3-6　不同刀具材料寿命对比　　　　　　　　　　　（单位：min）

| 序　　号 | 刀具合金牌号 | 刀具寿命 |
|---|---|---|
| 1 | YG3 | 15 |
| 2 | YS2T | 35 |
| 3 | YG6X | 80 |
| 4 | 813 | 92 |
| 5 | YG6A | 120 |
| 6 | YG8 | 150 |

### 2. 刀具几何参数

表 3-7 为不同类别刀具参数对比。从表 3-7 可看出，试验前，前角和后角较小，刀具不锋利，刀具主切削力变大，切削残余应力增大，刀具磨损严重，加剧了零件加工变形。试验后，刀具强度提高，主切削力减小，使刀具磨损减小。

表 3-7　不同加工类别刀具几何参数对比

| 加工类别 | | 刀具参数 | | | | | | |
|---|---|---|---|---|---|---|---|---|
| | | 前角 /(°) | 后角 /(°) | 主偏角 /(°) | 副偏角 /(°) | 刃倾角 /(°) | 刀尖圆弧 /mm | 刀具寿命 /min |
| 粗加工 | 试验前 | 2 | 5 | 45 | 3 | 2 | 1.5 | 15 |
| | 试验后 | 3 | 7 | 65 | 5 | 4 | 3 | 40 |
| 半精加工 | 试验前 | 3 | 8 | 25 | 8 | 3 | 1 | 35 |
| | 试验后 | 5 | 10 | 45 | 15 | 4 | 1.5 | 90 |
| 精加工 | 试验前 | 5 | 10 | 30 | 12 | 7 | 0.5 | 56 |
| | 试验后 | 8 | 12 | 45 | 25 | 8 | 0.6 | 165 |

### 3. 切削参数

表 3-8 为不同加工类别切削参数对比。从表 3-8 可看出，试验前壳体采用粗加工、精加工两道工序，零件变形较大；试验后增加了半精加工，采用粗加工、半精加工和精加工（表中暂不做说明）三道工序，粗加工后释放应力，半精加工后进一步释放加工应力，再进

行精加工，达到图样技术要求。同时精加工采用高速加工策略，即大的切削速度、小的进给量和吃刀量，实现了加工过程消除切削振动、减小切削应力、提高加工精度和加工效率的目的。

表 3-8　不同加工类别切削参数对比

| 加工类别 | | 切削参数 | | | |
|---|---|---|---|---|---|
| | | 切削速度/(m/min) | 进给量/(mm/r) | 吃刀量/mm | 变　形 |
| 试验前 | 粗加工 | 30~50 | <0.8 | 2~5 | 大 |
| | 精加工 | 80~120 | <0.3 | 0.5~1 | 较大 |
| 试验后 | 粗加工 | 30~50 | <0.8 | 2~5 | 大 |
| | 半精加工 | 60~70 | <0.2 | 0~0.5 | 较小 |

### 4. 加工工艺流程

表 3-9 为不同工艺流程的加工效果。从表 3-9 中可看出，粗加工试验前后对钛合金薄壁零件变形影响不大，半精加工后增加了热处理消除切削应力，但加工应力不能完全消除，零件产生了椭圆变形。精加工后进行了两次热处理时效消除加工应力（表中暂不做说明），同时在精加工前增加了深冷处理 3 个循环，不仅提高了消除加工应力的能力，还保证了壳体零件加工后质量的稳定性。

表 3-9　不同工艺流程加工效果

| 加工类别 | | 工艺流程 | 效　果 |
|---|---|---|---|
| 粗加工 | 试验前 | 毛坯粗加工 | 余量大、变形大 |
| | 试验后 | 毛坯粗加工 | 余量大、变形大 |
| 半精加工 | 试验前 | 粗加工→半精加工→精加工 | 变形大，尺寸、几何公差超差 |
| | 试验后 | 粗加工→热加工→半精加工→热处理→精加工 | 变形较小，尺寸、几何公差超差 |
| 精加工 | 试验前 | 粗加工→热加工→半精加工→热加工→基准精加工→精加工 | 有变形，尺寸、几何公差不稳定 |
| | 试验后 | 粗加工→热加工→半精加工→基准加工→半精加工→深冷处理 3 个循环→精加工 | 无变形，尺寸、几何公差符合图样要求 |

### 5. 三个阶段真空热处理

表 3-10 为三个阶段真空热处理效果。由表 3-10 可知，第一阶段真空热处理是消除粗加工后应力，改善切削性能。第二阶段真空热处理是为了获得好的工艺加工性及尺寸稳定性，进一步消除加工应力。第三阶段真空热处理是为消除应力，稳定加工尺寸。经过三个阶段真空热处理，稳定了钛合金壳体零件加工尺寸，并获得好的使用性能。由于零件是在真空炉密闭容器中进行的热处理，所以达到了节能环保的目的。

表 3-10　三个阶段真空热处理效果

| 阶　段 | 热处理工艺 | 目　的 | 应力释放值（%） |
|---|---|---|---|
| 一阶段 | 升温至 720℃ 左右，保温时间 2h，退火处理 | 改善切削性能 | 60 |
| 二阶段 | 升温至 580℃ 左右，保温时间 1h，时效处理 | 消除加工应力 | 70 |
| 三阶段 | 低温至 -196℃ 左右，保温时间 1h；升温至 +90℃ 左右，保温时间为 2h 的 3 个循环热处理 | 消除应力，稳定加工尺寸 | ≥95 |

**6. 夹具**

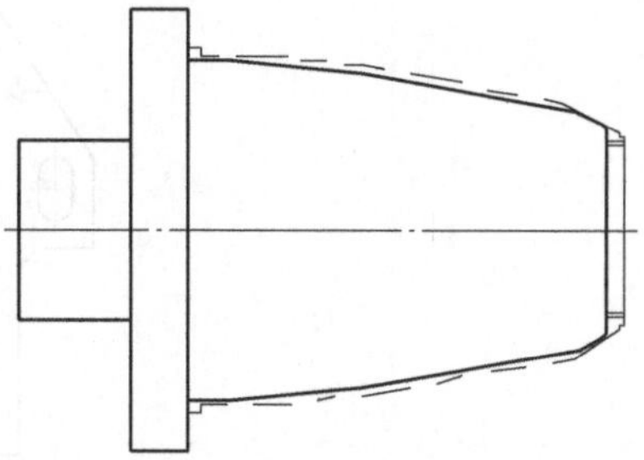

图 3-32 所示为外形端面加工心轴，心轴右端与壳体内腔一致，内腔和端面定位、螺纹夹紧，一次装夹完成壳体的外圆、曲面和端面加工。夹具靠壳体端面孔自身的螺纹拉紧，不会产生径向装夹压力，克服了径向力引起的壳体装夹变形。

**（五）推广应用**

在钛合金精密薄壁壳体零件切削加工中，通过创新装夹方式、残余应力消除方法以及优化工艺流程和切削

图 3-32　外形端面加工心轴

参数，解决了薄壁壳体加工变形、加工颤振、表面质量难以控制和刀具磨损严重等问题，提高了壳体的加工效率和质量，降低了加工成本，该工艺方案的成功实施，对类似薄壁壳体零件的加工提供了很好的借鉴作用，特别是对难装夹、难定位的高精度壳体零件的加工，更能体现出该工艺方案的优越性。

## 七、异形薄钢板零件精密加工工艺技术

某产品的精密异形薄钢板是调制器组件与激光器组件的过渡件，一面与激光器组件相连，另一面与调制器组件相连，零件的关键尺寸精度和几何精度直接影响调制器组件与激光器组件的整体性能。样机阶段合格率不足 50%，严重影响了产品生产进度，是产品配套生产的瓶颈问题。为此，针对薄板类零件的结构特点和加工难点，采用包括加工方法、专用夹具设计、变形控制、切削参数优化、材料及状态改变等在内的具体工艺方案，通过加工试验及小批量验证，可有效地控制薄壁类零件加工变形，提高过渡板等薄壁零件的加工质量及效率。

**（一）工艺性分析**

**1. 结构特点**

异形过渡板是连接激光器组件与调制器组件的过渡件，外形尺寸 120mm×150mm，厚度为 5.8mm，5.8mm/150mm≈0.04≤0.1，属于典型的薄壁件，异形过渡板上有较多的螺纹孔和过孔，用于连接两组件，定位孔用于固定两组件的位置，零件中间的圆弧槽用于激光器组件的零件让位。过渡板的重要加工部位是板的两平面、销孔及螺纹孔。过渡板壁薄、槽及异形不对称是影响零件加工质量的主要因素，但这是产品的结构设计要求。

**2. 技术要求**

过渡板的尺寸精度如图 3-33 所示，主要的装配面和影响产品调校精度部位是两大平面度和销孔，关键尺寸精度是销孔，其尺寸为 $\phi 3^{+0.012}_{0}$ mm，关键几何精度是平面度和平行度，平面度 0.01mm，平行度 0.015mm，零件有相应的表面粗糙度要求，一般 $Ra = 0.2 \sim 1.6 \mu m$。

**（二）加工技术难点及分析**

**1. 现状调查**

根据生产计划，过渡板配套 120 件，分批完成，累计上交入库 98 件。但在库房停留阶段，随着零件加工应力释放，精度降低和变形，平面度及平行度超差，退修 39 件。本次投料 120 件，实际合格成品 59 件，废次品 61 件，合格率不足 50%，严重影响了产品生产进度。从现状调查的结果可以看出，平面度、平行度超差是零件不合格的主要原因。因此，控

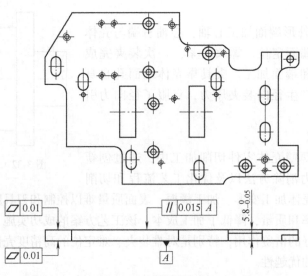

图 3-33　过渡板尺寸

制过渡板变形是有效提高加工质量的重要途径。

过渡板原工艺中没有去应力工序，零件加工结束后产生变形，后来增加去应力处理，仍然有较大变形。经与设计师协商进行材料变更，由 45 钢改为 40Cr 钢进行加工试验，工艺路线为：下料→热处理→铣削→铣削→线切割→铣削→时效→磨削→数控铣削→数控铣削→钳→磨削→稳定化处理→磨削→钳→表面处理。本次试验投料 10 件，在装配过程中，仍有 3 件局部超差，需进行返修处理，成品合格率不足 70%，成品合格率虽有所提高，但效果不大，可见零件变形不是材料的问题。

**2. 原因分析**

从图 3-33 中可以看出，该件属于异形薄钢板零件，板两面沟槽多，且装夹不方便，在机械加工中容易变形。产生变形的原因（见图 3-34）很多，归纳起来主要有以下几个方面：

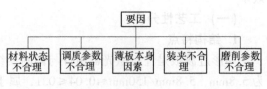

图 3-34　要因

（1）材料　45 钢材料相对其他材料而言，屈服应力低，导致加工后极易产生较大的弹性恢复，造成加工变形，影响加工表面粗糙度、尺寸精度及几何公差要求。

（2）零件结构　零件的结构异形，上下、左右不对称，而且过渡板两面有较多的让位槽，这种结构在加工过程中极易产生变形（组件对零件的结构要求）。

（3）调质变形　45 钢材料调质处理，介质为水，产生较大内残余应力，对后续加工产生较大的影响。

（4）薄板加工易变形　当零件壁厚或板厚与轮廓尺寸之比<1∶20 时称为薄壁或薄板类零件，由于薄板类零件本身的刚度差，很难抗拒本身残余应力及加工过程产生的应力叠加合成的力，所以造成加工变形。

（5）夹具　由于切削过程切削力大，装夹时需要较大装夹力，受力点少，受力大，且受力多集中在零件的边沿部分，导致在加工过程中中间部位产生弹性变形。

（6）加工方法不合适　这也是引起变形的一个原因。

**（三）工艺措施**

**1. 材料状态优化**

材料由型材状态改为锻造状态，改善其组织结构和力学性能，使原来的粗大枝晶和柱晶变为晶粒较细、大小均匀的等轴再结晶组织，其组织变得更加致密，晶粒度高，金属综合力学性能有较大提高。

**2. 优化调质参数**

通过调质使其获得强度与韧性的良好配合，既有较高的强度，又有优良的韧性、塑性和切削性能等，但调质处理过程参数不合适，淬火冷却介质温度和出炉时间控制不好，对零件后续加工变形将会产生较大影响。

**3. 夹具优化**

设计磨削专用夹具，控制由于过渡板薄且沟槽过多、吸力不均匀所产生的装夹变形。

**4. 磨削参数优化**

优化磨削参数，减少由于磨削过程产生较大磨削热所引起的加工变形。

具体加工工艺对策见表 3-11。

**表 3-11　异形薄钢板零件加工工艺对策**

| 序　号 | 要　因 | 对　策 | 目　标 | 工艺措施 |
|---|---|---|---|---|
| 1 | 材料状态 | 板材改为锻材 | 减小薄板变形 | 45 钢棒锻造为板 |
| 2 | 调质参数 | 优化调质参数 | 减小调质应力 | 优化淬火冷却介质温度和出炉时间 |
| 3 | 磨削夹具 | 设计磨削夹具 | 减小装夹变形 | 设计磨削夹具 |
| 4 | 薄板本身因素 | 成品件正确存放 | 减小平放不当导致的变形 | 购置流转箱，零件垂放 |
| 5 | 磨削参数 | 优化磨削参数 | 减少磨削热 | 试验优化磨削参数 |

**（四）试验过程及验证**

**1. 45 钢锻造毛坯加工试验**

45 钢锻造毛坯加工，其工艺流程：锻造→正火处理→铣削→钳→调质处理→铣削→线切割→时效→磨削→数控铣削→数控铣削→钳→磨削→稳定化处理→磨削→钳→表面处理。零件铣削后磨削前，平面度在 0.04mm 以内，平行度在 0.06mm 以内。零件入库前，平面度在 0.01mm 以内，平行度在 0.012mm 以内。

**2. 调质参数优化试验**

零件变形与淬火、回火温度、出炉时间有一定的关系，通过优化淬火、回火温度，控制淬火冷却介质温度（限制在 20~40℃）和出炉时间，调质后零件变形保持在 0.1mm 以内，有效地减小了变形。

**3. 磨削夹具优化设计**

磨床定位装夹零件，靠磁力吸盘吸紧。但由于过渡板沟槽过多及凸凹不平，吸力不均匀，会产生装夹变形。为此设计了专用辅具，基础板上按零件凹槽大小和深度，制作工艺凸台，目的是磨削第一个平面时，减少吸力不均匀产生的装夹变形，如图 3-35 所示。

**4. 制作流转箱**

由于过渡板壁薄，长期平着堆放极易发生零件变形，为此设计了保持零件垂直存放的流

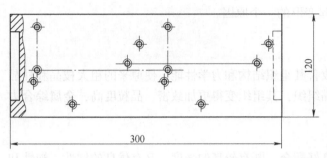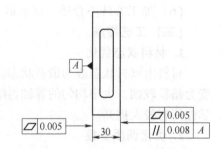

图 3-35　磨削夹具

转箱,以减小零件装配前,由于存放原因造成的变形。

**5. 优化磨削参数**

根据试验和小批量验证,测试加工效率以及加工质量,获取了 5 组优化磨削参数,又对 5 组优化磨削参数,在 60 件零件分组批量生产加工中验证,从效率、精度等综合因素测评,确定磨削最佳优化参数。同时磨削过程要充分冷却,防止由切削热引起的变形。

**6. 优化后零件加工结果**

优化后零件加工结果见表 3-12。从表 3-12 中可以看出,采用优化材料状态、优化调质参数和磨削参数、优化磨削过程装夹方式及存放方式后,零件变形得到有效控制,主要技术指标平面度、平行度均满足图样要求,成品件合格率 100%,存放期间零件未出现返修情况。

表 3-12　加工结果　　　　　　　　　　　　　　　　(单位:mm)

| 产品零件 | 精度指标 | 第一批次<br>(100 件) | 第二批次<br>(100 件) | 第三批次<br>(100 件) | 第四批次<br>(100 件) |
|---|---|---|---|---|---|
| 过渡板 | 平面度 0.01 | 0.009~0.01 | 0.008~0.01 | 0.006~0.01 | 0.006~0.01 |
| | 平行度 0.015 | 0.012~0.014 | 0.01~0.014 | 0.008~0.012 | 0.01~0.012 |

**(五) 推广应用**

通过项目攻关,了解了 45 钢精密薄板类零件变形的主要原因,获得了该类零件变形控制要点,通过工艺试验及批量验证,型材改为锻材、优化调质参数和磨削参数、优化磨削过程装夹方式及存放方式,能够有效减小薄板类零件加工变形,提高加工质量。试验成果已在精密薄板类零件、精密导轨类零件加工中推广应用,取得了较好的经济效益和社会效益。

# 第四章

# 精密孔壳叶片类零件高效数控加工

## 一、超大径厚比桨叶铣削加工

### （一）背景

现代舰艇反潜作战中往往会使用到一种武器：火箭助飞鱼雷，又称反潜鱼雷，是将反潜鱼雷技术与导弹技术结合的一种攻潜武器，可以让舰艇打击远距离的潜艇。鱼雷在水中的推进器则是螺旋桨，随着鱼雷航速的不断提高，螺旋桨的载荷迅速增加，随之出现了激振力大、桨叶剥蚀和空泡噪声等一系列问题，直接影响到鱼雷的机动性、隐蔽性和作战能力。由于推进器噪声是主要噪声来源，因此低噪声螺旋桨的制造成为了鱼雷项目的重中之重。

国内外专家一致认为：大侧斜螺旋桨可以极大程度地降低螺旋桨在不均衡进流中工作时所形成的不稳定负载，减轻由水压变化引起的垂直方向的振动，有效改善其在非均匀拌流场中的空泡性能，实现鱼雷的声"隐身"功能，大大提高作战能力。但是大侧斜螺旋桨叶一般呈现大径厚比，其桨叶的最大直径与最小厚度比高达 200∶1（见图 4-1），即 100mm 的桨叶外围尺寸对应 0.5mm 的叶片厚度，没有合理的加工工艺就很容易造成桨叶变形或者断裂（见图 4-2）。这些因素给机械加工带来了巨大的困难，一直以来成为数控加工领域经久不息的话题。

图 4-1 大侧斜螺旋桨

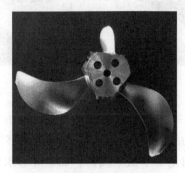

图 4-2 断裂与变形的桨叶

### （二）技术原理

由图 4-1 可知，大侧斜螺旋桨叶径厚比较大，单纯地使用自定心卡盘、机用虎钳之类的万能夹具在加工过程中极易造成变形、振动甚至断裂（见图 4-2），因此必须设计一套快速简单且行之有效的工装来克服这些不利因素。

首先应该排除的是振动，如果抑制不了振动，就会有断裂的危险，变形和尺寸精度更无从谈起。机械制造行业经历了几十年的机械加工实践，已经总结出很多种避振的工艺手段，比如添加加强筋、填充软介质等，但是像桨叶这种四周开放的几何特征，加强筋和软介质无处可添，只有采用模具铸造才有可能实现，但是一来铸造表面精度不高，即使铸出来仍然需要精加工，二来铸造周期太长，对于频繁改动的科研产品来说极不实用。

网络上盛传一个"高温铝液倒入蚂蚁窝，挖出来就是艺术品"的小视频，称为"火蚁窝雕塑"（见图 4-3）。"火蚁窝雕塑"给加工爱好者很大的启发：在"大地"这个静止不动的"刚体"中利用"土壤"作为"加强筋"或者"软填充物"，采用"天然铸造"技术得到了人们意想不到的"艺术品"，这是一个采众家之长于一身，搭配组合而重生的新系统。这个视频触发灵感的地方在于：蚁窝口不只一个，无论从哪个蚁窝口浇入铝液，都能够得到一模一样的艺术品，其主要原因是利用了"大地"这个永恒不动的刚体。换个角度考虑：如果浇注铝液的操作人员置身大地之外的宇宙，从大地背面的蚁窝口再次浇入铝液，那么扒开土壤后取出来的物件可能比图 4-3 所示的"火蚁窝雕塑"更具艺术性，如果将这种理念应用到鱼雷桨叶的加工中，可能会收到意想不到的效果。

在"火蚁窝雕塑"的启发下，一个"三合一"工装诞生了，如图 4-4 所示：最里层是桨叶的航空铝合金毛坯，最外层是一个刚度足够的钢圈，中间层是一种易于粘接铝合金与钢，且易于熔化的低温合金材料。

图 4-3 火蚁窝雕塑

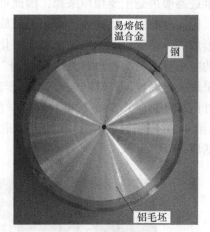

图 4-4 "三合一"工装

"三合一"工装模拟了"火蚁窝雕塑"原理，最外层的钢圈就像"大地"一样作为一个静止不动的刚体，由于钢圈的刚度足够且经过精密车削后形状尺寸非常规矩，可以使用万能夹具（自定心卡盘）夹持，而且能够永远以一个不变的刚体形式（称为恒刚体）携带铝合金毛坯和低温合金进行调头加工。再则，钢圈以夹套的形式存在，在自定心卡盘夹紧时可以有效地分散局部夹紧力，使毛坯圆柱面均匀受力，减小桨叶的加工变形；中间层的低温合金就像"土壤"一样既可以依附像"大地"一样的钢圈，又可以包裹像"蚁窝"一样的铝合金毛坯，起到承上启下的避振作用，更重要的是它具有与"土壤"一样的易"挖"性，如果科学选取熔点合理的低温合金，则可以在钢圈与毛坯之间用开水熔化低温合金填充其中，得到理想的"三合一"工装。

**（三）加工方法**

针对加工过程中出现的振动问题，设计了如下几个工序。

1）零件的正面加工（见图4-5）。本道工序仅加工桨叶叶片的正上方区域，桨叶叶片之间的材料暂不去除，以保持桨叶在夹具中具有足够的刚度，能够以刚体的形式存在，否则会造成调头装夹时因刚度不足而断裂，并在叶片之间钻1个工艺基准孔，便于调头装夹后准确地找正桨叶正面加工的位置。

2）将已经加工好的正面用低熔点金属材料填充，确保加工另一面时材料的紧实性，如图4-6所示。为了更好地保证桨叶调头加工的刚度，在已加工过的桨叶正上方浇注低温合金。

图4-5　零件的正面加工　　　　　图4-6　低熔点金属材料填充已经加工好的正面

3）自定心卡盘夹持，找正工艺基准孔，调头加工。本道工序仍然仅加工桨叶反面的正上方，叶片之间的材料仍不去除，如图4-7所示。

4）为了保证切削加工期间尽量减小振动，用数控线切割机床切开桨叶轮毂边线，并用开水冲掉低温合金中间层（见图4-8）。

5）卧式加工中心精加工桨叶轮毂。

图4-7　加工桨叶反面的正上方　　　　　图4-8　开水冲掉低温合金中间层

## （四）问题分析

解决了振动的难题，只是做到了"谋定而后动"。要想满足产品的各项要求，特别是技术要求中的公差要求：直径±0.1mm、桨叶宽度±0.1mm 和桨叶厚度±0.03mm，除了保证必要的稳定无振加工外，还需要仔细斟酌加工中的尺寸变形，任何一个细节上的失误都将导致零件报废。为了保证产品质量，从"人、机、料、法、环、测"（5M1E）6 个方面着手，预先全面分析了零件加工过程中可能出现的问题，如图 4-9 所示。

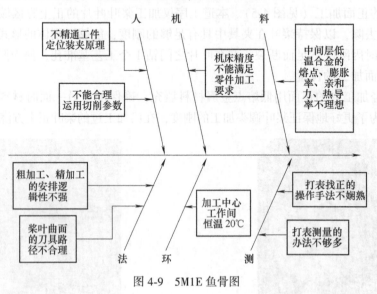

图 4-9　5M1E 鱼骨图

经过简单梳理，排除了一些非要因的元素，并在表 4-1 中列出了排除理由，保留了需要详细分析、慎重处理的因素。

表 4-1　元素排除

| 序　号 | 因　素 | 是否排除 | 原　由 |
|---|---|---|---|
| 1 | 不精通工件定位装夹原理 | ⟶ | 从事过工装设计工作 |
| 2 | 不能合理运用切削参数 | ⟶ | 从事机械加工 10 年以上 |
| 3 | 机床精度不能满足零件加工要求 | ⟶ | 机床精度每年一检 |
| 4 | 中间层低温合金的熔点、膨胀率、亲和力、热导率不理想 | ⤏ | 需要详细分析 |
| 6 | 粗加工、精加工的安排逻辑性不强 | ⤏ | 需要详细分析 |
| 7 | 加工中心工作间恒温 20℃ | ⟶ | 工作间常年恒温 |
| 8 | 打表找正的操作手法不娴熟 | ⟶ | 从事过精密工装制造加工工作 |
| 9 | 打表测量的办法不够多 | ⟶ | 从事多品种小批量产品试制 10 年以上 |
| 10 | 桨叶曲面的刀具路径不合理 | ⤏ | 需要详细分析 |

不排除 ⤏　　　　　　排除 ⟶

由表 4-1 可知，需要慎重处理的要因主要由三部分组成：低温合金的熔点、膨胀率、亲和力以及热导率不理想；粗加工、精加工的安排逻辑性不强；桨叶曲面的刀具路径不合理（在流线操作法中详解），下面针对前两条要因进行详细分析。

（1）要因一 低温合金的熔点、膨胀率、亲和力和热导率不理想。前人在传统加工中经常采用松香、石蜡等材料作为薄壁易变形零件加工的填充物，但这些填料一是硬度不足，二是熔点低，随着温度的变化逐渐变软，不足以支撑桨叶的机械加工。

要想有足够的强度支撑加工，必须选择低熔点的金属合金，而且为了保证桨叶在加工中的变形控制在公差范围之内，还必须选择热膨胀率低的低温合金，使低温合金在加工温度变化范围内的膨胀收缩程度在公差允许范围之内；为了在加工完成后能够顺利拆卸桨叶零件，低温合金的熔点最好能控制在 90℃ 左右，保证加工时远离熔点温度，有足够的固态强度保证恒刚体的存在，拆卸时又能仅用开水冲化就能完整取下零件；为了保证恒刚体的存在，低温合金在固态时必须与钢和铝合金有一定程度的亲和力，使三种材料能够紧密地粘接在一起；为了更好地控制加工变形，选择的低温合金必须有良好的热传导性，能够及时地将切削热传递给冷却介质。以上四个条件缺一不可。

通过查阅资料和文献，发现在实际应用中，所谓的低温合金并没有严格的规定，通常定义为：在铅锡共晶温度（61.9%Sn、38.1%Pb 熔点 183°C 以下）将 Bi、Pb、Sn、Cd 和 Ln 作为成分的合金总称为低温合金。因为这 5 种元素含量的不同造就了低温合金的熔点、热膨胀率、与铝合金和钢的亲和力以及热传导性随之不同，所以只能综合这 4 项性能折中选取。

由图 4-10 得出不同比例成分组成的合金中，合金 8 的熔点最接近 90℃，合金 3 次之，合金 4 第三，剩下的几种合金熔点与 90℃ 相差较大。

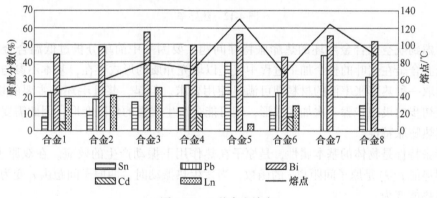

图 4-10 8 种合金熔点

分析图 4-11 的热膨胀率图得出：热膨胀率最小的是合金 4，其次是合金 5，合金 8 第三，其他几种合金的热膨胀率偏大。

分析图 4-12 的热导率得出结论：合金 6 散热最快，合金 8 次之，合金 5 第三。

至于低温合金与铝合金和钢的元素亲和力无法用确切的数据表达，通过 8 种合金在熔点与钢圈、铝圈做粘接试验得出结论：合金 1 最优，合金 8 次之，合金 7 第三。

基于以上 4 项性能分析，综合性能最好的是合金 8，最后决定用 Sn 含量 15.3%、Pb 含量 31.7%、Bi 含量 52% 和 Cd 含量 1% 的低温合金做桨叶加工的填充材料。

（2）要因二 粗加工、精加工的安排逻辑性不强。粗加工、精加工的安排逻辑性不强

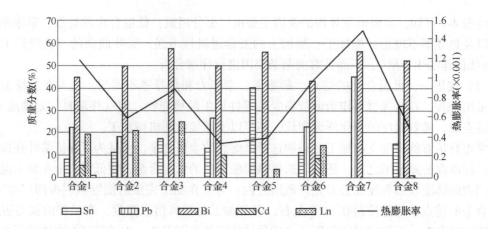

图 4-11　热膨胀率

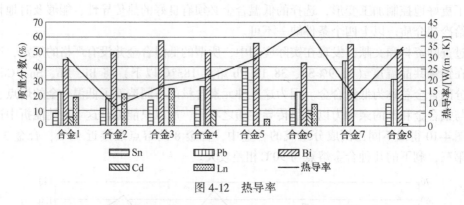

图 4-12　热导率

主要是考虑到航空铝合金毛坯的热膨胀特性问题。要因一中简单分析过低温合金的热膨胀率，因低温合金在桨叶的整个加工过程中仅是以填充介质的形式存在，基本不参与切削，所以简单选取一种热膨胀率低的材料即可满足使用要求。但是，桨叶毛坯是主要的切削介质，如果按照初步的设想步骤一次加工成形，则可能会产生严重的切削变形，因此需要专门细致地分析其热膨胀特性。

热膨胀特性是物体的基本属性，是原子在热作用下振动产生的效应。在双原子模型中，原子作用势能 $u(r)$ 是原子间距离 $r$ 的函数，当发生热振动时，两原子间距由 $r_0$ 变为 $r_0+x$，则相互作用势能变为

$$u(r) = u(r_0+x) \tag{4-1}$$

将式（4-1）在 $r_0$ 处用泰勒级数展开，则

$$u(r) = u(r_0) + \left(\frac{du}{dr}\right)_{r_0} x + \frac{1}{2!}\left(\frac{d^2u}{dr^2}\right)_{r_0} x^2 + \frac{1}{3!}\left(\frac{d^3u}{dr^3}\right)_{r_0} x^3 + \frac{1}{4!}\left(\frac{d^4u}{dr^4}\right)_{r_0} x^4 + \frac{1}{5!}\left(\frac{d^5u}{dr^5}\right)_{r_0} x^5 + \cdots \tag{4-2}$$

根据玻尔兹曼热力学统计原理，偏离 $r_0$ 的平均位移 $x$ 为

$$\bar{x} = \frac{\int_{-\infty}^{\infty} x\exp\left(-\frac{u}{KT}\right) dx}{\int_{-\infty}^{\infty} \exp\left(-\frac{u}{KT}\right) dx} \tag{4-3}$$

式（4-3）中，$u$、$K$ 和 $T$ 分别为两原子间的相互作用能、玻尔兹曼常数和热力学温度。由热膨胀系数定义得到任意时刻的热膨胀系数（$\alpha_{CTE,T}$）为

$$\alpha_{CTE,T}=\frac{1}{r_0}\frac{d\bar{x}}{dT}=\frac{1}{r_0}\left[\frac{\beta K}{\alpha^2}+\left(\frac{2\delta K^2}{\alpha^3}-\frac{16\gamma\beta^2}{\alpha^4}\right)T-\left(\frac{18\gamma^2\beta}{\alpha^6}+\frac{21\beta^2\delta}{\alpha^6}+\frac{558\gamma\delta}{4\alpha^5}\right)K^3T^2+\cdots\right] \quad (4-4)$$

其中：$\alpha=\left(\dfrac{d^2u}{dr^2}\right)_{r_0}$；$\beta=-\dfrac{1}{2}\left(\dfrac{d^3u}{dr^3}\right)_{r_0}$；$\gamma=\dfrac{1}{6}\left(\dfrac{d^4u}{dr^4}\right)r_0$；$\delta=-\dfrac{1}{24}\left(\dfrac{d^5u}{dr^5}\right)_{r_0}$；$\cdots$

从式（4-4）中可以看出，材料的热膨胀系数随着温度的不同而发生变化。铝合金的热膨胀系数受合金成分、相变、晶体缺陷、晶体各向异性和工艺等因素影响。

经过分析，只要航空铝合金毛坯的金相组织结构一致，再配以完全一致的小热量切削参数和良好的冷却介质，就可以将桨叶的变形控制在一个理想稳定的范围之内。为此，将一批桨叶毛坯送至理化室进行检测，根据计量报告选择金相分析一致的毛坯进入恒温数控操作间。

因为铝合金的热膨胀系数受很多因素影响，所以必须配以完全一致的切削参数，特别是要将粗加工与精加工分开，便于精加工得到一个稳态的组织结构，并在粗加工完成后进行常温时效处理，再次将半成品送至理化室进行检验，选择金相分析一致的半成品进行精加工。粗加工与精加工的切削配置见表 4-2。

表 4-2　粗加工与精加工的切削配置

| 加工类型 | 切削参数 | | | | | |
| --- | --- | --- | --- | --- | --- | --- |
| | 切削深度 /mm | 刀具直径 /mm | 切削速度 /（mm/s） | 进给量 /（mm/r） | 冷却介质 | 余量 /mm |
| 粗加工 | 1 | 6 | 240 | 0.1 | 乳化液 | 1 |
| 半精加工 | 0.5 | 5 | 265 | 0.08 | 矿物油 | 曲面均匀0.3 |
| 精加工 | 0.2 | 4 | 300 | 0.06 | 矿物油 | 0 |

### （五）推广应用

从大自然规律出发，将多种加工技术重新搭配组合生成专门针对某项目零件加工的新系统，以快速和简单有效的方法解决该零件的难加工问题，使螺旋桨加工技术更上一层楼。本例以 5M1E 为纲领，以与企业密切相关的产品问题为导向，蕴含了细致精微的质量理念、数学计算、产品性能分析以及不同寻常的工艺分析。该加工工艺在实际加工中经过试切验证，满足零件各项技术要求，事实证明正确可行。

## 二、锥齿轮毛坯加工工艺

在小模数锥齿轮长期加工过程中，发现由于锥齿轮齿坯的加工质量问题，时常造成锥齿轮加工报废，影响生产成本及生产进度。通过长期加工小模数锥齿轮的生产实践，总结出了小模数锥齿轮齿坯的精密加工工艺与加工方法，实现了小模数锥齿轮加工质量稳定一致。

### （一）工艺性分析

#### 1. 齿轮的种类

小模数齿轮种类较多，有圆柱齿轮、锥齿轮、阿基米德蜗杆副、法向直廓蜗杆副、扇形

齿轮、端面齿轮和谐波齿轮等，其中小模数锥齿轮有轴形和圆筒形，轴形是以轴或中心孔为基准，圆筒形是以孔为基准。

**2. 齿坯的技术要求**

为了保证小模数锥齿轮毛坯加工、测量及使用要求，主要技术指标见表4-3。

表4-3　小模数锥齿轮齿坯公差和偏差要求

| 序　号 | 要　　素 | 要　素　定　义 | GB/T 10225—1988 公差和偏差 |
|---|---|---|---|
| 1 | $\Delta D$ 或 $\Delta d$ | 配合孔或轴颈直径公差 | H6 或 h6 |
| 2 | $\Delta D_e$ | 外圆锥直径偏差 | h6 |
| 3 | $E_D$ | 外圆锥圆跳动 | ≤0.01mm |
| 4 | $\Delta\psi_e$ | 外圆锥极限偏差 | ±10′ |
| 5 | $E_T$ | 支承轴向圆跳动 | ≤0.005mm |
| 6 | $\Delta L_e$ | 支承端面到顶圆锥交面距离公差 | ±0.015mm |

**（二）加工技术难点及分析**

影响小模数锥齿轮精度的因素很多，有设备、刀具、夹具等硬条件因素，也有工艺、检测等方法问题，其中在工艺、检测方法上主要是解决顶锥面与背锥面加工，$L_e$（基准端面至锥顶与顶圆交线的距离）的正确检测，如图4-13所示。

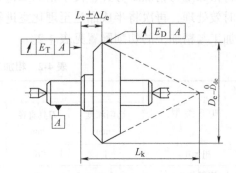

图4-13　小模数锥齿轮齿坯加工与检测

**1. 顶锥面与背锥面加工难点**

1）顶锥面与背锥面的加工是以孔（或轴颈）与端面定位，一般情况下是先加工顶锥面并保证基准尺寸 $L_e$，然后加工背锥面保持刀带宽度（当刀带部分有圆弧要求时，其圆弧应在制齿后加工）。

2）特殊情况下，当顶锥角较小时，为了便于测量基准面尺寸 $L_e$，可先加工背锥面保证基准尺寸 $L_e$，后加工顶锥面保证刀带宽度，这时，背锥角变成为测量尺寸 $L_e$ 的基准，因此背锥角的角度就必须控制在一定的范围内。

无论采用上述哪种方法，保证顶锥面的径向圆跳动，加工难度大，精度不易保证，直接影响齿轮精度，因此需要重点解决。

**2. 工艺尺寸检测难点**

工艺尺寸 $L_e$ 的测量一般采用百分表比较法测量，顶锥面与背锥面是在工具显微镜下测量的。因为顶锥面是测量的基准，角度公差和径向圆跳动公差要求较高，顶锥面圆跳动应在垂直于顶锥母线上检测，检测难度大，若方法不合理，将直接影响机床的调试。背锥角因对齿轮精度影响不大，一般要求不高，所以只检查首件即可，但是若以背锥面来控制基准尺寸 $L_e$（即先加工背锥面，后加工顶锥面）时，其精度要求和检查方法与顶锥角、顶锥面检测方法一样，难度较大，不易控制。刀带可在工具显微镜下检查，也可以目测检查。

**（三）工艺措施**

**1. 齿坯的基准要求**

1）当条件允许时，加工和测量基准面应与装配的基准面一致，这样可减少由于基准面不同而引起的误差。

2）当无法实现上述条件时，应当使加工或测量的基准面与装配的基准面同心或者提高相应的尺寸加工精度来补偿。

**2. 工艺基准尺寸 $L_e$ 要求**

基准端面至锥顶之间尺寸 $L_k$ 为设计基准尺寸，在工艺上为加工测量方便，一般都规定 $L_e$（基准端面至锥顶与顶圆交线的距离）作为工艺基准尺寸（俗称交点尺寸），该尺寸既是装配时的安装基准尺寸又是刨齿加工基准，该尺寸的变化将引起刨齿加工的齿高、齿厚及齿形的变化，因此为避免刨齿每加工一个零件都要调整一次吃刀量，所以控制这一工艺基准的一致性就显得十分重要，一般在同一批齿坯中 $L_e$ 的变动量应 $\leqslant 0.01\text{mm}$。

**3. 工艺基准尺寸 $L_e$ 检测要求**

基准尺寸变动量的测量通常是用比较法进行测量，即通过百分表，把齿轮毛坯与标准毛坯的差值读出，如图 4-14 所示。

百分表测量值 $\Delta a$ 与 $\Delta L$ 的关系：$a = \Delta L \sin\Psi_e$，其中 $\Psi_e$ 为毛坯顶锥角，即百分表测头倾斜角。

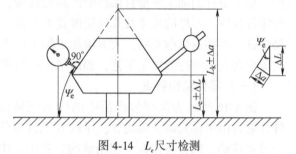

图 4-14　$L_e$ 尺寸检测

**（四）小模数锥齿轮齿坯加工**

**1. 基准尺寸加工**

小模数锥齿轮有轴形和圆筒形，轴形是以轴或中心孔为基准，圆筒形是以孔为基准。轴尺寸精度一般为 IT5～IT7，几何精度 $\leqslant 0.01\text{mm}$，采用磨削加工，中心孔采用精研；以孔为基准的小模数锥齿轮齿坯，孔需要精车削或磨削加工。

**2. 顶锥面、背锥面加工**

用比较法测量基准尺寸的标准毛坯除专门制造外，也可以用试切法对第一件毛坯进行精确的绝对测量来得到（除大批量的定型产品制作标准毛坯外，一般用首件精确的绝对测量代替标准毛坯）。因属小批量加工，故以首件代替标准毛坯，基准尺寸采用万能工具显微镜精确地绝对测量得到。

锥齿轮顶锥面的加工一般是在卧式车床上进行的，为保证交点尺寸 $L_e$ 的精度，尤其是高精度的小模数锥齿轮齿坯面锥加工，要在万能工具显微镜上测量很多次，床鞍的进刀是凭感觉经验估算的，既不准确，又非常繁琐，工作效率低。根据多年的生产经验总结的高效精密加工方法如图 4-15 所示。

提高锥齿轮齿顶圆精度（采用磨削外圆、降低表面粗糙度值和提高外圆圆跳动精度）便于基准尺寸精确测量。以工艺基准孔（或轴颈）定位和基准端面定位，保证零件径向和轴向圆跳动，将小滑板在水平方向按逆时针扳一个 $\alpha$ 角度调整

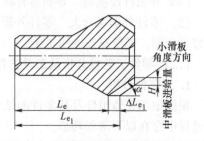

图 4-15　小模数锥齿轮齿坯面锥加工

至 $\Psi_e$ 在合格角度公差内，小滑板的移动是从锥齿轮小端开始，移动长度等于前锥面的长度，车刀自小端吃刀，中滑板控制进刀量 $H$，即进刀量 $H=\Delta L_e \tan\alpha$，$\Delta L_e=L_{e1}-L_e$，其中 $\alpha$ 为实测面锥角 $\Psi_e$ 的度数，$\Delta L_e$ 为实测 $L_{e1}$ 与基准尺寸要求 $L_e$ 的差值。

**（五）推广应用**

小模数锥齿轮齿坯面锥加工方法和利用比较法批量测量差值的手段，经过实践验证，既简便又准确，可降低成本且具有很强的操作性，节省加工时间，降低劳动强度，给操作人员带来很大方便，大大减少了返修和废品损失，形成稳定的加工和测量技巧，目前已在制造车间广泛应用，产品质量得到很大的提升。

## 三、某型号产品中部壳体组件的加工工艺

中部壳体组件是某产品中一个重要部件，承装着电动机、旋转变压器、滚珠等零件。它在装配中处于中间位置，上面连接头部壳体，下面连接激光器座，起着"承上启下"的作用。整个组件的加工质量直接影响产品的性能、精度和寿命。中部壳体组件由不同材料的三种零件组成，零件的尺寸及几何精度要求很高。由于加工后零件变形和误差累积，其精度不易保证，零件返修率很高，大大增加了加工成本，生产效率较低。经过多次加工试验，总结出了中部壳体组件的加工工艺，提高了生产效率和产品质量。

### （一）零件结构特点

图 4-16 所示为某型号产品中的中部壳体组件，它是由中部壳体、导轨 A、导轨 B 三种零件通过定位销、螺钉连接在一起组成的。其中，中部壳体材料为 ZL101A 铸造铝合金，导轨 B 材料为 20CrMnTi，导轨 A 材料为 GCr15。该零件具有以下特点。

（1）精度要求高　中部壳体组件内孔孔径较大，尺寸精度达 IT7 级，孔系同轴度 $\phi0.015$mm，孔底面垂直度 $0.04$mm。

（2）零件刚度差　零件结构为环形薄壁，孔侧壁有穿线槽，结构刚度低，容易变形。

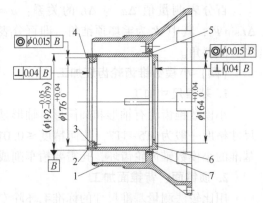

图 4-16　中部壳体组件

1—中部壳体　2—销 A3×22mm　3—导轨 A
4—螺钉 M3×20mm　5—销 A3×14mm　6—导轨 B
7—螺钉 M4×12mm

（3）中部壳体（见图 4-17）为铸件毛坯，加工余量大　该零件为砂型铸造毛坯，为了保证工作尺寸要求，其加工余量较大。

（4）导轨件硬度高　导轨零件硬度要求 58~65HRC，对刀具硬度和寿命有较高要求。

（5）零件外形尺寸大　零件外形尺寸 $\phi370$mm×203mm，并且中空壁薄，按常规装夹方法容易变形，需要制作专用工装。

### （二）零件工艺性分析及工艺方案的确定

**1. 工艺性分析**

根据中部壳体组件及其零件的结构特点，该零件加工难度大，加工后尺寸稳定性差，加工过程中存在以下薄弱环节。

1）零件为环形薄壁件，结构刚度差，加工过程中对装夹力、切削力很敏感，易造成零

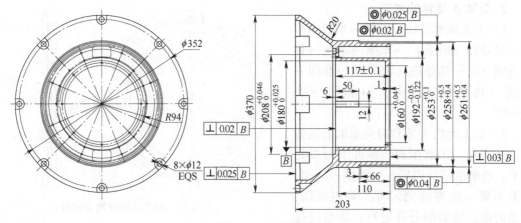

图 4-17 中部壳体

件变形, 存在较大的加工应力, 各项精度指标不易保证。

2) 中部壳体是铸件, 加工余量较大, 铸造应力、结构应力和加工中产生的加工应力, 都会对后续加工精度和尺寸稳定性产生不利影响。

3) 热处理安排是否合理, 能否使应力充分释放, 也是影响尺寸稳定性的一个重要因素。

综上所述, 从毛坯的铸造到加工过程中的装夹定位、刀具参数和切削参数的选择以及热处理的安排等各个环节都应严格控制, 从而使加工时残余应力小, 消除残余应力措施有效, 继而提高零件稳定性。

**2. 工艺方案的确定**

方案一: 分别完成单件的精加工, 最后通过调整组装完成中部组件。凭以往经验, 按照此方案加工, 就要提高单件精度。然而, 提高零件精度会增加加工成本, 对设备有较高要求, 工艺中的各个环节都要严格控制, 一个环节出问题, 就会影响整体要求。另外, 由于存在误差累积, 组装后易出现返工返修情况。

方案二: 分别完成单件的半精加工, 最后组合精加工。按此方案加工, 不用提高单件精度, 只留出合适的加工余量, 生产组织较为简洁。精加工时, 各单件组合在一起进行, 生产成本会降低, 不存在误差累积, 比较可靠。

通过分析比较, 结合设备、工装具体情况, 采取第二种工艺方案。

**(三) 中部壳体组件的工艺设计**

**1. 导轨 B 零件的加工**

1) 工艺流程设计: 下料→车削→车削→渗碳→车削→车削→线切割→数控铣削→钳→热处理 (淬火) →磨削→磨削→数控铣削→磨削→稳定化处理→钳。

2) 加工导轨 B 零件时应采取的措施和注意事项: ①热处理过程中变形较大时, 应采取校正措施; ②磨削大面时, 采取多次翻面的方式进行, 使粗磨削、半精磨削、精磨削分开进行; ③为了保证尺寸的稳定性, 采取稳定化处理; ④稳定化处理后, 钳工要研磨定位面, 防止后续加工、装夹变形。

3) 零件加工完成后, 要保证的尺寸及达到的要求如图 4-18 所示, 待组合加工用。

**2. 导轨 A 零件的加工**

1）工艺流程设计：下料→车削→车削→热处理（时效）→车削→车削→数控铣削→钳→热处理（淬火）→磨削→磨削→热处理（回火）→磨削→磨削→钳。

2）加工导轨 A 零件时应采取的措施和注意事项：①磨削时，零件下面要先垫平，磨削出基准面后，再磨削另一面。两面不要一次磨削到尺寸，要粗磨削、半精磨削、精磨削分开进行；②磨削过程中要经过消磁、退磁和回火处理，以消除应力、稳定尺寸；③定位基准面要磨削出，并达到精度要求。

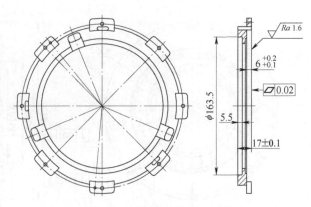

图 4-18　加工完的导轨 B 零件

3）零件加工完成后，要保证的尺寸及达到的要求如图 4-19 所示，待组合加工用。

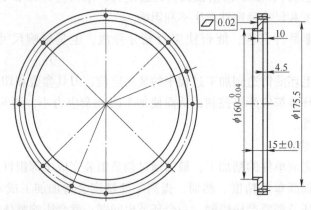

图 4-19　加工完的导轨 A 零件

**3. 中部壳体零件的加工**

1）工艺流程设计：铸造→热处理（时效）→铣削→钳→铣削→钳→数控铣削→车削→数控车削→数控铣削→数控铣削→钳→热处理（时效）→数控车削→数控车削→数控铣削→数控铣削→钳→电脉冲→稳定化处理。

2）加工中部壳体零件时应采取的措施和注意事项：①该零件为砂型铸造毛坯，加工余量较大，为了防止加工应力引起的变形，采取了粗加工、半精加工分开进行，加工中采取时效和稳定化措施；②由于零件壁厚较薄，夹紧时应避免径向夹紧，要采取轴向压紧方式；③为了避免在组合加工时装夹引起零件变形，要加工出工艺夹紧螺纹。

3）零件加工完成后，要保证的尺寸及达到的要求如图 4-20 所示，待组合加工用。

**4. 中部壳体组件的加工**

工艺流程设计：数控车削（与导轨 B 组合）→钳→数控车削（与导轨 A 组合）→钳→表面处理。

1）与导轨 B 的组合加工如图 4-21 所示。

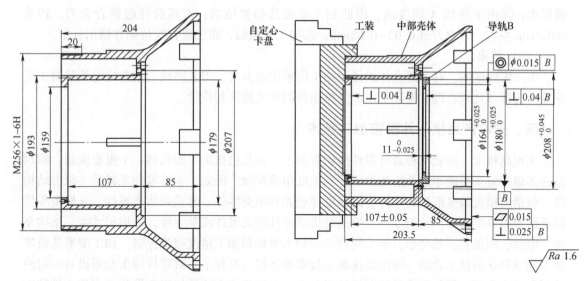

图 4-20 加工完的中部壳体零件　　　　　图 4-21 与导轨 B 的组合加工

加工采取的措施和注意事项：①制作专用工装，采取螺纹拉紧的方法装夹零件，防止装夹变形；②先加工完成中部壳体零件上的尺寸特征后，零件不取下，将导轨 B 装上，螺钉拧紧，再加工 $\phi164$mm 尺寸达到要求；③由于导轨 B 硬度高，因此加工参数选择要适当，刀具选择超硬合金刀，转速 200r/min 左右，背吃刀量 0.02~0.05mm；④加工完成后，钳工要打上定位销并做出标记。

2）与导轨 A 的组合加工如图 4-22 所示。

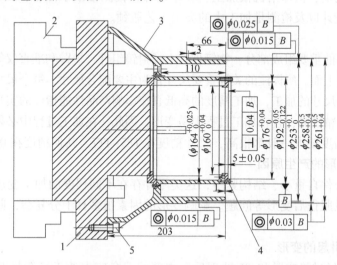

图 4-22 与导轨 A 的组合加工

1—工装法兰 2—自定心卡盘 3—零件 4—导轨 A 5—压紧螺钉

加工采取的措施和注意事项：①为确保零件装夹定位可靠，要制作法兰心轴专用工装；②加工前要先打表检查零件是否装正，打表应控制在 0.015mm 以内；③先加工完成中部壳体零件上的尺寸特征后，零件不取下，把导轨 A 装上，螺钉拧紧，再加工 $\phi176$mm 尺寸达到要求；④由于导轨 A 硬度高，因此加工参数选择要适当，刀具选择超硬合金刀，转速 200r/min 左右，背吃刀量 0.02~0.05mm；⑤加工完成后，钳工要打定位销并做出标记。

**（四）结果**

生产实践证明，对中部壳体组件的加工所采用的方案、工艺路线、工艺措施及各项工艺参数的选择都比较合理，保证了中部壳体组件的加工精度和质量。

## 四、光电产品核心件精密加工技术

实现高精度、高效率和高可靠性的切削加工一直是机械加工面临的一个重要课题，特别是许多薄壁复杂关键零部件的加工质量和精度很难控制。例如，本体零件尤其是主承力结构件，包括高精度薄壁框架类零件、高精度薄壁光具座类零件、薄壁壳体类零件、支架类零件以及面板类等结构件。这类零件一般是整机或部件的关键件或重要件，外形尺寸大、结构复杂、壁薄、刚度差、易变形，加工周期长，加工质量和加工精度很难控制。加工变形是数控加工领域公认的技术难题，应用高速加工技术和数控刀具技术，对零件加工变形虽有一定的控制和减小作用，但仍很难保证图样技术要求。关键件或重要件加工变形已成为核心件精密加工技术瓶颈。通过对加工变形控制方法的工艺技术研究，总结了有效控制加工变形的工艺技术措施，提高了核心件精密加工质量和效率。

**（一）工艺性分析**

**1. 结构特点**

光电产品核心件一般是集成件，即将多个功能结构件集中到一个结构件中，以减少组装产生误差累积，减少单件加工难度，同时减轻产品自重，提高装调效率，提高产品性能，缩短产品生产研制周期，但却给机械加工、程序设计、检测带来了困难，其中工艺流程安排、定位装夹、程序设计以及检测是加工中的突出工艺瓶颈。

**2. 技术要求**

核心件是产品的重要组成部分，物镜件、上反射镜组件、短臂和准直仪等部件及外围零件都直接安装在它的上面。所标注的关键重要尺寸皆为主要配合尺寸，每个尺寸加工出现问题都可能影响其他零件尺寸的加工，加工精度的高低直接影响产品性能指标的实现及稳定精度，零件结构复杂、加工精度高，且在加工过程中易变形，因此，在加工过程中必须严格控制。关键尺寸精度和几何精度要求一般都很高，尺寸精度在 IT5~IT7、几何精度在 0.005~0.015mm。

**（二）加工变形的产生原因**

光电产品核心件自重小、结构紧凑，这类零件存在不同程度的加工变形，部分关键重要件还有时效蠕动或服役后变形等问题。影响变形的因素很多且十分复杂，归纳起来主要有以下两大类。

**1. 残余应力引起的变形**

1）铸造毛坯经过热成形和 T6 处理后，内部的残余应力处于平衡状态，当局部经过切削加工后，残余应力将重新分布，使零件产生变形。

2）在型材加工前，材料中的残余应力处于平衡状态，零件经切削加工后，截面尺寸和形状变化会造成残余应力不均匀释放，从而引起零件变形。

3）热处理中材料组织变化引起变形。

试验研究表明，影响加工变形最主要的因素是毛坯残余应力，任何毛坯成形工艺都会在毛坯成形过程中产生残余应力，并且在毛坯加工成最终工件过程中，残余应力始终存在于工件中，只是其分布和幅值会有所改变。

**2. 外力引起的变形**

（1）切削力引起的变形　在使用刀具切削材料的过程中，刀具和工件之间摩擦，会产生切削力和切削热，在切削力和切削热的共同作用下，易造成材料的回弹变形、塑性变形。薄壁零件在切削力的作用下，会出现切削颤振而引起加工变形，且变形趋势很难把握。

（2）装夹引起的变形　工件的装夹工艺是影响薄壁件制造的首要条件，夹紧力位置、夹紧力和装夹方案都是引起薄壁件变形和出现误差的因素，装夹不当可直接引起加工变形。

薄壁零件在切削加工过程中，无论采用虎钳或组合夹具装夹，都会产生不同程度的横向或径向装夹力，不可避免地产生装夹应力，造成装夹变形。试验表明，30%～40%加工变形是由零件的装夹应力引起的。因此，薄壁零件不能采用常规的装夹方式，装夹方式的选择对高精度薄壁零件的加工十分重要，装夹方法成为提高零件加工质量和加工效率的关键因素之一。

**（三）控制加工变形的方法**

**1. 降低毛坯或工件中的残余应力，减小零件变形**

1）自然时效。

2）热时效。热时效是降低或均化工件中残余应力最常采用的消除变形的技术方法。

3）振动时效。

4）深冷处理。

5）机械拉伸（压缩）法。

**2. 预留加工余量**

预留加工余量是企业最常采用的消除变形的方法，零件粗加工后留足够的加工余量，在精加工中消除变形。这种方法是被动应对残余应力的方法，加工余量确定盲目，加工效率低，加工成本高，零件加工合格后，经过一段时间存放，伴随应力释放，零件仍存在变形的问题。

**3. 优化刀具加工路径控制变形**

优化刀具加工路径，可有效均化毛坯中的残余应力，例如采用加工应力分割槽，即零件加工之初，在零件周边加工出应力分割槽，均化毛坯中的残余应力，消除变形；采取等余量切削、调整不同部位加工顺序等策略，均可均化残余应力，控制零件变形。

**4. 高速切削控制变形**

高速加工是抛弃传统低速、大切削量的加工方法，采用高转速（10000r/min 以上）、高进给速度（8000mm/min 以上）、小切削深度和小切削步距的方法，以此大幅提高设备加工效率。高速加工过程，相当于刀具变得异常锋利，切削所产生的工件材料挤压变形非常小，切削力得到有效减小，相对传统切削加工技术，切削力降低30%；而且较高的主轴转速因使得刀具的激振频率避开薄壁结构件工艺系统振动频率范围，从而避免振动，所以高速加工技术是控制或减小零件变形、提高加工效率和质量的主要工艺技术之一。

**5. 防变形装夹**

在机械加工过程中，工件装夹是倍受关注的环节之一，需正确选择其夹紧点、把握其具体夹紧位置、选择适当夹紧力，否则在工件装夹时就会产生工件变形。因此，实现防变形装夹的关键是装夹时确保零件基准面与工作台面或夹具基准面自然、致密贴合，零件基准面多点均匀受力紧固，零件在装夹状态与自然状态基本一样。在薄壁零件加工过程中，常采用的防变形装夹方法有两孔一面定力装夹、工艺凸台装夹、真空吸附装夹、辅助支承装夹及填充石膏装夹等，这些方法在薄壁零件加工中，都能很好地控制或减小薄壁零件装夹变形。

**（四）光电产品加工变形控制策略**

**1. 高速切削加工中，通过优化刀具轨迹或调整不同部位加工顺序，减小加工变形**

在高速切削过程中，切削力大幅度降低，切削热大部分由切屑带走，高速切削力所产生的残余应力非常小，而且只存在于很薄的一层内，时间短暂，对初始残余应力影响较小，对最终的加工变形影响也很小，可以忽略切削力的影响。因此，高速切削不会引入新的残余应力，只会影响初始残余应力的释放和重新分布，并不能减少毛坯中的初始残余应力。通常所说的高速切削可减小变形，只是相对普通加工而言，这是因为高速切削没有产生新的残余应力。

通过优化加工路径或调整不同部位加工顺序，可有效全面均化或降低毛坯中的残余应力，避免应力集中引起加工变形，稳定尺寸精度和几何精度。

**2. 改进传统装夹方式，采用两孔一面定力装夹，减小装夹变形**

随着武器装备向轻量化、智能化方向发展，光电产品大量采用薄壁类零件，这类零件无论采用虎钳还是组合夹具装夹，都会产生不同程度的横向或径向装夹力，造成装夹变形。为减小零件在加工过程中装夹变形，工艺采用两孔一面定位，限制零件水平方向的自由度，采用定力压紧，仅预防零件上下窜动，这样没有来自装夹产生的零件变形，基本消除了装夹变形对薄壁零件质量的影响。而且以孔作为定位基准，定位方式简单可靠，定位精度高，能够迅速精确地确定零件的中心和方位，便于坐标原点建立，便于加工程序固化，可大大减少装夹找正准备时间。

**（五）案例分析**

**1. 案例一**

图 4-23 所示为某产品的重要件——光具座，它是用来安装其他零部件，使之保持正确的相对位置，从而实现产品的各项功能。光具座是由铝板整体加工而成，材料去除率达 40% 以上。零件具有壁薄、刚度差、结构复杂及精度要求高等特点。

产品研制阶段，采用高速切削加工，按传统的加工路线和刀具轨迹，铣削面、铣削方窗、铣削台阶面以及钻镗削孔等粗加工，零件卸下后，变形达 3～5mm。在加工前经过稳定化处理，按原加工路线和刀具轨迹进行切削加工，变形控制仍没有大的改善。

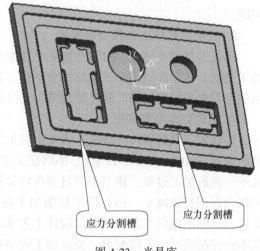

应力分割槽　应力分割槽

图 4-23　光具座

在高速加工中，采用加工应力分割槽的刀具轨迹法，较好地控制了零件的加工变形。采用应力分割槽的切削方法，加工前首先在零件四周铣削出应力分割槽，在方窗中也铣削出应力分割槽，进行时效处理，然后进行铣削面、铣削方窗、铣削台阶面及钻镗削孔等粗加工。通过上述优化刀具加工路径及调整不同部位加工顺序，有效均化了毛坯中的残余应力，达到了控制零件变形的效果。

**2. 案例二**

图 4-24 所示为某型号产品的关键重要件，该件是典型的异形复杂薄壁框架零件，具有薄壁、高精度和低刚度等特点。零件采用铸造铝合金 ZL101A 材料，Ⅰ类铸件，其承载光学系统和控制系统，具有双向角度和较高的尺寸及几何公差要求。加工过程中需要解决的主要问题是控制和减小变形。原控制零件加工变形的工艺是高转速、逐步减少加工余量的方法，变形并未得到有效控制。

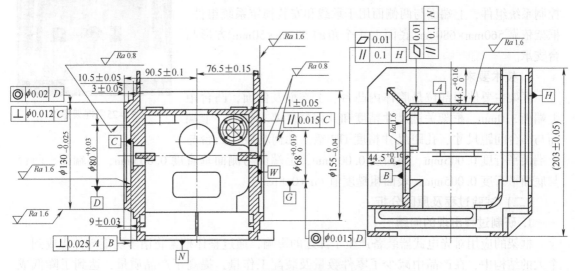

图 4-24 异形复杂薄壁框架零件

根据零件的结构特点，创新装夹方式，采用两孔一面定力装夹，压紧力根据打表确定为 3N，选用了 φ12mm 的硬质合金立铣刀，8000r/min 的转速、0.1mm 的小切削深度和适度进给工艺方案，在立式加工中心加工出平面度为 0.005mm 的基准平面，作为下道工序的工艺基准。选用 φ10mm 的硬质合金立铣刀，12000r/min 的转速、0.1mm 的较小轴向切削深度工艺方案，在五轴加工中心优化刀具路径，采用等余量切除以及调整不同部位加工顺序等策略，均化了毛坯中的残余应力，有效控制了零件的变形，为产品研制提供了强有力的保障。

**（六）效果**

在高精度薄壁零件切削加工中，通过采用防变形装夹技术，在高速加工中优化加工路径或调整不同部位加工顺序等策略，解决了零件加工变形问题，提高了零件的加工效率和加工质量，降低了加工成本，缩短了生产周期。该项工艺技术在数控加工精密薄壁零件和具有同样结构的薄壁零件时，具有加工效率高和质量稳定等优点，特别是对难装夹、难定位的精密薄壁零件的加工，更能体现出该工艺方法的优越性。

## 五、光电产品某大型整体薄壁框架精密加工

某重点项目产品核心件——大型整体薄壁框架，是用于承载和安装稳定系统组件、控

制系统组件的。因此，框架的加工精度对保证各组件的定位安装精度和整体产品性能起到关键作用。产品框架在研制过程中出现的工艺和加工等质量问题，不仅影响了产品的正常装配，而且对产品的性能精度和质量产生极大的负面影响，这些问题制约着项目的研制进度。

### （一）工艺性分析

**1. 结构特点**

框架外形尺寸较大（560mm×680mm×520mm），如图 4-25 所示，壁厚不均匀，腔深，4 个角的立柱通过筋连接。主要装配面是立柱中间的凸台，立柱上端面与两侧面、凸台用于安装控制系统组件，上端面与两侧面用于承载和安装稳定系统组件。框架依靠 560mm×680mm 底面上 4 个角的 50mm×50mm 方形凸台支承。

图 4-25　框架零件

**2. 技术要求**

框架主要使用部位是腔体内凸台、上端面及侧面，凸台距上端面 310mm。框架关键尺寸精度和几何精度要求较高，上端面与凸台间距尺寸、孔距尺寸精度 IT7 级。几何精度：凸台与上端面平行度 0.005mm、平面度 0.005mm，上端面与侧面垂直度 0.005mm，上端面、凸台与底面平行度 0.005mm，表面粗糙度值 $Ra = 0.8\mu m$。

### （二）试验过程及原因分析

**1. 研制过程出现的问题**

框架的应用对光电武器装备产生了深远的影响，通过整体框架将诸多功能零件集成到一个大的结构中，在产品中减少了零件数量及装配工作量，提高了产品质量，达到了降低成本、减轻产品自重等目的，但是仍然存在着一些工艺、加工瓶颈问题，影响着产品质量，具体表现如下：

1）尽管应用了有限元应力分析技术，优化了装夹系统结构，采用在保证加工过程安全情况下的最小夹紧力，但仍出现 0.03~0.05mm 的装夹变形量。

2）采用高速加工，中间穿插多次去应力时效处理，但在加工后贮存待装过程中仍然出现了不同程度的精度降低和变形，其局部翘曲变形量高达 0.02~0.05mm，已经超过零件允许误差的 4~8 倍。

3）加工过程让刀颤振现象严重，表面质量严重超出图样技术要求。

**2. 原因分析**

针对研制过程出现的质量问题，尤其是几何精度问题，对试制和加工的工艺参数和检测数据收集、理论分析和总结，归纳出了框架产生质量问题的主要因素。

1）框架的结构特性。整体框架依靠 560mm×580mm 底面上 4 个角的 50mm×50mm 方形凸台支承，凸台上面是侧壁与需要加工的上平面连接，其他适合夹紧的底面部位悬空，采用在腔中压紧方法就会产生装夹变形，这是产生装夹变形的主要内在因素。

2）残余应力。在薄壁框架精加工阶段，加工余量在 0.2~0.3mm，采用了高速加工技术，切削力很小，产生的切削热少，产生的新切削残余应力很小，而且只存在于很薄的一层内，时间短暂，对初始残余应力影响比较小，对最终的加工变形影响也很小，可以忽略切削力的影响。因此，引起整体薄壁框架加工后贮存待装过程变形和精度降低，并不是设备精度问题、也不是加工问题，而是毛坯内存留的残余应力释放导致的。

3）残余应力消除方式。框架外形尺寸较大（560mm×680mm×520mm），壁厚不均匀，形状不对称，因此消除毛坯材料残余应力难度大。从验收存放到装配过程中产生精度降低和变形情况来看，常规的消除毛坯残余应力的热处理方式达不到充分消除材料残余应力的作用。通过X射线衍射法残余应力检测，常规热处理消除残余应力的效果仅为10%~35%，框架内残余应力消除不完全、不彻底是造成整体薄壁框架加工后贮存待装过程变形和精度降低的主要原因。

4）刀具和切削参数选择。整体薄壁框架精度要求高，尺寸精度IT6~IT10、几何精度≤0.01mm，其中上表面平面度0.005mm，垂直度0.005mm，平行度0.005mm。内腔中的4个重要凸台平面度0.005mm，距上端面310mm，腔深，刀具和切削参数选择不合理，加工过程让刀，是造成薄壁框架精度严重超差的主要因素。同时刀具和切削参数选择不当，也引起切削力增大，产生较大的新切削残余应力，残余应力叠加更进一步加剧框架贮存待装过程变形和精度降低。

### （三）提高整体薄壁框架加工质量工艺措施和加工方法

针对整体框架式薄壁结构件存在的装夹变形、切削让刀、残余应力消除难度大，以及加工后贮存待装过程精度降低和变形等技术难题，进行原因分析，相应采取了以下几种工艺方法。

**1. 采用两孔一面定位，周边胶粘"无应力"装夹技术，降低装夹变形**

如图4-26所示，整体薄壁框架底面4个角有50mm×50mm方形凸台，是设计和装配基准。前期加工内腔和上端面时，采用常规的侧边定位、内腔压紧。即使在保证框架加工过程安全情况下的最小压紧力，装夹变形量也达到了0.04~0.06mm，变形量已经超过零件本身精度6倍以上。

装夹变形是造成框架精度超差的主要因素之一，根据整体框架的结构特点，采用了两孔一面定位，周边胶粘"无应力"装夹技术，如图4-27所示。两孔一面定位，胶粘压紧，不仅限制了框架6个自由度，使定位压紧稳定、可靠，而且不会产生装夹应力，达到了有效控制装夹变形，保障框架在"无应力"装夹状态下加工，同时这种定位装夹方便，易于装卸，便于迅速确定整体框架的中心和方位，以及坐标原点的建立，减少装夹找正时间，缩短数控设备待机时间，提高了数控设备利用率。

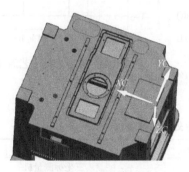

图4-26　框架底面结构

图4-27　两孔一面定位，周边胶粘压紧装夹

现场检查两种装夹方式零件的变形情况，结果见表 4-4。

表 4-4 常规定位装夹和胶粘压紧装夹的变形对比

| 装夹方式 | 装夹变形 | 检测方式 |
|---|---|---|
| 侧边定位，腔内压板压紧 | 0.04mm 以上 | 采用百分表打表检测 |
| 两孔一面定位，周边胶粘压紧 | 无明显变化 | 采用百分表打表检测 |

### 2. 采用深冷处理技术，消除残余应力

前期整体框架精加工后，采取热时效稳定化处理来消除残余应力，其工艺参数与温度曲线如图 4-28 所示。

加工后三坐标检测达到图样技术要求，放置 40 天后二次三坐标检测，尺寸精度和几何精度发生变化，尤其几何精度变化较大，已经超过零件允许误差的 4~8 倍。

根据产生原因分析，是材料内部残余应力释放导致的，说明常规热处理对消除大型复杂薄壁结构件残余应力效果不是最佳。几种消除毛坯残余应力的工艺方法效果对比见表 4-5。

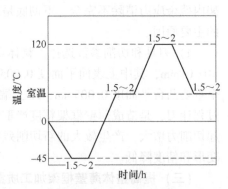

图 4-28 稳化处理工艺参数和温度曲线

表 4-5 常用的消除毛坯残余应力的工艺方法

| 名 称 | 原 理 | 消除效果 | 应用情况 |
|---|---|---|---|
| 热时效处理 | 降低淬火残余应力 | 10%~35% | 简单和复杂件 |
| 振动时效法 | 振动应力与毛坯残余应力叠加 | 50%~70% | 复杂薄壁件 |
| 脉冲磁处理法 | 强脉冲磁处理 | 15%~30% | 焊接件 |
| 深冷处理 | 热应力与毛坯残余应力抵消、组织晶粒细化 | 55%~85% | 复杂薄壁件 |

通过常用的消除毛坯残余应力的工艺方法对比分析，无论哪一种工艺方法均不能完全消除残余应力。但因深冷处理技术在有效消除残余应力和提高尺寸稳定性的同时，还可改善材料的硬度、强度、耐磨性与组织稳定性。因此，我们选择了深冷处理技术，深冷处理工艺温度曲线如图 4-29 所示。

加工后三坐标检测达到图样技术要求，放置 40 天后二次三坐标检测，尺寸精度稳定，几何精度几乎没有发生变化，说明深冷处理能够有效消除复杂、薄壁整体结构件的残余应力，保证尺寸稳定性。稳定化处理和深冷处理效果对比见表 4-6。

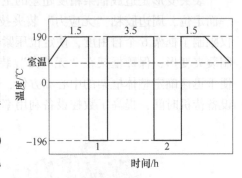

图 4-29 深冷处理工艺温度曲线

表 4-6 稳定化处理和深冷处理效果对比

| 残余应力消除方式 | 变 形 | 放置时间/天 | 检测方式 |
|---|---|---|---|
| 稳定化处理 | 0.03mm 以上 | 40 | 三坐标测量机 |
| 深冷处理 | 无变形 | 40 | 三坐标测量机 |

**3. 应用切削仿真技术，优化刀具、切削参数、编程策略**

根据切削参数仿真试验，切削力导致的让刀变形为影响框架加工变形的主要因素。在刀具和切削参数选择以及编程策略等方面采取的工艺措施如下。

1）刀具和切削参数选择等方面的工艺措施：①加工上平面及侧面时采用 $\phi$8mm 铝合金硬质合金 4 齿铣刀，每齿进给量 0.0312mm，转速 12000r/min；②加工腔中的 4 个重要凸台表面时，采用 $\phi$16mm 铝合金硬质合金单齿铣刀，每齿进给量 0.042mm，转速 1200r/min。

2）编程策略等方面的工艺措施：在 UG 中做两条辅助线作为边界，使用"跟随周边"策略，在 4 个台面以外的地方下刀，内部进刀点也设定在 4 个台面以外，切削方向选择顺时针铣削。每一个切削深度都一刀加工完成，中间不抬刀，空切部分通过对程序中的切削部分进行修改，以提高进刀速度，不建议用快速进给跨越空切部分。上端面平面编程策略相同。

通过以上工艺措施，有效控制了切削颤振、加工让刀现象，同时降低了新残余应力引入。刀具和切削参数优化前后切削表面质量对比见表 4-7。

**表 4-7 刀具和切削参数优化前后表面质量对比**

| 项 目 | 表面粗糙度值 $Ra/\mu m$ | 颤纹情况 | 检测方式 |
|---|---|---|---|
| 优化前 | 3.2~6.3 | 颤纹严重 | 样板对比 |
| 优化后 | 0.8~1.6 | 无颤纹 | 样板对比 |

**（四）创新点**

1）突破传统的边定位、压板压紧的定位装夹方式，采用两孔一面定位，工件与夹具胶粘的"无应力"装夹技术，不仅有效消除了整体薄壁精密框架装夹变形，而且提高了设备的利用率。

2）深冷处理技术可消除 55%~85% 的残余应力，比传统的时效处理提高 40% 以上，而能源消耗降低 25% 以上，无污染、成本低。

3）应用切削仿真技术，评价不同工艺参数对于残余应力及加工变形的影响，优化切削参数，解决工艺合理性并发现问题原因。

**（五）应用和推广情况**

尽管整体薄壁结构件对光电武器装备有着诸多优点，但仍存在着装夹变形、残余应力消除不完全而造成框架贮存待装过程变形和精度降低等难题，此项工艺技术研究成功以及验证取得了较好的效果。两孔一面定位、周边胶粘"无应力"装夹技术，已应用于异形隔框、框架、壁板等难装夹薄壁结构件；深冷处理技术已推广应用到重点项目和预研项目的复杂整体薄壁结构件生产中，在有效消除残余应力和提高尺寸稳定性的同时，也改善了材料的硬度、强度、耐磨性与组织稳定性，减少了污染，降低了能耗；切削仿真技术已推广应用到复杂易变形零件工艺设计和生产加工中，大幅提高了工艺设计效率、产品制造水平与企业核心竞争力。

## 六、精密薄壁陀螺外框架加工

铝合金薄壁陀螺框架类零件常用于导引头结构中，这类零件刚度差、结构复杂、形状特异，在加工过程中极易产生变形，是影响产品质量和加工效率的主要技术难点。为此开展了相关的工艺技术研究工作，通过试验、生产、检验和装配等环节验证，满足了产品技术要求。

在介绍该类零件的结构特点、技术要求及加工瓶颈的基础上，提出了包括加工方法、夹具设计、变形控制及切削参数选择等在内的具体工艺方案，提高了零件加工质量和加工效率。

**（一）工艺性分析**

**1. 结构特点**

铝合金薄壁陀螺框架类零件常用于导引头结构中，是产品中的关键件，属于薄壁复杂腔体结构件，由铝板整体加工而成，材料去除率达90%以上；薄壁腔体结构是造成整体零件刚度下降的主要原因，这是设计需要；内腔要容纳陀螺内框架组件，整体结构有减重要求。

**2. 技术要求**

精密薄壁陀螺框架零件尺寸如图 4-30 所示。各轴孔、轴端面及定位孔等为主要使用部位，通常对其尺寸精度要求特别严，为 IT5~IT7；其几何精度主要是限制各轴、孔的位置要求，一般规定在 0.01mm 以内；从图 4-30 中可以看出，轴与孔同轴度 $\phi0.01$mm、端面垂直度 0.01mm、圆柱度 0.004mm，此类零件有相应的表面粗糙度要求，一般为 $Ra = 0.8 \sim 1.6\mu m$。

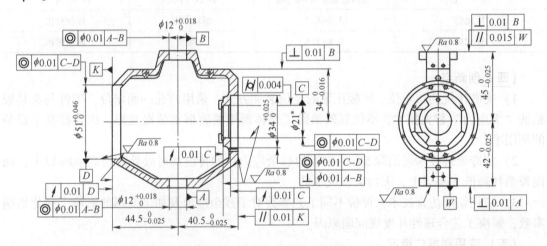

图 4-30  铝合金材料陀螺零件框架尺寸

**（二）加工技术难点及分析**

**1. 零件材料带来的影响**

铝合金材料相对其他材料而言，屈服应力比较低，导致加工后极易产生较大的弹性恢复，造成加工变形，影响加工表面粗糙度、尺寸精度及几何公差要求。

**2. 零件尺寸精度、几何公差的保证存在加工瓶颈**

在首批 30 件生产中，陀螺框架加工遇到尺寸超差、几何公差超差等一系列问题，良品率不足 40%。调查当时首批成品件的检测数据，良品率统计见表 4-8。

表 4-8  首批陀螺框架良品率统计

| 零 件 名 称 | 合格数量/件 | 不合格数量/件 | 良品率（%） |
|---|---|---|---|
| 陀螺框架 | 12 | 18 | 40 |

在对首批成品件的检测数据调查基础上，整理了导致良品率低的质量问题，制作的问题分类调查统计见表4-9。

表4-9　首批陀螺框架缺陷调查统计

| 质量问题描述 | 频数/件 | 不合格品占有率（％） | 累计（％） |
| --- | --- | --- | --- |
| 线性尺寸 | 5 | 17 | 17 |
| 几何公差 | 24 | 80 | 97 |
| 其他 | 1 | 3 | 100 |

从调查的检测数据可以看出，几何公差超差是导致陀螺框架良品率低的主要因素，也是该类零件加工的瓶颈。在影响陀螺框架零件加工几何公差超差的众多因素中，装夹引起的装夹应力占很大比重，其次是工艺方法。

### （三）加工难点及工艺措施

#### 1. 质量问题之要因确定

通过框架装夹前和装夹后机床上打表发现的变形规律，以及不同切削参数产生的变形情况，经过逐一分析及确认，影响陀螺框架加工质量的主要因素是装夹定位方式、切削参数及加工方法不合理这3项（见图4-31）。

图4-31　要因

#### 2. 工艺措施

针对装夹定位方式、切削参数选取和工艺方法三大因素，制定了相应工艺措施，见表4-10。依据此工艺措施，开展工艺攻关，形成相关的机械加工工艺方案。

表4-10　工艺措施

| 要　因 | 对　策 | 目　标 | 工艺措施 |
| --- | --- | --- | --- |
| 装夹定位方式不合理 | 优化装夹定位方式，设计夹具 | 降低装夹变形在0.003mm以内，提高定位精度在0.002mm以内 | 设计夹具，达到最佳效果 |
| 切削参数不合理 | 优化切削参数 | 优化切削参数，控制变形在0.002mm以内 | 根据加工试验情况，确定切削参数 |
| 加工方法不合理 | 优化加工方法 | 提升加工能力，保证尺寸精度和几何公差在图样要求范围内 | 根据加工试验情况，进行工艺优化 |

### （四）工艺方案及验证

#### 1. 优化装夹定位方式，设计工装

防变形装夹技术是实现薄壁陀螺框架零件高精度加工的关键，实现防变形装夹的关键是装夹时，确保框架不变形，基准面与工作台自然、紧密贴合，基准面多点均匀受力紧固。

防装夹变形夹具（见图4-32～图4-33）的设计思路是：采用两孔一面定位，压紧力加在陀螺框架（见图4-34）内腔凸沿上，保证框架基准面多点均匀受力紧固，在不发生框架变形的情况下，压紧力只起到预防零件上下窜动的作用。框架精加工阶段，设计两种应用两孔一面定位"无应力"夹具，用于加工平面和框架的重要尺寸。

图 4-32　加工基准面夹具

图 4-33　加工框架面、轴、孔夹具

图 4-34　陀螺框架零件

这种两孔一面定位"无应力"夹具，可避免框架装夹变形，刀具在加工过程中运行平稳，刀具的颤动和框架的振动大大减小，框架表面质量和精度得到很大提高，框架的良品率达 98% 以上。

**2. 加工方法**

框架基准面前期加工，靠人工研磨完成，研磨效率极低，平均 50min/件，而且质量也不稳定，平面度一般在 0.003~0.03mm，满足不了陀螺框架精加工阶段对基准面的要求，更不能满足批量生产进度要求。

依靠框架上下面的 M3 螺纹底孔，应用两孔一面定位"无应力"夹具，先高速铣削框架的上平面，再高速精铣削框架的下基准面，平面度达到 0.003mm 以内，精度稳定，可满足框架精加工阶段对基准面精度的要求。

**3. 切削参数**

根据现场加工试验，切削参数与框架加工质量有很大关系，开始选用的是经验值，加工后平面度在 0.008~0.025mm，轴与孔的同轴度、端面垂直度等几何公差都严重超差，精度不稳定。通过多次试验和小批量生产验证，最佳切削参数为：转速 3000r/min，每齿进给量 0.02mm。

**（五）应用推广**

在高精度薄壁陀螺框架类零件切削加工中，通过创新装夹方式、优化加工方法和切削参数，解决了薄壁框架加工变形问题，提高了陀螺框架的加工效率和质量，降低了加工成本，该工艺方案的成功实施，对类似薄壁框架零件的加工提供了很好的借鉴作用，特别是对难装夹、难定位的高精度薄壁框架零件的加工，更能体现出该工艺方案的优越性。

## 七、钛合金腔体类零件圆角高效精密加工

钛合金材料以其高强度、耐高温、耐腐蚀及轻质等良好的综合物理力学性能，被广泛应用于武器装备中。但钛合金本身切削加工性较差，其相对切削加工性在 0.15~0.25mm。对具有型腔零件的型材进行加工，加工过程中具有较大的金属去除量，要解决铣削内腔的刀具及加工参数问题，更主要还是解决铣削内腔各处圆角的效率问题。在分析钛合金自身特性及腔体零件内腔加工效率低下原因的基础上，结合光电产品腔体零件结构特点，通过选用不同的刀具，应用合理工艺方法和切削方式，提出了包括加工方法、刀具、切削参数等在内的具体工艺方案，实现了钛合金腔体类零件圆角高效加工。

（一）工艺性分析

**1. 结构特点**

随着现代战争对武器装备性能的不断提高及向轻量化方向发展，产品结构件集成设计成为现代武器装备发展的趋势，以减少组装产生误差累积，减少单件加工难度，同时减轻产品自重，提高装调效率，提高产品可靠性，缩短产品生产研制周期。钛合金整体化结构是最理想的，并已成为光电武器装备推广应用与发展方向。

钛合金复合腔体类零件是其中一种，由钛合金板整体加工而成，材料去除率达 80% 以上，金属去除量大，圆角小；图 4-35 所示为某重点产品关键件本体的一个型腔结构，用来容纳安装各部件、零件，使之保持正确的相对位置，形成一个有机的整体，从而实现产品的各项功能。本体型腔内有较多的圆角（圆角为 R2~R3mm）、深腔等加工部位，是影响零件高效精密加工的重点和难点。

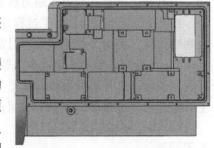

图 4-35　腔体零件结构

**2. 技术要求**

钛合金精密薄壁本体腔体零件尺寸如图 4-36 所示。腔体内的安装面及各孔为主要使用面，对其尺寸精度要求较高，为 IT7~IT9；其几何精度主要是限制面与孔的位置要求，一般规定在 0.02mm 以内；从图 4-36 中可以看出，各安装面的平面度 0.01mm、孔与面的垂直度 0.02mm，对圆角有一定尺寸的要求，其目的是预防装配干涉，零件有相应的表面粗糙度要求，一般 $Ra=0.8~1.6\mu m$。

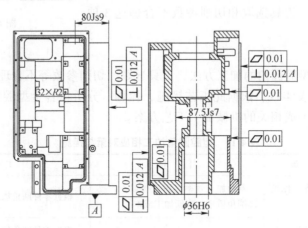

图 4-36　腔体零件尺寸

（二）加工技术难点及分析

钛合金铣削本身就是数控加工领域的一个难题，其切削速度一般不超过 50m/min，粗加工金属去除率一般不超过 $40cm^3/min$，精加工金属去除率一般不超过 $10cm^3/min$，其根本原因在于钛合金本身属于难加工材料。对加工型腔零件，现行数控加工方法是：采用沿型腔周边径向分层，选用不同规格刀具，利用侧齿进行粗铣削、精铣削，在圆角区域降速，反复分层铣削，逐步去除加工余量。在整个铣削内腔的过程中，即使刀具在圆角区域降速，反复多次分层铣削，仍然时常发生让刀、断刀现象。圆角的粗加工占整个型腔铣削时间的30%，精加工占40%甚至更多。因此，解决型腔加工效率问题，实际应首先解决圆角的加工问题。其加工难点如下：

1) 光电产品钛合金结构件的型腔圆角半径通常较小，一般为$R2 \sim R3mm$，需要用直径较小的铣刀进行加工，由于圆角处切削量突变，导致切削力变化非常大，刀具容易产生振动，刀具磨损严重，崩刃或断刀现象时常发生。

2) 刀具直径较小，加工过程让刀严重，造成口部圆角合适、腔中圆角半径大，或圆角成喇叭口状，圆角半径不一致，时常发生装配干涉情况。

3) 对具有很多个圆角且半径较小的型腔加工，通常采用多把铣刀，在圆角区域降速反复分层铣削，逐步去除余量，在整个型腔加工过程中，圆角的加工时间占总加工时间1/3以上，若圆角多的情况下，加工时间占用更多，这是影响整体加工效率的关键。

4) 由于精加工阶段让刀严重、加工振动，因此会导致断刀、尺寸精度超差及表面质量差等问题。

**（三）加工难点及工艺措施**

**1. 质量问题之要因确定**

光电产品在保证质量的前提下，对其自重要求极为苛刻。光电产品一般采用薄壁整体结构件，圆角半径小，这却给机械加工带来了很大的难度，深腔加工和圆角加工，尤其是圆角加工，是影响钛合金型腔高效加工效率的最主要因素。经过对加工圆角效率低的原因逐一分析及确认，影响型腔圆角加工效率低的主要因素是加工方法不合理、刀具选取和切削参数不合理这3项（见图4-37）。

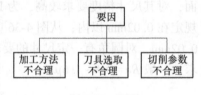

图4-37　要因

**2. 工艺措施**

针对钛合金材料型腔圆角的加工方法、刀具选取、切削参数等不合理的影响因素，制定了相应工艺措施，见表4-11。依据此工艺措施，梳理、分析钛合金型腔圆角加工的同类问题，开展工艺攻关，形成相关的机械加工工艺方案。

表4-11　型腔圆角加工相应对策与措施

| 要　因 | 对　策 | 目　标 | 工艺措施 |
|---|---|---|---|
| 加工方法不合理 | 采用插铣替代分层铣削 | 圆角加工效率提高35%以上，提高圆角质量，降低加工成本 | 根据零件圆角加工余量，确定插铣次数 |
| 刀具选取不合理 | 根据圆角选取合适刀具 | 减少刀具数量，控制崩刃或断刀 | 根据零件圆角加工余量，确定选取刀具的规格及数量 |
| 切削参数不合理 | 优化切削参数 | 优化切削参数，控制崩刃或断刀，减少刀具磨损及加工颤振 | 根据加工试验情况，确定切削参数 |

**（四）工艺方案及验证**

分层铣削加工型腔圆角方法的缺点是使用的刀具多，圆角区域反复分层铣削，形成刀具轨迹过多，程序容量非常大，加工效率极低；精加工阶段刀具规格小，让刀更严重，刀具因产生加工振动而造成断刀，存在尺寸精度超差、表面质量差等问题。对腔体拥有较多的圆角、圆角半径较小的零件，采用分层铣削加工方法，不仅效率低，圆角质量不高，而且刀具成本高。图4-38所示为采用不同规格刀具进行径向分层铣削加工圆角。

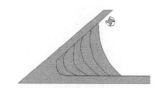

图4-38 细化刀具轨迹径向分层铣削圆角，转角处降速示意

面对型腔圆角铣削瓶颈，开展了工艺攻关。首先是创新铣削圆角的方法，其次是确定铣削圆角的最佳切削参数以及刀具的优化几何参数，目标是解决刀具的磨损和加工效率低的问题。

**1. 圆角铣削方法的确定**

对成品件检测数据、加工过程切削力测试（见图4-39、图4-40）、加工现场试验以及不同切削参数产生的加工情况逐一分析及确认，采用插铣技术铣削圆角是提高型腔圆角铣削质量和效率的最佳方法。

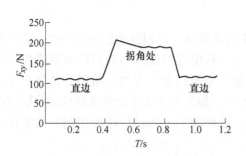

图4-39 分层铣削圆角加工切削力测试

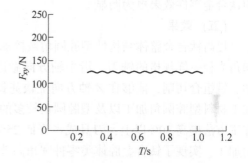

图4-40 插铣圆角加工切削力测试

**2. 铣削型腔圆角切削参数的确定**

根据圆角铣削试验和小批量铣削验证，测试刀具磨损、受力情况，验证加工效率及加工质量，获取了5组优化铣削圆角切削参数，又对5组优化切削参数，在300件分组批量生产加工验证，从效率、精度、刀具磨损等综合因素测评，确定了铣削圆角最佳优化切削参数为：转速2000r/min；进给量0.08~0.25mm/齿；切削宽度为刀具直径的1/3~1/2。刀具优化几何参数的确定：分别选取了切削刃角度为75°、80°、83°、85°、87°、90°、93°和95°共8种几何参数刀具进行切削试验，发现几何参数为93°、95°的刀具磨损非常严重，几何参数为75°、80°、83°和85°的刀具磨损虽然不十分严重，但铣削后表面质量非常差，加工过程刀具颤振严重。综合加工质量和刀具磨损情况，几何参数为87°、90°的刀具比较合适。另外，又在这两种刀具的前刀面切削刃倒棱，铣刀的使用寿命进一步提升，倒棱的宽度为0.2~0.5$f$（$f$为进给量）时，铣刀的使用寿命和加工质量比较理想。

通过大量加工试验、小批量验证以及批量生产应用，提取、分析、归纳和总结，形成了一种提高钛合金材料型腔圆角加工效率的方法。其主要内容：根据圆角技术要求及加工余量情况，可选用1把刀具或者2把刀具，其中1把与圆角规格一样的刀具。加工余量大时采用2把规格刀具，其中一把是与圆角半径一样的刀具；加工余量小时采用1把规格刀具。根据型腔圆角坐标位置，刀具沿主轴方向进给，利用铣刀底齿切削刃对型腔圆角进行钻、铣组合切削。加工余量大的先用一把大规格刀具粗铣削，再用与圆角一样的刀具进行精铣削，加工余量小的直接用与圆角一样的刀具铣削。这种方法能够快速完成圆角加工。插铣示意如图4-41所示。

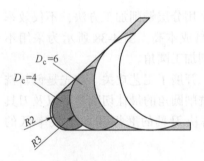

图 4-41　插铣示意

通过上述加工方法的创新，圆角加工效率比采用传统的径向分层铣削加工方法提高 30% 以上，刀具成本降低 25% 以上。这种加工圆角的工艺技术对型腔圆角多、圆角半径较小的钛合金零件效果更为明显。

（五）效果

提高钛合金整体结构件型腔圆角数控加工效率的插铣法，是根据型腔圆角半径，选用和圆角半径一样规格的铣刀，沿主轴方向做进给运动，利用铣刀底齿切削刃对型腔圆角进行钻、铣组合切削，能够在 Z 轴方向上快速铣削大加工余量的加工方法。适用于钛合金等难加工材料型腔圆角加工以及型腔圆角较多的零件加工，加工效率比采用传统的径向分层铣削加工方法提高 30% 以上，刀具成本降低 25% 以上。此种加工方法已广泛应用到腔体零件圆角加工，实现了钛合金腔体类零件圆角高效加工。

# 第五章
# 技能大师工作室特色操作法

## 一、薄板类零件加工操作法

目前，我国的航空、航天产品已经逐渐步入高密度应用时期，高精度大型薄板产品的制造需求量逐年递增，尤其在卫星天线馈源、飞机翼板等领域广泛应用。由于薄板类零件在加工过程中具有壁薄、刚度差和强度低的特点，故容易受切削力、夹紧力和结构内应力的作用产生变形，难以满足设计精度和几何公差的要求。因此，对此类薄板类零件，需对加工工艺的合理性做系统的考量，以确保在加工过程中不会因某个环节的工艺缺陷给零件质量带来隐患，影响零件最终精度。机械加工薄板零件的铣削难点主要是变形与弱刚度问题。针对此类零件加工，应根据其精度、结构、大小等因素，合理选择原材料、工艺路线和装夹方式，并精心规划加工路线，方可有效解决其生产难题。

### （一）影响薄板类零件加工品质的因素
### 1. 装夹方法对应力变形的影响

在零件加工过程中，若装夹方法选择不当，则很容易受到不均衡的压紧拉力或压应力而产生振动和应力。当加工完毕，零件从夹具上卸下会产生回弹形变误差，影响加工精度。如果零件的整体刚度差，在加工过程中刀具断续切削时，就会在刀具与零件表面产生相对摩擦，发生切削振动，在零件表面和侧壁形成振纹，造成零件表面质量差，加剧零件的应力变形，从而影响零件的尺寸与几何公差。振动强烈时还会造成刀具崩刃、断裂，造成零件表面缺陷。零件加工前的内应力结合加工时因振动、装夹、切削走刀方式等因素产生的应力也是导致零件发生不规律形变、影响薄板零件尺寸精度和几何公差的重要因素。

### 2. 切削力的影响

切削力是刀具在切削零件时所受到的阻力。主要有两个方面原因：一是加工过程中形成的弹性变形和塑性变形而产生的抗力；二是刀具与零件表面之间的摩擦力。两方面的合力构成了切削力，并作用在刀具的前后刀面上，切削力的大小是直接引发应力变形的原因，合理选择切削用量，可降低切削力、减少切削热。

### 3. 切削用量及刀具的影响

切削用量是指切削深度、进给量、切削速度三个要素。在切削用量三要素中切削速度对刀具磨损影响最大，其次是进给量，而切削深度的影响较小，刀具几何角度的大小将使切削对零件表面质量产生较大影响。

**4. 切削液的影响**

在切削过程中，由于主轴系统、切削变形、刀具加工中与零件之间产生的摩擦力都会产生大量的热，并将传递到刀具上，使刀具的硬度下降，从而加速刀具的磨损，影响零件的加工质量和精度。一般需要在加工中注入切削液对刀具及加工件进行降温，从而提高刀具的使用寿命，发挥最佳的切削状态。切削液种类繁多，针对不同的切削材料和工况都有对应的切削液，若选择不当，则会增大切削热对表面粗糙度的影响，加大应力变形，影响零件的整体加工质量。

**（二）提高薄板类零件加工精度的工艺措施**

对于普通薄板类零件，根据薄板类零件加工的反应变原理，无论是粗铣削阶段，还是精铣削阶段，都需要采用反复翻面加工方式，以达到两面基本平衡，最大限度地消除变形，但对于结构特殊的薄板类零件，如何采取有针对性的加工方案，是确保此类零件加工质量的重要环节。以某天线阵面板（见图5-1）为例，该零件属于薄壁复杂型腔结构，具有结构复杂、尺寸几何精度要求高、加工难度大等特点，成本高、价值大。这种结构形式属于典型的弱刚度零件，如何实现高精度、无变形的装夹与加工是保证其设计精度的关键。

图5-1 天线阵面板（薄板类零件）

**1. 工艺分析**

天线阵面板为铝合金（3A21）材料，外形尺寸为530mm×290mm×7.5mm，为双面型腔薄板结构，正面为辐射缝隙面（见图5-1），背面为波导槽阵列面（见图5-2）。共有3600处微小缝隙，宽度仅为0.8mm、深度1.01mm，波导槽加工后剩余板厚只有0.75mm。关键尺寸公差要求均为±0.01mm，材料去除率高达85%以上。

图5-2 天线阵面板背面

初步拟定工艺方案：确定毛坯尺寸时留出一定加工余量，使开口波导腔形成封闭的腔体，以增加零件强度，同时预留出装夹余量。应用高速铣削加工完成，先加工基准面，保证装夹基准面的平面度，然后粗加工、精加工波导槽阵列面，经灌注石蜡后，最后加工辐射缝隙面。该加工方案的关键在于采用合理的装夹方式控制装夹变形，以及选用较优的切削参数来控制铣削变形，保证加工精度，缩短加工时间。

**2. 装夹方案设计**

在加工基准面时，采用挤夹方式进行装夹，反复翻面加工，以保证较低的平面度值。

铣削波导槽时，毛坯厚度仅为8.5mm，典型薄板结构，如采用压板装夹，只能对零件四周施加装夹力，中间大面积部分无法施加装夹力，克服不了零件加工中的变形。为满足装夹要求，应用真空夹具装夹（见图5-3），可实现装夹小应力、零变形，

图5-3 高速铣削波导槽真空夹具装夹

同时保证了加工过程中装夹的可靠性、稳定性。

通过对加工过程监控，在铣削波导槽前、中、后，大面的平面度无变化。波导槽一面加工完成后，底面只剩 0.75mm 厚度，零件刚度极差。为增强零件刚度，控制加工过程中的变形，需对加工后的波导槽腔体灌注石蜡。

采用真空吸附夹紧方式进行装夹，其原理（见图 5-4）是：通过真空发生器并经真空管抽真空和密封板、密封条等密封件的密封作用，使夹具的密闭空腔产生真空，依靠大气压将工件压紧。

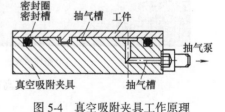

图 5-4 真空吸附夹具工作原理

采用真空吸附所获得的夹紧力

$$W = S(P_A - P_0) \tag{5-1}$$

式中  $W$——夹紧力，单位为 N；

  $S$——吸附腔的有效面积，单位为 $m^2$；

  $P_A$——大气压强，单位为 Pa；

  $P_0$——腔内剩余压强，单位为 Pa。

从图 5-4 可以看出，真空吸附夹紧方式的压力分布均匀，在同等压力差情况下，薄板的底面积越大，夹紧力也越大，因此真空吸附夹具适用于夹紧大平面薄板类零件。

开启真空发生装置后，根据真空压力表的读数，在规定时间使工装抽气槽的压力达到规定值。薄板毛坯加工时由于表面常有缺陷、不平整，因此初次装夹时，可在薄板工件四周涂抹油脂密封，或者采用较粗的密封条，以防止真空度不够，工件吸附不牢固。加工一个面后将定位面擦干净，再加工另一平面即可。也可采用虎钳装夹或组合夹具等夹紧方式装夹，加工完一个基准平面后，保证平面度在 0.25mm 内再使用真空吸盘装夹，以确保吸附牢固。

使用真空吸附夹具需注意以下几点：

1）刀具转速越高，工件受到的切削力越小。因此，在机床允许的情况下，尽量采用高转速。

2）在刀具切削深度较小的情况下，工件受到的切削力同样会小。加工时，尽量选用小切削深度、高进给方式来提高加工效率。

3）选用加工刀具时，可选用较小、锋利的铣刀加工，以减少零件受力，防止零件松动。

4）零件吸附面积小时，可以采用侧面辅助挤紧的方式结合使用。还可以结合零件的形状定制专用的吸附夹具，包括数控车床专用真空吸盘。

由于铣削缝隙后，整体不再密闭，因此不能继续采用真空夹具装夹。我们初步拟定的方案为整体压板装夹（见图 5-5a），采用该方案装夹加工后，缝隙深度加工超差严重。经分析，由于加工过程中零件刚度逐步变差，所以使零件中间部分变形无法控制。

根据零件结构特点，对整体装夹方法进一步优化，采用分区域装夹、分区域加工的思路，如图 5-5b 所示。在加工Ⅱ区时，沿Ⅱ区边缘装夹，Ⅰ区属于装夹区。加工Ⅰ区时，沿Ⅰ区边缘装夹，Ⅱ区属于装夹区。这样可以缩小无直接装夹力的区域，减小加工变形。但加工后发现仍部分存在缝隙深度加工超差情况，不能完全满足设计要求。

通过对以上装夹方案的分析和加工验证，对于这种典型弱刚度零件，采用压板装夹方式，因为其装夹施力点有限，无法有效控制加工中的变形，难以满足高精度的加工要求，所

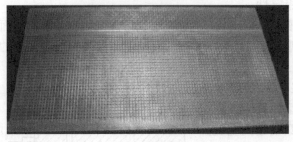

a) 整体装夹　　　　　　　　　　　　　　　b) 分区域装夹

图 5-5　高速铣削缝隙整体及分区域装夹示意

以重新考虑采用装夹夹具装夹，针对真空装夹要求，将毛坯尺寸放大，在缝隙加工范围周边设置真空装夹区域，如图 5-6 所示。

　　这种方案增大了装夹施力面积，零件四周整体受力，使零件整体全部贴合于装夹台面上，克服了因零件装夹应力及加工应力而引起的变形，保证了缝隙深度的加工精度。

图 5-6　高速铣削缝隙真空整体装夹现场

**3. 切削参数优选**

天线阵面板所有结构部全部采用高速加工，利用其小切削深度、快速进给的特点，既能够减小切削变形，又克服了防锈铝合金的"粘刀"现象，同时形成较小的毛刺。

在加工宽度为 3mm 的波导槽时，将粗加工、精加工分开，开始选用的切削参数及切削路径见表 5-1，加工总用时 15h。

表 5-1　波导槽切削参数及切削路径（原方案）

| 加工类别 | 刀　具 | 转速 /(r/min) | 切削深度 /mm | 进给速度 /(mm/min) | 切削路径 |
|---|---|---|---|---|---|
| 粗加工 | D2.5 | 23000 | 0.25 | 3000 | 满刀往复切削方式，单边留精加工余量 0.25mm |
| 精加工 | D2 | 25000 | 0.3 | 3000 | 单边分层切削方式 |

为提高加工效率，对切削参数进行了优化，见表 5-2，加工总用时缩短为 9.5h。

表 5-2　波导槽切削参数及切削路径（优化后）

| 加工类别 | 刀　具 | 转速 /(r/min) | 切削深度/mm | 进给速度 /(mm/min) | 切削路径 |
|---|---|---|---|---|---|
| 粗加工 | D2.5 | 23000 | 0.25 | 3500 | 单边分层切削方式，单边留精加工余量 0.05mm |
| 精加工 | D2 | 25000 | 1.3 | 2500 | 单边分层切削方式 |

加工宽度为 0.8mm 的缝隙时，此时加工区域已成壁厚为 0.75mm 的方管状，虽经灌注石蜡，但由于缝隙数量太多，且材料为防锈铝合金，为控制加工变形、保证加工精度，同时

获得较小的毛刺，采用小刀具、小切削深度的加工方法，选用 OSG 带氮化钽（TaN）涂层 D0.5 刀具，切削参数如下：转速 30000r/min，切削深度 0.05mm，进给速度 500mm/min，加工用时 30h。

为缩短加工时间，我们又进行了改进，选用 D0.7 的刀具进行加工，切削参数如下：转速 30000r/min，切削深度 0.05mm，进给速度 500mm/min，加工用时 23h。

**（三）薄板类零件加工变形的解决方法**

通过对天线阵面板类零件的加工案例分析和其他类型的薄板类零件的加工实践，可以看出，通常板料在下料剪切后会导致材料的形变，在板料表面产生压应力，其心部呈拉应力状态，切削加工该类零件时其内应力将产生变化，极易引起薄板类零件的翘曲变形。针对此类现状，提出下面的工艺解决方案。

**1. 热处理**

为了避免板类零件加工后的变形，通常会在原材料下料后和加工前进行热处理，来消除内应力。消除材料残余应力的热处理方法有：退火、正火、时效处理以及急热急冷处理。

对结构复杂、精度要求较高的工件，在粗加工、精加工后安排热处理的同时，也可以增加半精加工、精加工后的稳定化热处理工序，防止工件在装夹、半精加工后发生细微的尺寸变化。工序过程简述如下：粗加工→热处理→（半精加工→热处理→稳定化热处理）→精加工→（稳定化热处理）。

**2. 冷处理**

现有的冷处理方法通常有校平和振动时效。

校平是一种用来解决工件加工变形的方法，通过施加外力对工件变形进行校平并释放内部的残余应力。一般采用人工或校平机进行校平，对于板类零件采用专业的校平机效率较高。

振动时效是一种消除内部残余应力的方法，是通过振动，在工件内部残余应力和附加振动应力的作用下，使材料发生微量的塑性变形，从而使材料内部的内应力得以松弛和减轻，最终达到防止工件变形、稳定工件尺寸和几何精度的目的。相比热处理工艺，具有节能、生产周期短、生产费用低等优点，振动时效处理后的工件力学性能和可加工工艺性显著提高。

**3. 改进加工方法**

针对薄板类零件的加工，在长期的实践中总结了有效的加工方法和工艺路线，可有效控制加工后零件的变形。

1）在加工厚度方向时，可采取余量均等反复加工两面的方法，在加工余量一定的情况下，单个面加工切削量越少，两面反复加工的次数越多，则切削加工时的切削力也越均等，产生的变形量就越小。

2）加工过程中充分浇注切削液，优选内冷切削方式和微量润滑方式，可有效地减小因切削热而导致的加工变形。

3）在薄板类零件加工时，可根据零件的结构选择刚度较好的装夹位置、增加压紧点和辅助支撑来有效地控制加工变形。如图 5-7 所示，加工周边外形时，可在周边周圈处黑点位置适当增加装夹位置，提高零件的均匀受力和装夹面积。

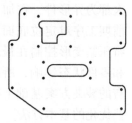

图 5-7 装夹位置

**4. 高效刀具的应用**

由于薄板零件加工刚度较差，兼顾精度和效率，应合理选择刀具。选用原则：选择直径较小的加工刀具；选择刃口锋利、螺旋角较大的刀具。

合理选择切削用量，可降低切削力、减少切削热。在切削用量的三要素中，背吃刀量对切削力的影响较大。在铝合金薄板型腔加工时，如果采用每个型腔依次加工的方法，容易使型腔壁因受力不均匀而产生变形。采取分层多次加工法，将所有型腔分成若干个层次，逐层依次加工直至最终尺寸。在粗加工阶段，铣削采用高转速、高进给和分层多次切削的加工方法。

**5. 装夹方法**

传统的装夹方法已不太适合对薄板类高精密零件进行加工，可采取真空吸附、冰固装夹、石蜡热装法和热熔胶粘接等无应力的装夹方法，以此避免零件在加工过程中由于装夹压应力而造成的变形。

**（四）意义**

通过对装夹方法、切削参数和工艺方案的研究和不断改善，突破了薄板类零件的装夹技术瓶颈，保证了加工质量，降低了加工成本，在弱刚度薄壁零件加工中具有重要的推广意义。

## 二、高精度零件无应力冰固装夹加工操作法

### （一）高精度零件无应力冰固装夹加工操作法介绍

**1. 项目介绍**

武器装备向轻量化、集成化发展是必然趋势，因此光电产品必将会进一步应用更多的高精度结构件和集成件，以提高武器装备的观瞄精度。冰固装夹（见图5-8）操作法是基于产品批量生产中，制约观瞄系列产品中铝合金高精度结构件加工质量和无装夹应力精加工的全新装夹方式，降低了加工成本，缩短了生产周期。该项成果大胆地将冰冻技术应用在装夹领域，在保障企业新品研发和薄壁高精度产品零件的加工过程中提供了全新的加工模式。

**2. 项目研究现状**

光电产品领域许多高精度零件（见图5-9）存在着大量平面度在0.008mm内的配合面和几何公差0.015mm的部位，很多关键重要零件尺寸精度和几何公差要求特别严格，尺寸有时多达百个，精度都在IT5~IT7，由于产品大都为异形件，在加工过程中受条件限制，需要大量的前期工序对定位底面反复加工控制，以期在装夹压板时将压紧变形控制在最理想的状态。由于受很多人为因素和零件状态影响，所以造成最终关键尺寸的超差。在已有的装夹方案基础上对其进行改进、大胆创新是装夹工艺优化的基本方法。

图 5-8 冰固装夹

### 3. 项目研究的目的和意义

该操作方法的应用，为类似零件的加工和特殊复合材料的多次磨削提供了很好的借鉴作用，对零件的加工质量和科研新品的生产试制能力的提高，产生了较大的推动作用，特别是对难装夹、难定位的高精度薄壁框架零件的加工，以及针对碳化硅（见图5-10）等易碎特殊高成本材料的加工与磨削，更能体现出该操作方法的优越性。

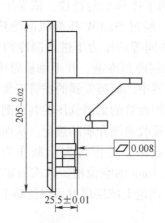

图 5-9　高精度零件

图 5-10　碳化硅材料

### （二）项目的研究思路

#### 1. 冰固装夹研究思路

冰固无应力装夹方法的研究思路就是如何使高精度零件在既可以固定又不受装夹压紧力作用的状态下完成加工。项目的思路来源自冰箱冷冻室被冻住的制冰盒，利用冰的这种卓越的黏合性，几乎可以黏合任何材料，包括刚性的金属、玻璃和柔性的橡胶等材料，将需要加工的零件安装在涂有水的特制夹具台上，半分钟即可定位固定零件（见图5-11），黏附力可靠，直接可以加工零件。由于零件在低温状态可以传导大量的切削热，所以可以省去切削液，达到安全绿色生产。该装夹方式无疑打破了传统的思维模式，为高精度产品的加工提供了全新装夹模式。

图 5-11　冰固零件

#### 2. 与国内外同行业对比

根据查阅资料，该冰固装夹技术在法国航空有应用，但是由于技术封锁，冰盘夹具的售价高达几十万元，所以在国内基本没有推广应用。笔者走访了很多航空、航天企业，都没有应用此项技术，而平光的冰冻夹具通过大胆创新与试验，制造成本是国外的1/10，该技术的应用可以提高产品的高精度加工需求，缩短工艺准备时间，同时可节约大量的工具工装工艺准备时间，因此该技术在国内应用前景广阔。

### （三）项目创新技术原理与方案

#### 1. 项目的技术原理

为了解决高精度零件加工时因零件底平面精度不足而造成的装夹变形问题，采用将水冰固的方法。该方法对零件的底面精度无任何要求，装夹时自由状态放置，通常底面主定位加两侧边辅助定位的定位方法限制零件自由度，然后利用冰盘冷冻 1min 凝固后即可加工，固定强度达到 15kgf/cm²（约 1.5MPa）。同时，工件由于没有附加的外力限制，因此能在加工时处于一种相对自由的状态，使加工后的零件变形几乎为零。

冰固夹具的工作原理：如图 5-12 所示，冰固盘利用了冰和水的特性，依靠压缩机实现水到冰的转化，其基本原理是低温低压的制冷剂蒸汽，经过 5000W 压缩机的绝热压缩后，最终变成了高温高压的蒸汽，并导入进入冷凝器中，在同等的压力下进行制冷剂蒸汽的冷凝，同时向周围的介质进行散热，将其变成高压低温的制冷剂冷液，在毛细血管中节流后，再将其转变成为低温低压的制冷剂蒸汽，然后送入蒸发器中。而蒸发器的铜管安装在工作台里面铣削好的规则槽里，并用保温材料封装好，通过毛细血管的低温低压的制冷剂蒸汽在蒸发器等压的条件下使其沸腾，制冷剂蒸汽在沸腾过程中吸收周围介质的热量，从而使铝合金工作台达到快速制冷的效果。为了达到更好的应用效果，工作台大小制作为 600mm×400mm，为了更好地黏附零件，上面铣出宽 2mm、深 0.5mm 的空位槽。冰冻固定方法（见图 5-13）是靠冰将待加工工件和冰冻台面固定在一起，理论上冰层厚度可以忽略不计。

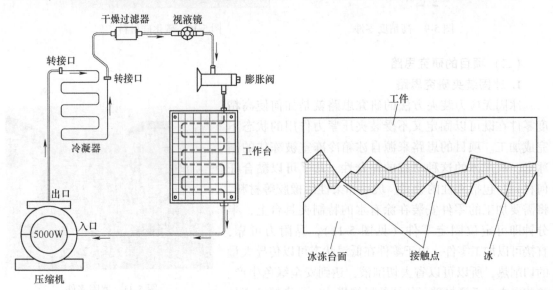

图 5-12　冰固夹具的工作原理　　　　　　图 5-13　冰冻固定方法

#### 2. 项目的研究过程

（1）切削力的计算和冰固试验数据　根据切削经验公式计算所需压紧力，即

$$F_x = 0.605 a_p^{0.49} a_e^{0.45} v_c^{0.53} f_z^{0.63} z \tag{5-2}$$

$$F_y = 0.124 a_p^{0.75} a_e^{0.34} v_c^{0.83} f_z^{1.15} \tag{5-3}$$

$$F_z = 1.940 a_p^{0.92} a_e^{0.41} v_c^{0.25} f_z^{1.17} z \tag{5-4}$$

式中　$F_x$——$x$ 方向压紧分力，单位为 N；

$F_y$——$y$ 方向压紧分力，单位为 N；

$F_z$——$z$ 方向压紧分力，单位为 N；

$a_p$——切削深度，单位为 mm；

$a_e$——切削宽度，单位为 mm；

$v_c$——切削速度，单位为 mm/min；

$f_z$——进给量，单位为 mm/齿；

$z$——铣刀齿数，单位为齿。

按照精加工的普遍切削用量，假如设定 $a_p = 2$mm、$a_e = 2$mm、$v_c = 200$mm/min、$f_z = 0.1$mm/齿及 $z = 3$ 齿，带入式（5-2）～式（5-4）可以计算出铣刀在加工过程中的 3 个方向的分力：$F_x = 13.532$N、$F_y = 4.555$N、$F_z = 3.72$N。根据相关公式计算出切削力的大小，也就得出该零件所需固紧力必须大于所产生的切削力，固定强度达到 15kgf/cm$^2$，此力远大于铣削过程中的各方向的分力，所以此数据为零件装夹提供了可靠的数据支撑。冰固夹具与其他夹具的优缺点对比见表 5-3。

表 5-3 冰固夹具与其他夹具的优缺点对比

| 夹具类型 | 工件特征 | | | 固定强度 /（kgf/cm$^2$） | 单次固定时间 /min |
| --- | --- | --- | --- | --- | --- |
| | 外 形 | 尺寸 /（mm×mm） | 材 质 | | |
| 冰固夹具 | 不限 | <600×400 | 不限 | 15 | <1 |
| 真空吸盘 | 固定面必须为平面且不能漏气 | 较大 | 不适合柔性材料固定 | 1 | <1 |
| 组合夹具 | 不限 | 不限 | 不适合脆性材料 | 1 | <5 |

注：1kgf/cm$^2 \approx 0.098$MPa。

（2）高精度无应力冰固装夹操作法应用案例　导引头陀螺关键零件外环如图 5-14 所示。

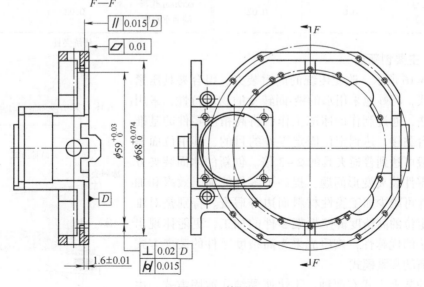

图 5-14 外环

该零件的材料为铸造铝合金 ZL111，前道工序进行了稳定化处理，精加工余量 0.15mm，零件要求在立式加工中心上装夹加工而成，其中上表面要求平面度 0.007mm，与下端面的平行度为 0.015mm，φ59mm 孔与基准面的垂直度 0.02mm，因此要求零件在装夹时不能有任何变形，否则很难保证图样精度。根据工艺要求，在前期对零件底面进行研磨，要求保证平面度 0.007mm 以内，但由于钳工操作人员的技能水平参差不齐，造成研磨后的平面度精度很不稳定，需要在三坐标测量机上反复测量和研磨，费工费时。经过创新攻关，采用冰固装夹法成功解决了这一难题，也避免了反复倒换压板造成的上表面平面度（0.007mm）不合格的问题。

图 5-15　外环零件定位与冰冻装夹的状态

该零件定位与冰固装夹的状态如图 5-15 所示。在同一工装上采用组合夹具压板压紧加工和冰固无应力装夹加工效果对比见表 5-4，从中可以看出，冰固法装夹的加工精度非常稳定，而压板拉紧装夹加工的加工结果由于受到了底面平面度精度的影响，尺寸非常不稳定，有 20% 的零件平面度和垂直度超差。

表 5-4　组合夹具压板压紧加工和冰固无应力装夹加工效果对比　（单位：mm）

| 组合夹具压板压紧加工 | | | 冰固无应力装夹加工 | | |
|---|---|---|---|---|---|
| 项目 | 设计图样要求 | 加工结果 | 项目 | 设计图样要求 | 加工结果 |
| 平行度 | 0.015 | 0.013~0.02 | 平行度 | 0.015 | 0.012 |
| 平面度 | 0.007 | 0.01~0.03 | 平面度 | 0.007 | 0.006 |
| φ59mm 孔与端面垂直度 | 0.02 | 0.02 | φ59mm 孔与端面垂直度 | 0.02 | 0.008 |

### （四）主要创新点

如图 5-16 所示，改变传统的虎钳装夹、组合夹具压紧的装夹方式，巧妙地采用水的液-固转变的物理特性，采用冰固装夹法，通过制作的冰冻工作台将高精度零件的基准面与工作台黏接，达到定位固定零件的目的，其单位面积固紧力一般可达到普通夹具的 2~3 倍。创新的冰固装夹方式解决了零件装夹变形问题，提高了零件的加工效率和加工质量，并可减少加工脆性材料崩边等瑕疵。特别是对难装夹、难定位的高精度薄壁框架零件的加工，更能体现出该操作方法的优越性，该项成果为高精度零件的装夹方式提供了全新的夹紧模式。

创新的装夹方式有两种：①快速黏结式冰固方式。主要用于平面定位的工件固紧，通过专用夹具的设计也可用

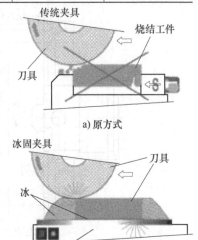

a）原方式

b）新方式

图 5-16　改变传统装夹方式

于外圆及内孔定位的工件固紧，工作台温度在-10~-5℃时，固紧时间在 1min 内即可将零件黏固，由于加工过程中冰冻夹具处于低温状态，加工时的切削热可以及时地通过冰冻盘释放，一定程度上降低了加工的刀具损耗，并可提高产品的加工表面质量；②整体冻结式冰固装夹。当工件没有规则的表面可供定位时，可采用将工件与夹具水槽整体冷冻的方式，而后进行切削加工。

### （五）应用和推广情况

该操作法在工作室团队的创新努力下，冰冻盘的样机经过应用，解决了很多因装夹造成的加工尺寸不合格的疑难问题，提高了该类零件的加工质量和加工效率，缩短了生产周期。

高精度零件无应力冰固装夹操作法如果推广到兵器制造的相关领域，将在缩短新品研制周期、提高军工产品加工品质和效率方面起到积极的推动作用。

### （六）经济及社会效益

目前，我国的光电产品、航空、航天产品已逐渐步入高密度应用时期，高精度产品的制造需求量逐年递增，使得企业需要大幅度提高产能，其中最主要的途径就是缩短生产周期和提高产品质量。冰固无应力装夹方式成为解决工艺装夹难题的有效途径，太赫兹技术的应用对碳化硅材料的需求大量增加，该装夹技术可以解决碳化硅磨制环节的装夹崩边报废问题，节约大量资金。该装夹方法发展前景广阔，其工艺路线和加工方法可作为此类零件的加工范本，供借鉴和延伸，将带来较好的社会效益。

## 三、高效空心环切加工圆柱台操作法

### （一）介绍

电器箱体型腔内常铸造有几组圆台，用于安装印刷线路主板，由于铸造误差和加工累积误差，数控加工安装螺纹孔与铸造圆台的不同心现象较多，如果螺纹孔与圆台偏心较大，会导致印刷线路连电短路。通常采用：分层铣削圆台外围，去除偏心多余部分；如果圆台接近型腔侧壁，则用电脉冲方法找正、清理圆台偏心部位。

以上方法加工效率较低，还会出现细高圆柱体铣削折断和铸件夹砂造成电脉冲不导电等问题。

用电加工法改制空心环切棒铣刀，保证铣刀沉孔与圆台直径相等、同轴。数控机床执行 G83 啄钻指令，棒铣刀底齿铣削圆台周圈，将与螺纹孔偏心的多余部位清除。

以图 5-17 所示零件为例：该零件是铸造铝合金电器箱体，型腔内有 29 处圆台，分别是 $25\times\phi7mm$ 台高 10mm，$2\times\phi5mm$ 台高 10mm，$2\times\phi4mm$ 台高 6mm。其中 $\phi4mm$、$\phi5mm$ 圆台刚度差，分层周圈铣削效率低、易折断；有 9 处 $\phi7mm$ 圆台距离型腔侧壁较近，不能选择周圈铣削。

### （二）解决方案

设计制作不同电脉冲纯铜电极，采用电加工法改制各类空心环切铣刀。

1）考虑电极放电间隙，制作纯铜 T2 电极：$\phi3.6mm$ 长 30mm；按图 5-18 加工高速钢改制棒铣刀 I，保证电加工孔 $\phi4mm$ 深 8mm 与铣刀杆 $\phi12mm$ 同轴。

按图 5-17 所示，数控机床执行 G98 G83 啄钻指令，铣刀底齿铣削 $2\times\phi4mm$ 圆台，台高 6mm，将圆台与螺纹孔偏心的多余部位清除。

2）考虑电极放电间隙，制作纯铜 T2 电极：$\phi6.5mm$ 长 35mm；按图 5-19 加工高速钢改

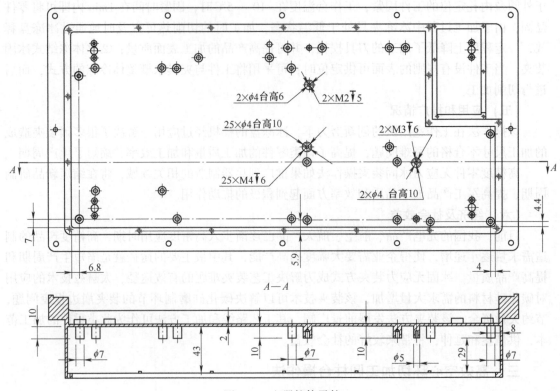

2×φ4台高6　　2×M2▽5

25×φ4台高10

2×M3▽6

25×M4▽6

2×φ4 台高10

*A—A*

图 5-17　电器箱体零件

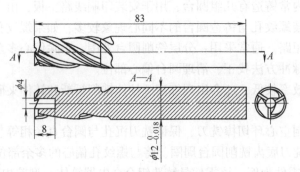

图 5-18　改制棒铣刀Ⅰ

制棒铣刀Ⅱ。

先用双顶尖定位磨制外圆 φ6mm，保证与铣刀头 φ12mm 同轴，再用电极粗加工、精加工沉孔，保证电加工孔 φ7mm 深 12mm 与铣刀杆 φ6mm 同轴。

按图 5-17 所示，在加工右下部 4 处接近型腔侧壁的 φ7mm 圆台时，数控机床先设定远离型腔沿口 10mm，Z 轴 G00 快速下降到铣刀底齿高于圆台顶面 2mm 处停止，然后

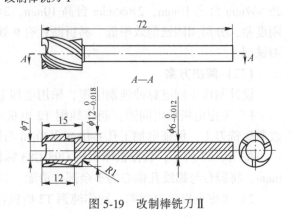

图 5-19　改制棒铣刀Ⅱ

执行 G01 指令，刀具按 X 或 Y 方向慢速移动到 $\phi$7mm 圆台正上方。此时数控机床执行 G99 G83 啄钻指令，G83 指令加工圆台结束后铣刀返回到 R 参考平面（即：铣刀底齿高于圆台顶面 2mm 处），再执行 G01 指令，刀具按 X 或 Y 方向慢速移动远离型腔沿口，最后执行 Z 方向 G00 指令快速抬刀。

因为圆台中心距型腔沿口最近距离为 4mm（4mm×2 = $\phi$8mm），型腔内部较大（圆台中心距型腔内侧壁最近为 8mm），所以改制的铣刀杆 $\phi$6mm 和铣刀头 $\phi$12mm 不会与零件侧壁发生碰撞。此时禁止使用 G98 指令，因为钻孔结束后铣刀要快速返回到起始平面，铣刀头 $\phi$12mm 将与型腔沿口发生碰撞，造成零件报废、刀具损坏。其余 21 处 $\phi$7mm 圆台中心距型腔沿口 > 6mm（6mm × 2 = $\phi$12mm），数控机床可以执行 G98、G83 啄钻指令，将圆台与螺纹孔偏心的多余部位清除。

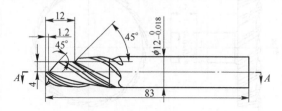

3）按图 5-20 电加工高速钢改制棒铣刀Ⅲ。

首先用线切割加工台阶面，保证尺寸 1.2mm、12mm、4mm 以及角度 45°；考虑电极放电间隙，制作粗加工纯铜 T2 电极：按 $\phi$4.5mm、长 35mm 加工 U 形槽，再按图 5-21 考虑电极放电间隙，制作倒锥度纯铜 T2 电极，精加工倒锥 U 形槽，按图 5-20 所示圆弧 $\phi$5mm 与刀杆 $\phi$12mm 同轴。将空心环

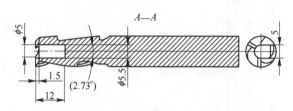

图 5-20　改制棒铣刀Ⅲ

切刀具加工成倒锥形孔是为了减小刀具孔壁与圆台柱面的摩擦力，防止细长圆台因摩擦发热而折断。

图 5-19 中 $\phi$7mm、深 12mm 沉孔也可以加工成倒锥形。因为孔较大，可以先按图 5-19 加工直孔，再用图 5-22 的电极插入到孔底，按 X、Y 坐标各移动加工 ±0.35mm（$\phi$6.8mm + $\phi$0.35mm×2 = $\phi$7.5mm），即可以加工成孔底 $\phi$7.5mm、孔口 $\phi$7mm 的倒锥孔。在实际使用中，$\phi$7mm、深 12mm 直孔改制刀具，能满足加工要求，$\phi$7mm 圆台没有出现折断现象。

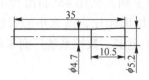

图 5-21　倒锥度纯铜电极Ⅰ

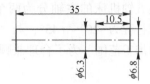

图 5-22　倒锥度纯铜电极Ⅱ

**（三）实施效果**

图 5-17 所示为某铸造铝合金电器箱体零件，改进前采用分层周圈铣削圆台和电脉冲找正加工型腔内 29 处圆台，合计加工时间 210min；改进后使用改制刀具，数控机床采用啄钻方法加工型腔内 29 处圆台，合计加工时间 12min，提高效率 17.5 倍。

**（四）应用及拓展范围**

改制的空心环切铣刀适用于深腔铣削圆台和接近型腔侧壁的圆台加工，也可以铣削较深

的环形槽。

购置通用带底齿的 T 形刀（见图 5-23），按需要电加工 $\phi72mm$ 沉孔，并按需要用磨床改制 $\phi78mm$ 外圆，改制后可以铣削 $\phi78mm$、宽 3mm、深 9mm 的环形槽。

如果有磨刀机，环切铣刀可以按图 5-24 所示用高速钢加工成形，左端局部淬火，用磨刀机底齿开刃，即可轴向切削使用。

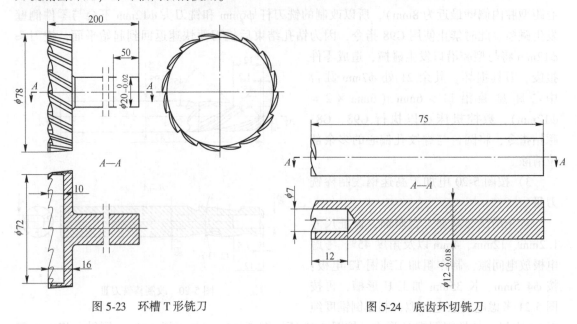

图 5-23　环槽 T 形铣刀　　　　　　　图 5-24　底齿环切铣刀

改制的系列空心环切铣刀通过实际应用，切削效果良好，刀具改制时间短、成本低，适用于单件小批量新品研制阶段应急临时改制使用，解决了购置专用铣刀成本高、周期长的问题。

## 四、互补式立卧转换五轴数控机床后置处理

### （一）立卧转换互补加工原理

立卧转换五轴机床的主轴分为两个：立主轴和卧主轴，利用 45° 斜滑台的滑动交替使用。工作台的行程为 $-20° \sim +45°$，与"摇篮式"五轴机床相比，这么小的行程极大程度地局限了机床的加工范围。为了合理兼顾机床刚度和加工范围，数控系统厂商采取了互补加工的办法。

### 1. 平面互补加工

平面的法向矢量在 $-20° \sim +45°$ 时，可以使用立主轴驱动旋转刀具加工零件，数控坐标平面为 XY 平面，由 Z 轴带动立主轴实现加工运动；当平面的法向矢量 $>+45°$ 时，则使用卧主轴驱动旋转刀具加工零件，数控坐标平面为 ZX 平面，由 Y 轴带动卧主轴实现加工运动，如图 5-25、图 5-26 所示。

虽然立主轴和卧主轴的交换是由 45° 斜滑台的滑动来完成转换动作的，但是在转换前后，因立主轴和卧主轴始终呈正交方式存在，所以立卧转换机床仍然属于正交机床。

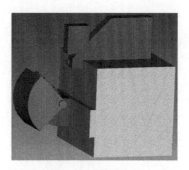

图 5-25 立主轴加工

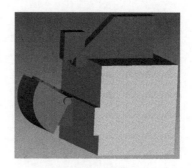

图 5-26 卧主轴加工

由于立主轴和卧主轴的第四轴加工范围都是-20°~+45°，所以法向矢量>+45°超出立主轴加工范围的平面特征却正好落入卧主轴的加工区间。例如：立主轴加工不了的法向矢量为46°的平面，正好可以把第四轴旋转到44°用卧主轴来完成加工；立主轴加工不了的法向矢量为110°的平面，正好可以把第四轴旋转到-20°用卧主轴来完成加工。这就相当于把第四轴的行程增加了65°，从而与"摇篮式"五轴机床的加工范围不相上下。

**2. 互补加工的几何解析**

一般双转台五轴机床的后置处理主要是靠第四轴与第五轴偏置表中的数据来实现的，只要在偏置表中填入正确的偏置数据即可。但是在互补加工时，偏置数据只有在立主轴加工第四轴矢量范围在-20°~+45°时有效。当第四轴的矢量>45°时（即变换成卧主轴加工零件时），就不可以使用由偏置表中数据算出来的坐标。例如：当第四轴矢量需要是46°时，立主轴已经不能胜任，而是需要用卧主轴来加工第四轴矢量为44°的点。这时后置处理生成的X、Y、Z坐标是以第四轴为46°计算出来的，与编程人员所需要的第四轴为44°的坐标截然不同。因此，要想得到正确的坐标点，必须给后置处理器赋予一定的计算方法。

**3. 主轴的处理**

NX软件编程中，一个操作只用一把刀具，一般的后置处理也只生成一次换刀代码。但是，在立卧转换联动加工时，却需要在一个操作中生成若干多次换刀代码，只要第四轴矢量>45°就需要一次卧轴更换代码，<45°就需要一次立轴更换代码，所以妥善处理主轴是立卧转换后置处理必不可少的一件大事。

**（二）立卧转换几何分析**

根据互补加工的原理，第四轴旋转角度>45°时需要卧轴加工，且第四轴摆动角度互补为"90°-第四轴旋转角度值"，第五轴旋转角度互补为"180°+第五轴旋转角度值"。那么，只要按照互补后第四轴旋转角度值和第五轴旋转角度值求出其对应的三个线性轴（X、Y、Z）坐标，立卧转换加工即可实现。现在来分析一个随机点在确定了第四轴旋转角度值和第五轴旋转角度值后其对应线性坐标的几何转换过程。

观察图 5-27，已知 $O_1$ 点与 $O_2$ 点在Y方向的距离是165.007mm，在Z方向的距离是125.138mm；$\angle AOB$ 为互补后的第五轴旋转角度，$\angle BO_1C$ 为互补后的第四轴旋转角度。将图 5-28 中的XY平面看作第五轴（C轴）的旋转平面，将图 5-29 中的YZ平面看作第四轴（A轴）的摆动平面，A点作为随机点，则A点的坐标转换计算步骤如下。（为了方便书写，将某一点的X方向坐标记为点x，Y方向坐标记为点y，如：A点X方向坐标记为 $A_x$。）

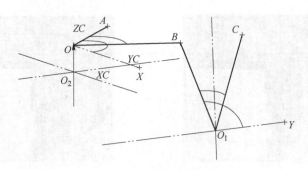

图 5-27　轴测

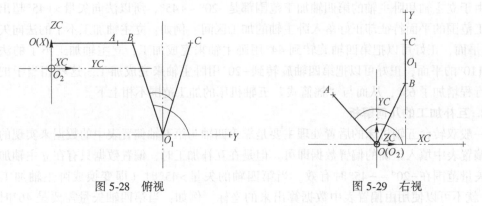

图 5-28　俯视　　　　　　　　　　　　　图 5-29　右视

1）从图 5-28 中求出 $A$ 点绕 $XY$ 平面旋转 $\angle AOB$（第五轴旋转角度）后的 $B$ 点坐标，则

$OA = OB = \text{SQRT}\ (A_yA_y + A_xA_x)$

$\angle AOX = \text{atan}\ (A_y/A_x)$

$\angle BOX = \angle AOX - \angle AOB$

$B_x = OB\cos\angle BOX$

$B_y = OB\sin\angle BOX$

$B_z = A_z$

2）将 $B$ 点转换到以 $O_1$ 为坐标原点的 $YZ$ 平面，用 $B_{x1}$、$B_{y1}$、$B_{z1}$ 表示，则

$B_{x1} = B_x$

$B_{y1} = B_y - 165.007$

$B_{z1} = B_z + 125.138$

3）求出 $B$ 点绕 $YZ$ 平面摆动 $\angle BOC$（第四轴摆动角度）后的 $C$ 点坐标，则

$O_1B = \text{SQRT}\ (B_{y1}B_{y1} + B_{z1}B_{z1})$

$\angle BO_1Y = \text{atan}\ (B_{z1}/B_{y1})$

$\angle CO_1Y = \angle BO_1Y - \angle BO_1C$

$C_x = B_{x1}$

$C_y = O_1B\cos\angle CO_1Y$

$C_z = O_1B\sin\angle CO_1Y$

4）将 $C$ 点坐标转换回以 $O_2$ 为坐标原点的原始坐标系，用 $C_{x1}$、$C_{y1}$、$C_{z1}$ 表示，则

$$C_{x1} = C_x$$
$$C_{y1} = C_y + 165.007$$
$$C_{z1} = C_z - 125.138$$

$C_{x1}$、$C_{y1}$、$C_{z1}$的值即为随机点 $A$ 的最终坐标。

**（三）利用 UG 软件的立卧转换机床后置处理编写**

以 Heidenhain 数控系统为例进行后置处理编写。

1）新建双转台五轴后置处理，设置旋转轴参数，将第四轴的行程范围设置为-20°~+110°，第四轴的行程设置为-360°~360°，清除换刀事件的所有用户定义程序和指令行，如图 5-30 所示。

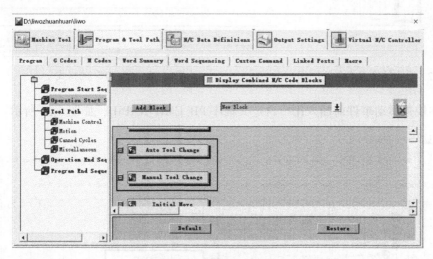

图 5-30　清除换刀事件

2）点击 N/C Data Definitions、**Create**，新建如图 5-31 所示的立主轴换刀指令条 tool_change_1。同样的方法新建卧主轴换刀的指令条 tool_change_2，tool_change_2 的内容如图 5-32 所示，其中字"T"的格式定义如图 5-33 所示。

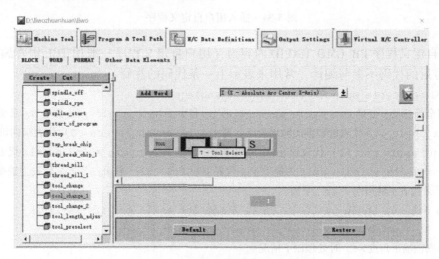

图 5-31　新建立主轴换刀指令条

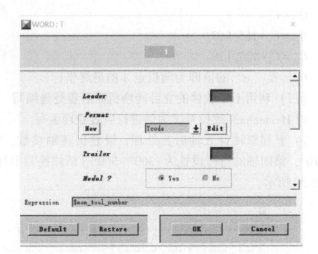

图 5-32　卧主轴换刀指令条　　　　　　　图 5-33　字"T"的格式

3）在快速运动事件前插入用户自定义程序 PB_CMD_RAPID，如图 5-34 所示。

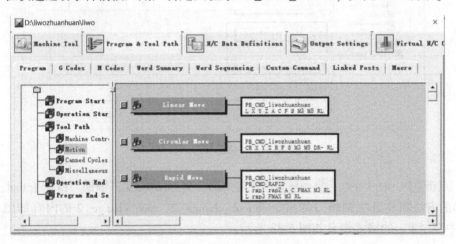

图 5-34　插入用户自定义程序

用户自定义程序 PB_CMD_RAPID 内容为（用户自定义程序一般用 TCL 语言编写，TCL 语言中#号后的代码不参与编译，常用来表示上一条代码的注释）：

```
global mom_cycle_spindle_axis mom_out_angle_pos
```
# 申明全局变量。变量 mom_cycle_spindle_axis 和 mom_out_angle_pos 都是 NX 系统变量。变量 mom_out_angle_pos 代表旋转轴的输出角度，其中 mom_out_angle_pos（0）代表第四轴的输出角度，mom_out_angle_pos（1）代表第五轴的输出角度；变量 mom_cycle_spindle_axis 代表主轴的坐标方向，mom_cycle_spindle_axis 的值等于 0 代表主轴指向"$YZ$"平面，等于 1 代表主轴指向"$ZX$"平面，等于 2 代表主轴指向"$XY$"平面

```
if { $ mom_out_angle_pos (0) > 45 && $ mom_out_angle_pos (0) <= 110 }
{
```
# 当第四轴输出角度>45°时处理以下情况
```
set mom_cycle_spindle_axis 1
```

```
#将主轴指向" ZX "平面
WORKPLANE_SET
RAPID_SET
```

# 执行程序 WORKPLANE_SET 和 RAPID_SET。这两个程序段默认存储在 NX 安装目录 \NX 8.5 \MACH \resource \postprocessor \ugpost_base.tcl 文件中，可以直接调用。WORKPLANE_SET 程序处理平面转换事宜，RAPID_SET 处理快速运动时的平面转换事宜

```
MOM_force Once Y
```

# 强制输出一次 Y 坐标

```
    } else {
        set mom_cycle_spindle_axis 2
        WORKPLANE_SET
        RAPID_SET
        MOM_force Once Z
    }
```

# 如果第四轴输出角度<45°时，将主轴指向" XY "平面

有了用户自定义程序 PB_CMD_RAPID，后置处理就能在立卧转换时自动按不同的坐标平面处理双转台机床的快速运动事件，如图 5-35、图 5-36 所示。

4）修改快速运动事件、线性运动事件的第四轴、第五轴输出字。

将快速运动事件、线性运动事件的第四轴、第五轴输出字即 A、C 删除，点击 ▲、**New Address**，如图 5-37 所示，增加新的 A、C 字，将 A、C 字的格式改为"coordinate"，A、C 字的表达式改为" $ A、$ C"，如图 5-38 所示。

图 5-35 立轴程序

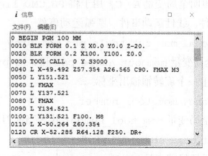

图 5-36 卧轴程序

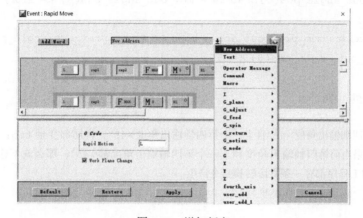

图 5-37 增加新字

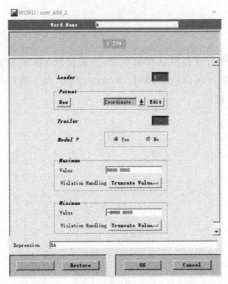
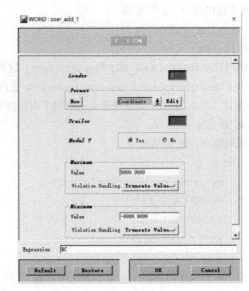

a) 改变A字的含义      b) 改变C字的含义

图 5-38　改变 A、C 字的含义

5）在快速运动事件、线性运动事件、圆弧运动事件前插入用户自定义程序 PB_CMD_li-wozhuanhuan，如图 5-34 所示，并输入如下内容：

```
global A C
```
# 申明全局变量 A、C，用于将 PB_CMD_liwozhuanhuan 中计算的第四、第五轴坐标值传递给在快速运动事件、线性运动事件、圆弧运动事件

```
global mom_out_angle_pos mom_prev_out_angle_pos mom_pos
```
#全局变量 mom_out_angle_pos 和 mom_prev_out_angle_pos mom_pos 分别代表当前旋转轴输出坐标及上一个旋转轴输出坐标

```
global mom_tool_number
```
# 全局变量 mom_tool_number 代表当前刀具的刀具号

```
set tool_change " yes"
```
# 设置局部变量 tool_change 为" yes"，意思是默认换刀状态是"允许"

```
if { $ mom_out_angle_pos(0) > 45 && $ mom_out_angle_pos(0) <= 110 }

{

if {[ info exists mom_prev_out_angle_pos] && $ mom_prev_out_angle_pos(0) > 45 &&
$ mom_prev_out_angle_pos(0) <=110}

{

   set tool_change "no"

   }
```
# 如果当前第四轴输出角度>45°且上一个第四轴输出角度>45°，将局部变量 tool_change 赋值为"no"。意思就是如果当前第四轴输出角度和上一个第四轴输出角度都>45°，那么就不输出立卧转换指令了，否则每一条加工程序都有一条立卧转换指令产生

```
if { $ tool_change= = "yes" }

{
```

```
MOM_force Once T S M_spindle
```

# 换刀状态是"允许",强制输出一次刀具号、主轴转速、主轴旋转指令。许多数控系统都需要在换刀结束后输出一次刀具号、主轴转速、主轴旋转指令,但是后置处理认为这些指令是模态指令而不进行输出,这时就用这种办法解决

```
MOM_do_template tool_change_2
```

# 执行步骤2定义的更换卧主轴指令条

```
    }
```

# 这段程序是一段自锁程序,非常有技巧也非常实用,很好地处理了加工程序重复输出不必要的换刀问题,不仅如此,它也可应用于处理许多其他问题,所以非常值得学习

```
} else {
    set A $ mom_out_angle_pos(0)
    set C $ mom_out_angle_pos(1)
    if {[info exists mom_prev_out_angle_pos] && $ mom_prev_out_angle_pos(0) > -
20 && $ mom_prev_out_angle_pos(0) <= 45}
    {
            set tool_change "no"
        }
        if { $ tool_change = = "yes" } {
            MOM_force Once T S M_spindle
            MOM_do_template tool_change_1
        }
    }
}
```

# 相反,如果当前第四轴输出角度和上一个第四轴输出角度<45°,按照相同的办法处理立轴换刀事宜,因为当前第四轴输出角度<45°是立轴状态,所以 A、C 值仍然保持初始后置处理的输出值

6)在用户自定义程序 PB_CMD_liwozhuanhuan 中输入如下坐标转换内容:

```
global A C
global mom_out_angle_pos mom_mcs_goto mom_pos
```

# 申明全局变量。系统变量 mom_mcs_goto 代表零件原始放置时的坐标值;mom_pos 代表零件在五轴机床后处理后的坐标值

```
set DEG2RAD [expr 3.1415926535/180]
```

# 定义局部变量 DEG2RAD 为方便度数与弧度的计算,因为 NX 默认的三角函数计算是以弧度为标准的

```
if { $ mom_out_angle_pos(0) > 45 && $ mom_out_angle_pos(0) <= 110 }
{
```

# 当第四轴角度>45°时进行卧轴坐标演化

```
set c0 [expr(( $ mom_out_angle_pos(1)+180))]
```

# 计算互补后第五轴旋转角度

```
set a0 [expr 90-$ mom_out_angle_pos(0)]
```

# 计算互补后第四轴摆动角度

```
set x1 $ mom_mcs_goto(0)
set y1 $ mom_mcs_goto(1)
set z1 $ mom_mcs_goto(2)
```

# 为了简化书写,将零件被加工点的原始坐标赋值

```
set r1 [expr sqrt( $ x1* $ x1+$ y1* $ y1)]
```
# 和图 5-27 中的 OA 意义相同
```
set c1 [expr atan( $ y1/ $ x1)/ $ DEG2RAD]
```
# 和图 5-27 中的 $\angle AOX$ 意义相同
```
if { $ x1==0} {
    set x1 0.00001
  }
```
# 为了防止除数为零，当 $x_1$ 的值等于 0 的时候做不影响加工精度的适当演化
```
if { $ x1<0} {
    set c1 [expr $ c1+180]
  }
```
# 因为当 $x_1$ 的值为负数的时候，反正切函数运算会产生象限差，所以应用条件语句加以修正
```
set c2 [expr $ c1-$ c0]
```
# 和图 5-27 中的 $\angle BOX$ 意义相同
```
set x2 [expr $ r1* cos ( $ c2* $ DEG2RAD) ]
```
# 和图 5-27 中的 $B_x$ 意义相同
```
set y2 [expr $ r1* sin ( $ c2* $ DEG2RAD) ]
```
# 和图 5-27 中的 $B_y$ 意义相同
```
set y3 [expr ( $ y2-165.007) ]
```
# 和 $B_{y1}$ 意义相同
```
set z2 [expr ( $ z1+125.138) ]
```
# 和 $B_{z1}$ 意义相同
```
set r2 [expr sqrt ( $ y3* $ y3+$ z2* $ z2) ]
```
# 和图 5-27 中的 $O_1B$ 意义相同
```
set a1 [expr atan ( $ z2/ $ y3) / $ DEG2RAD]
```
# 和图 5-27 中的 $\angle BO_1Y$ 意义相同
```
if { $ y3==0} {
    set y3 0.00001
  }
```
# 同样的道理，为了避免除数为零现象
```
if { $ y3<0} {
    set a1 [expr $ a1+180]
  }
```
# 修正反正切象限计算错误
```
set a3 [expr $ a1-$ a0]
```
# 和图 5-27 中的 $\angle CO_1Y$ 意义相同
```
set y4 [expr $ r2* cos ( $ a3* $ DEG2RAD) ]
```
# 和图 5-27 中的 $C_y$ 意义相同
```
set z3 [expr $ r2* sin ( $ a3* $ DEG2RAD) ]
```
# 和图 5-27 中的 $C_z$ 意义相同
```
set y5 [expr $ y4+165.007]
```
# 和 $C_{y1}$ 意义相同
```
set z4 [expr $ z3-125.138]
```

# 和 $C_{z1}$ 意义相同

```
set mom_pos (0) $ x2
set mom_pos (1) $ y5
set mom_pos (2) $ z4
```

# 用最终计算值覆盖掉默认后置处理生成的坐标值，并传递给快速运动事件、线性运动事件和圆弧运动事件

```
set A $ a0
set C $ c0
```

# 将互补后的第四轴、第五轴的角度值赋值给全局变量 A、C，由 A、C 变量传递给快速运动事件、线性运动事件和圆弧运动事件

至此，立卧转换双转台五轴机床后置处理完成。

## （四）后置处理正确性与可行性验证

立卧转换五轴数控机床的后置处理制作完成后，需要将一个能反映立卧转换特性的大曲率曲面刀轨生成数控程序来检验制作的正确性，为此，笔者就图 5-39 所示零件在 UG 软件中建模并生成刀轨，图 5-40 所示为刀轨经互补式立卧转换后置处理生成的数控加工程序；图 5-41 所示为非立卧转换的通用后置处理生成的数控程序。由立卧转换互补加工原理可知，在进行图 5-39 中曲面的加工时，必会存在第四轴坐标值从 0° 向 90° 的渐变，互补式立卧转换后置处理的数控加工程序，在第四轴接近 45° 时将会有立主轴变为卧主轴的换刀指令生成；第四轴的坐标将会产生互补计算；第五轴的坐标值将累加 180°。经过图 5-40 与图 5-41 方框内的数据对比表明，互补式立卧转换后置处理的制作完整无误。将模型和数控程序导入 VERICUT 软件，仿真结果未出现过切与少切，最后将互补式立卧转换后置处理生成的数控加工程序上机试切，切削过程与设想完全吻合，加工表面衔接光滑，加工尺寸与设计尺寸吻合。

```
O BEGIN PGM VARIABLE_CONTOUR MM
BLK FORM 0.1 Z X0.0 Y0.0 Z-20.
BLK FORM 0.2 X100. Y100. Z0.0
TOOL CALL 6 Z S2000
M13
;BALL_MILL8 8.00
L X15.6 Y25.454 Z129.581 A14.267 C-180. F500
L Y6.705 Z115.211 A8.743
L Y-10.569 Z99.107 A3.22
L X-15.6 Y26.484 Z94.678 A2.304 C0.0
L Y43.16 Z107.237 A7.827
L Y60.968 Z118.133 A13.35
L Y79.746 Z127.265 A18.874
L Y99.311 Z134.546 A24.397
L Y119.491 Z139.912 A29.921
L Y140.089 Z143.309 A35.444
L Y160.924 Z144.708 A40.968
L Y181.791 Z144.095 A46.491
L Y202.502 Z141.477 A52.014
L Y222.87 Z136.877 A57.538
L Y242.696 Z130.339 A63.061
L Y261.805 Z121.921 A68.585
L Y280.011 Z111.704 A74.108
L Y297.149 Z99.783 A79.631
L Y313.064 Z86.266 A85.155
L Y307.941 Z86.019
L Y302.866 Z85.279
L X-14.1
```

图 5-39　试切零件模型及刀轨　　　　图 5-40　立卧转换后置处理生成的数控加工程序

```
BLK FORM 0.1 Z X.000 Y.000 Z-20.000
BLK FORM 0.2 X100.000 Y100.000 Z.000
L A0 C0 R0 F MAX
TOOL CALL 6 Z S2000
;BALL_MILL8 8.00
L X15.600 Y25.454 Z129.581 A14.267 C180.000 F500 M13
L Y6.705 Z115.211 A8.743
L Y-10.569 Z99.107 A3.220
L X-15.600 Y26.484 Z94.678 A2.304 C.000
L Y43.160 Z107.237 A7.827
L Y60.968 Z118.133 A13.350
L Y79.746 Z127.265 A18.874
L Y99.311 Z134.546 A24.397
L Y119.491 Z139.912 A29.921
L Y140.089 Z143.309 A35.444
L Y160.924 Z144.708 A40.968
TOOL CALL 6 Y S2000
L X15.600 Z118.850 A43.509 C180.000 F MAX
L Y194.892 F500
L X15.600 Z118.850
L Y171.518 Z115.470 A37.986
L Y148.573 Z109.857 A32.462
L Y126.280 Z102.061 A26.939
L Y104.836 Z92.155 A21.415
L Y84.448 Z80.232 A15.892
L Y65.303 Z66.402 A10.369
L Y47.576 Z50.792 A4.845
L Y31.436 Z33.550 A-.678
L Y17.028 Z14.832 A-6.202
L X14.100
```

图 5-41　通用后置处理生成的数控程序

### （五）作用

本例针对立卧转换数控机床进行了互补原理的简介，分析了立卧转换几何角度的换算公式，并对该型机床进行了 UG 软件的后置处理自定义编制，使机床在立卧主轴转换加工曲面时，刀具加工点光滑过渡，满足加工要求。经过 VERICUT 仿真验证和机床切削检验证明，互补式立卧转换五轴数控机床的后置处理制作实用可行，可以有效解决大曲率曲面在立卧转换数控机床加工范围不够大的难题。

## 五、基于 UG 的车铣复合数控机床变轴车削实现

随着车铣复合高端数控设备的诞生，使得许多复杂零件能够一次装夹成形。更主要的是它特殊的几何结构令"圆弧平滑过渡轴-孔"的产品设计者眼前一亮（机床结构和零件形状见图 5-42）。一般的数控车床都是刀塔夹持车刀进行加工的，车削此类零件必须分别采用外圆刀和内孔刀对接加工，这样在交接处就不可避免地留下接印，圆弧的形状、尺寸都会受到影响。而往往许多设计者又非常希望自己设计的产品外观漂亮，面对这样的不足大都摇头叹气。现在虽然有了车铣复合的高级设备，车刀可以由旋转主轴定向夹持，主轴头也可以作为

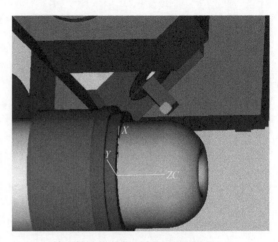

图 5-42　机床结构和零件形状

一个坐标轴连续变换角度，利用这样的机床采用 $B$ 头和 $Z$ 轴联动连续变轴车削的方法无疑是最佳选择。但是 UG 软件却没有变轴车削的加工功能，那么硬件资源就会造成巨大浪费。笔者纵观全局，发现 UG 虽然没有变轴车削加工功能，但是有变轴铣削加工功能，如果设想将铣削加工加以演化等效为车削加工，困难将有望迎刃而解。由于 UG 的铣削加工不允许调用车刀，其输出的坐标点又都是针对铣刀的旋转中心，这就给设想的转换带来了巨大的麻烦。如果以车代铣，则必须将坐标点从铣刀刀具中心转换到车刀的刀尖，然后在后置处理时将旋转主轴设定为零件的旋转，这个革命性的跨越才有可能实现。本例详细论述了铣-车转换的数学算法和变轴车削的实现步骤。

**（一）球头铣刀刀位点在摆头式机床中的坐标计算**

撇开车刀不谈，先研究一下球头铣刀在变轴铣削加工中的刀位点计算。为了不同层次读者方便阅读，文中采用基本三角函数的概念阐述摆头式机床的几何运动关系。

图 5-43 中 $o$ 点坐标是 UG 对于摆头式机床的输出坐标，而用户实际需要的是 $a$ 点即球头刀刀位点的坐标，利用三角函数关系很容易得到 $a$ 点在机床坐标 $X$ 和 $Z$ 方向的坐标值：$X=ob=o(X)+$（主轴头旋转中心到主轴端面的距离+刀具长度）$\times \cos \angle aob$、$Z=ab=o(Z)-$（主轴头旋转中心到主轴端面的距离+刀具长度）$\times \sin \angle aob$，其中 $o$（$X$）代表 UG 输出的 $o$ 点在 $X$ 方向的坐标值、$o(Z)$ 代表 UG 输出的 $o$ 点在 $Z$ 方向的坐标值。

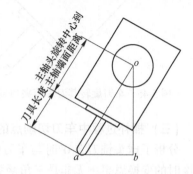

图 5-43 摆头式机床的几何运动关系

$\angle aob$ 代表实际机床主轴头即 $B$ 轴旋转角度，图 5-43 所示的角度在右手笛卡尔坐标系中取负值。

后处理编制为：

Set mom_pos (0) [expr $ mom_pos (0) + ($ fix_length + $ mom_tool_length) * cos ($ mom_out_angle_pos (0) * $ DEG2RAD) ];

Set mom_pos (2) [expr $ mom_pos (2) - ($ fix_length + $ mom_tool_length) * sin ($ mom_out_angle_pos (0) * $ DEG2RAD ];

mom_pos（0）代表实际加工中 $X$ 轴的输出坐标，对应上文计算式的 $X$；mom_pos（2）代表实际加工中 $Z$ 轴的输出坐标，对应上文计算式的 $Z$；fix_length 代表主轴头旋转中心到主轴端面距离，为实测固定值；mom_tool_length 代表刀具长度，UG 系统变量；mom_out_angle_pos（0）代表 $B$ 轴旋转角度，UG 系统变量，对应 $\angle aob$；DEG2RAD 代表弧度与度的转换公式（因为 UG 默认的角度是弧度）。

**（二）球头铣刀初始刀位点与车刀切削点的换算**

要想将球头铣刀的刀位点转换成车刀的切削点，就要将球头铣刀在 0°时（见图 5-44）的刀尖点即刀位点等效为车刀旋转其刀片装夹角度的一半时的切削点（见图 5-45），为方便起见，以装夹角度为 90°的车刀片论述（实际生产中一般选用 35°较

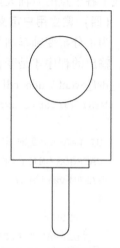

图 5-44 球头铣刀在 0°

好）。利用上面的计算方法可以很容易得到图 5-46 中 $a$ 点坐标（相当于球头刀的刀位点）。从图 5-46 分析，$\angle a_1 a a_2$ 和 $\angle a_1 o_1 A$ 均为刀片装夹角度的一半，$o_1 a_3$ 和 $o_1 a_1$ 均为刀片刀尖半径，以上均是已知条件。但是，要求切削点的坐标还缺少一个条件，即 $aa_1$ 的距离。因此，实现这种变换必须事先给后处理器赋予两个实际条件值：刀片装夹角度和车刀最大旋转半径，车刀最大旋转半径减去 $o_1 a_3$ 就是 $aa_1$ 的距离。车铣复合机床一般都配有雷尼绍对刀测头，可以方便地得到车刀最大旋转半径。然后，利用图 5-46 的三角关系就实现了球头铣刀刀位点与车刀切削点的换算。

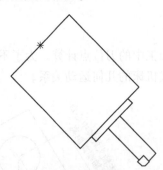

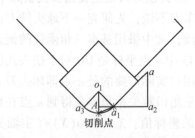

图 5-45　车刀旋转其刀片装夹角度的一半　　　　图 5-46　车刀片（图 5-45 中所示）放大

### （三）插补过程中车刀切削点的跟踪计算

分析了球头铣刀在 0°时与车刀的等效变换后，读者已经具备了主轴头摆动到其他非零角度时的变换思想，无非是三角函数再复杂一些而已，只要判断清楚刀具在不同象限的正负值，就会得到正确的 mom_pos 值，最终目的是为了求得车刀切削点的坐标值。如果机床具备两个零件工位，后处理应予以区分正确的初始变换角度。这里主要阐述一种思维方法，具体过程不再赘述。

在变轴铣削的编程过程中，先将内外轮廓线自然拉伸成很窄的片体作为零件体，这样可以很好地防止过切的产生；刀具选半径等于车刀刀片半径的球头铣刀，驱动方式选"曲线/点"，选择零件内外轮廓线作驱动曲线；刀轴选"插补"，以车刀不产生干涉为原则，调整曲线上各个点的刀轴矢量，会得到从外圆到内孔的一条刀轴矢量连续变化的刀具轨迹。

### （四）建立用户定义事件

为了分辨变轴车削与变轴铣削，必须建立一个用户定义事件，当此用户定义事件激活时，输出的程序才是变轴车削程序。打开 D：\Program Files\UGS\NX 4.0\MACH\resource\user_def_event\ude.cdl 文件，插入语句：

```
EVENT variable_axis_turn
{
  UI_LABEL "变轴车"
  CATEGORY MILL DRILL LATHE
  PARAM variable_axis_turn
  {
      TYPE b
      DEFVAL "FALSE"
      UI_LABEL "变轴车"
```

```
    }
    PARAM clamp_offset
    {
        TYPE d
        DEFVAL "0.0"
        TOGGLE Off
        UI_LABEL "刀具装夹偏置"
    }
    PARAM clamp_angle
    {
        TYPE d
        DEFVAL "0.0"
        TOGGLE Off
        UI_LABEL "刀具安装角度"
    }
}
```

重启 UG，新建变轴铣削操作，点击"机床""开始事件""编辑"，找到"变轴车"双击，如图 5-47 所示。

在激活"变轴车"按钮后，输入刀具装夹角度和刀具装夹偏置（即车刀最大旋转半径），后处理就认为此时是"变轴车"。

打开车铣复合机床的 TCL 文件，添加：

图 5-47 "变轴铣"改
"变轴车"操作

```
proc MOM_variable_axis_turn { }
{
    global mom_variable_axis_turn
    global mom_clamp_offset
    global mom_clamp_angle
}
proc PB_CMD_variable_axis_turn { }
{
    global mom_tool_axis_type mom_operation_type
    global mom_pos mom_out_angle_pos mom_tool_length mom_machine_mode
    global mom_variable_axis_turn
    if {! [string match "MILL" $ mom_machine_mode]}
    {
    return
    }#车操作退出
    if {! [info exists mom_variable_axis_turn] ||! [string compare $ mom_variable_
axis_turn "FALSE"] }
{
    return
    } #变轴车用户事件没激活时退出
    if { ! [string compare $ mom_variable_axis_turn "TRUE"]  }
```

```
{ #只有在变轴车用户事件激活时条件成立
    if {( $ mom_tool_axis_type >= 2 && [string match "Variable-axis * " $ mom_oper-
ation_type]) }
{ #只有在变轴铣时条件成立
    set fix_length 119.27 #实测的头旋转中心到主轴端面的距离
    ……后面是 mom_pos 的计算。
    }
}
```

在车铣复合机床中会有多个主轴，由于此方法是由"变轴铣"改造而成，所以生成的代码仍然是铣主轴头在旋转，需要在后处理中判断"变轴车"激活与否并作相应处理。以西门子 840D 的主轴指定指令为例介绍。

假设铣主轴号为 3，车主轴号为 1。在后处理刀轨开始处添加 custom command，内容为：

```
global numb #定义主轴号的全局变量
if { ! [string compare $ mom_variable_axis_turn "TRUE"] } {
if {( $ mom_tool_axis_type >= 2 && [string match "Variable-axis * " $ mom_opera-
tion_type]) } {
    set numb 1#指定主轴号
}
}
```

在后处理换刀事件后添加 BLOCK：

```
SETMS( $ numb)
```

### （五）作用

本例针对采用"铣-车转换"的思维方式在车铣复合机床上实现变轴车削的几何算法、编程注意事项、后处理实现进行了较为详细的论述，通过利用 VERICUT 软件进行虚拟仿真，然后在实际加工中经过试切验证，事实证明该变换方法正确可行，并且可以改善"轴-孔平滑过渡"零件的表面质量，满足设计者需求，使车铣复合机床的硬件资源得到充分利用。

## 六、零件整体一次机械加工成形工艺技术应用

### （一）介绍

随着数控加工技术的广泛应用，零件结构复杂程度不断提高，有些零件在加工中定位、装夹非常困难，且不适合多次定位、装夹。整体一次机械加工成形技术是在卧式或立卧转换加工中心机床上，各角度旋转、翻转工作台，对零件所有面、孔等整体一次加工成形，满足图样所有几何公差要求后，再分层掏铣零件与工艺柄相连部分，使工艺柄与工件分离。

如图 5-48 所示：支架零件材料是铝合金 2A12-T4 型材，外圆 $\phi32$mm、$K$ 基准面与孔 $\phi30$mm、$B$ 基准面关联几何精度要求较高。若两次定位装夹，则定位误差较大，且装夹困难。采用不卸零件一次加工成形技术，零件加工后几何精度得到了很好的保证。

### （二）解决方案

1）加工原理：充分利用数控加工中心多角度、全方位加工优势，利用硬质合金铣刀高速、小进给、加工零件变形小的特点，利用型材零件的外形残留部分作为定位、压紧工艺柄，利用 UG 软件自动编程功能，保证整体加工零件一致性、各面衔接吻合性好。

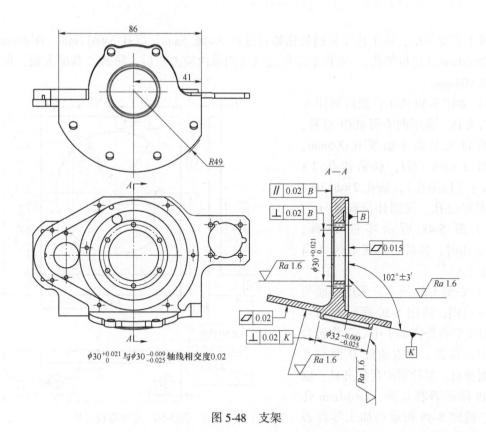

图 5-48　支架

2）如图 5-49 所示：零件单边留加工余量 0.5mm，粗加工各面、孔，型材外形残留部分

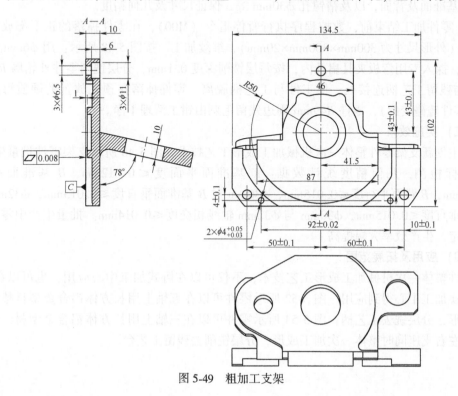

图 5-49　粗加工支架

预留成工艺安装柄，在工艺安装柄处钻螺钉过孔 3×φ6.5mm，沉孔 3×φ11mm、深 6mm，钻镗孔 2×φ4mm（定位销孔）。零件稳定化处理（消除内应力）后，研磨 C 基准大面，保证平面度 0.008mm。

3）如图 5-50 所示：设计制作专用弯板夹具，选用调质钢 40Cr 材料，磨削保证安装面平面度 0.006mm，钻螺纹 3×M6−6H，点钻铰孔 2×φ3mm（定位销孔），钻孔 2×φ13mm 弯板固定过孔，铣削让位扁孔（为精加工图 5-48 所示零件 K 面、φ32mm 孔时，棒铣刀具可以探入扁孔内加工）。

4）如图 5-51 所示：采用一面两销定位原则，将图 5-50 所示专用弯板夹具安装在卧式加工中心工作转台靠近中心位置，架表验证 D 面与工作台面垂直，螺栓紧固弯板夹具。以图 5-49 所示研磨 C 面、2×φ4mm 孔定位，按图 5-48 所示精加工零件各面，精铣外圆 φ32mm 及 K 基准面，

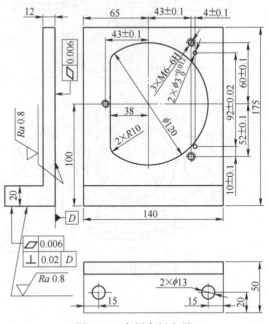

图 5-50　专用弯板夹具

精铣 B 基准面及背面，以及精镗孔 φ30mm 等，保证尺寸及几何精度。

5）零件加工结束前，数控程序执行暂停指令（M00），在零件掉落的正下部放置硬质海绵垫（外形尺寸为 300mm×300mm×20mm），继续加工。按图 5-48 所示：用 φ6mm 硬质合金铣刀，探入专用弯板夹具扁孔内，按每层铣削深度 0.1mm，分层铣削零件外轮廓 R49mm、86mm 与残留工艺柄连接处，使工件与工艺柄脱离，零件掉落在预先放置的硬质海绵垫上（避免零件磕碰变形），零件 R49mm 周边残留毛刺由钳工清理干净。

（三）实施效果

自主创新支架零件整体一次机械加工成形工艺技术，图 5-48 所示支架零件批量生产时，经三坐标检测，几何精度统计数据：K 基准面平面度 ≤0.012mm，B 基准面平面度 ≤0.01mm，B 背面平行度 ≤0.015mm，φ30mm 对 B 基准面垂直度 ≤0.013mm，φ32mm 对 K 基准面垂直度 ≤0.015mm，φ30mm 与 φ32mm 轴线相交度 ≤0.014mm。批量生产中零件几何精度稳定，生产效率大幅提高。

（四）应用及拓展范围

零件整体一次机械加工成形工艺技术，不仅可以在卧式加工中心应用，也可以在立式、立卧转换加工中心得到应用。图 5-52 所示零件可以在五轴上用长方体铝合金型材整体一次加工成形，分层铣去工艺柄；图 5-53 所示零件可以在三轴上用长方体铝合金型材，倒压板加工，左右支座同时整体一次加工成形，分层铣削去残留工艺台。

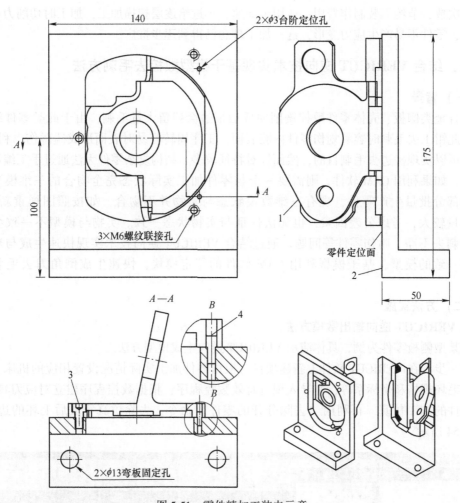

图 5-51　零件精加工装夹示意

1—精加工前零件　2—专用弯板夹具　3—内六角圆柱头螺钉（M6×12mm，3 件）　4—台阶定位销（2 件）

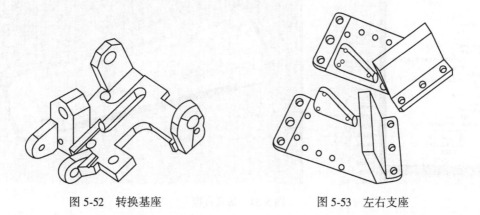

图 5-52　转换基座　　　　　　　　　图 5-53　左右支座

零件整体一次机械加工成形工艺技术，主要应用于定位、装夹较为困难的零件加工，可以合并加工工序，提高工作效率，保证几何精度；可用于对称结构零件，成对套裁加工，减少装夹次数，节约工装制作费用；适用于高速、小进给逐层扫描加工，加工时切削力小、切削热少，零件不易产生应力变形，这一加工理念已得到逐步推广。

### 七、结合 VERICUT 逆向技术实现基于模型数控去毛刺方法

#### (一) 背景

铝合金类侧板、壳体零件数控铣削完成后棱边会残留大量毛刺，由于此类零件结构复杂，因此钳工去毛刺时容易划伤零件内腔表面，工序周转容易对表面形成磕碰伤。利用 90°倒角刀可以实现棱边去毛刺目的，然而针对特征较多、结构复杂零件无法通过手工编制去毛刺程序，如果利用 CAM 软件，则需要一个与零件加工实际状态完全吻合的三维模型。针对现场部分批量生产零件，现有三维数模状态与实物并不吻合，如按照图样重新建模，则工作量较大，考虑公差因素，也无法保证与实物状态一致。实物与模型不一致会导致出现毛刺去不净、啃伤零件等问题。通过结合 VERICUT 逆向技术实现快速生成与现场实际保持一致的模型，基于模型利用 CAM 软件的特定模块，快速生成倒角刀去毛刺数控程序。

#### (二) 方法实施

##### 1. VERICUT 逆向输出数模方法

以某型侧板零件为例，具体演示 VERICUT 逆向生成模型方法。

第一步：在 VERICUT 软件上新建项目，根据零件加工实际情况设置相应的机床、控制系统、毛坯规格和坐标系等，并导入现行有效数控程序，根据数控程序建立对应刀具文件，完成零件的加工仿真。再利用"去除分开的零件"命令，去除仿真完成后毛坯的边角料，如图 5-54 所示。

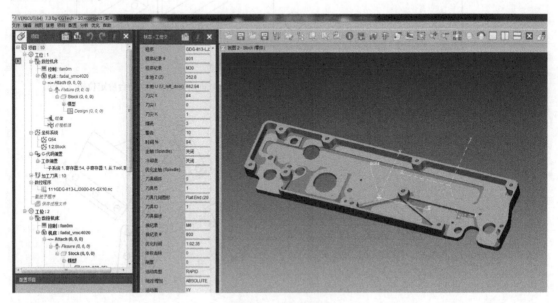

图 5-54 仿真过程

第二步：创建 STL 格式的切削模型。软件界面依次点击"文件→保存切削模型→STL"后弹出相应界面，如图 5-55 所示。需要将加工坐标系设置为激活状态，保证模型后续导入

CAM 软件时，坐标系与现场加工一致。STL 格式模型文件精度较高，完整度 100%，但是通常 CAM 加工软件无法识别其棱边、大面，故无法用来作为编程模型，但可以作为后续编程毛坯使用，并能有效地验证数控去毛刺刀路的正确性。

图 5-55 STL 文件创建界面

第三步：创建 STP 格式的切削模型。软件界面依次点击"文件→保存切削模型→CAD 模型"后弹出相应界面，如图 5-56 所示，并在图示相应设置，方法栏选择"只特征"。点击"输出"，弹出模型输出边界对话框（见图 5-57），对话框右侧列表中特征均为有问题的特征，最终输出模型不显示有问题的特征，问题特征的多少主要取决于编程质量、模型复杂程度等方面。界面右侧为几种特征修复方式：投影边缘是指选择现有问题边线，在系统判定该边线不够覆盖模型相应边缘时允许该边线沿着边缘延伸；修剪边缘是指选择现有问题边缘沿着相应边线缩短；增添边缘是指选择现有边缘后可以从边缘头部或者尾部增加新的边线；所有操作的目的均是让问题特征不存在断点及多余边线，最终边线闭合，形成完好特征。

图 5-56 STP 文件创建界面

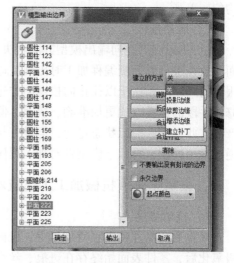

图 5-57 模型输出边界对话框

针对此类结构较多的零件，输出 STP 模型容易出现多个问题特征，鉴于 VERICUT 修复手段操作困难，全部修复工作量巨大，并且很难达到预期效果，模型修改的原则是尽量修复模型中较大的特征，保证模型整体框架存在。在保证整体框架存在的前提下，剩下的修补工作可以通过专业 CAD 软件建模工具完成。

第四步：将生成的 STP 模型导入 CAD 软件，以 HYPERCADS（试用）为例，根据模型现有的框架，利用线性扫描、填充等命令能够快速地将模型修复。修复结果如图 5-58 所示，修复后的模型与现场实际加工模型是一致的。

**2. 基于模型编制倒角刀去棱边毛刺程序**

多种数控加工编程软件均可以实现基于模型倒角/去毛刺编程，下面仅以 CATIA 软件（试用）为例介绍大概的操作流程。

1）建立工单列表，设置加工坐标系，导入模型（STP）、毛坯（STL）。

2）选择模块"基于 3D 模型的倒角加工"，建立工单。

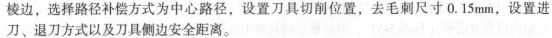

a) 修复前

b) 修复后

图 5-58　模型修复前后对比

3）工单内部设置合适的倒角刀具以及切削参数；选择倒角模式为锐边倒角，选择需要去毛刺的棱边，选择路径补偿方式为中心路径，设置刀具切削位置，去毛刺尺寸 0.15mm，设置进刀、退刀方式以及刀具侧边安全距离。

4）刀具路径计算。通过内部模拟验证刀具路径正确性。

5）利用对应的后处理文件生成 NC 代码程序。

图 5-59 所示为该零件进行倒角刀去毛刺的仿真结果截图，图中黑色毛坯为利用 VERICUT 逆向输出的 STL 文件，可以看出利用倒角刀去毛刺后棱边倒角均匀、美观。

图 5-59　倒角刀去毛刺仿真

**（三）应用推广**

通过 VERICUT 逆向输出模型方法解决了长期以来因三维数模与现场实际加工状态不吻合而导致在进行去毛刺编程加工时出现棱边倒角过大、过小，甚至出现撞刀导致工件刀具全部报废的问题。相比于以往正向根据图样建模，基于 VERICUT 逆向建模、结合后期 CAD 软件修复手段的建模方式更加准确、快速、便捷。该方法适用于现场已经定型、批量较大的成熟产品，此类零件加工状态稳定，但没有与现场加工状态吻合的三维数模，针对此类零件进行逆向输出模型，再基于模型针对加工程序进行多方面的优化。

## 八、去氧化斑痕机械加工工艺技术操作法

**（一）技术背景**

在某重要产品外镜筒零件加工中，机械加工表面粗糙度值 $Ra$ 可以达到 $0.8\mu m$，但本色阳极氧化后，零件表面始终存在斑痕、丝纹缺陷，造成零件报废。如果零件尺寸精度较低，可以采用表面喷砂、化学抛光等方法解决，但该零件尺寸精度达到 IT8 以及更精密级，喷砂会破坏零件尺寸与几何精度，使表面变粗糙，化学抛光会腐蚀零件表面，造成不均匀腐蚀，使几何精度下降。长期以来氧化后零件表面斑痕、丝纹缺陷始终随机性出现，成为影响零件外观质量的瓶颈问题。通过 QC 技术攻关，分析氧化原理和材料微观机理，创新改变回转体加工方式，使棒料延展纤维线与加工体回转轴线倾斜，切削时将延展纤维线全部斜向切碎，将显性的丝纹图案变成隐性的点状孔隙结构，零件氧化后表面斑痕、丝纹缺陷被消除。

**（二）技术原理及性能指标**

铝合金电化学硫酸阳极氧化过程，是通过电解和硫酸的侵蚀作用，在零件铝基体表面产生化学溶解，使微观状态的凹处加深逐渐变成孔穴，继而在多孔层溶解变成孔隙。凸起处变

成孔壁，孔壁形成耐腐蚀氧化膜层，孔隙底层形成致密的氧化铝阻挡层，再进行表层封孔覆盖处理，防止污染物渗透进入微观表层孔隙的表面防腐处理工艺。如果铝棒材料内部挤压延展纤维粗大、不均匀，氧化后零件表层的纹理就会印投在物体表面，形成斑痕、丝纹图案。如果将零件基体表面纤维纹路整理均匀和细化，氧化后零件表层的纹理就能避免斑痕、丝纹图案的形成。

为了对外镜筒零件有直观的认识，观察图 5-60 所示零件，图样规定：$\phi 54_{-0.019}^{0}$ mm 圆柱面表面粗糙度值 $Ra = 0.8\,\mu m$，$SR36_{-0.145}^{-0.05}$ mm 外球面表面粗糙度值 $Ra = 0.8\,\mu m$。零件表面处理要求：铝硅合金（2A12-T4）零件电化学硫酸阳极氧化处理〔Al/Et. A（S）m. Cs WJ463—1995〕，处理后零件外表面氧化膜无色透明，铬酸盐封闭后呈现暗色、浅黄等色泽均匀的表面（零件高精度尺寸表面不允许进行喷砂处理）。

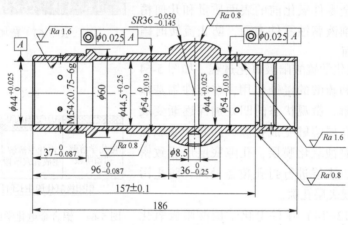

图 5-60　外镜筒零件

## 1. 实现途径

1）如图 5-61 所示（工序一）：将铝合金棒料轴线倾斜 6° 定位固定，铣削端面见光，棒料中心偏移 6mm，用中心钻钻中心孔 A5。在同一剖切平面 180° 调头，倾斜定位固定，铣削端面，钻偏心中心孔 A5，与已加工的中心孔同轴。此时两中心孔相连的轴线与铝棒料轴线形成了 6° 的夹角，即与铝棒料轴线平行的挤压延展纤维线已经与两中心孔相连的回转轴线形成了 6° 的夹角。

2）如图 5-62 所示（工序二）：采用双顶尖定位方式，在车床上用前顶尖、后顶尖与铝

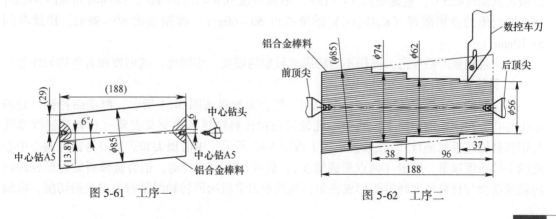

图 5-61　工序一　　　　　　　　　　图 5-62　工序二

合金棒料的两中心孔配合、适度顶紧，鸡心夹固定。起动机床，零件旋转形成回转轴线，数控车刀沿回转轴线平行方向进给切削，将偏心摆动的铝棒料重新粗车削成圆柱体。此时看上去与常规零件没有区别，实际材料内部纤维组织结构已经发生改变，已经没有与圆柱体母线平行排列的延展纤维线，车刀沿轴向进给时已将延展纤维线全部斜向切碎。

3）自定心卡盘夹持已粗车削的圆柱体，粗加工各孔、外圆，使用聚晶金刚石数控车削刀具（瓦萨琪 WSQ Linco Machine 2Q-VCGT160404 W010PCD），采用数控车床高速、小进给干切削技术，风冷吹除铝屑法，精加工图 5-60 所示零件各尺寸（见图 5-63），精加工完毕后清理干净，棉纸包装，零件单独隔离流转。保证铝合金零件氧化前的表面质量和几何精度，同时避免切削液腐蚀零件表面，防止流转时磕碰、划伤零件表面。

图 5-63 精加工零件

4）铝合金电化学硫酸阳极氧化过程，如图 5-64 所示：通过电解和硫酸的侵蚀作用，在零件铝基体表面产生化学溶解，微观状态的凹处加深逐渐变成孔穴，继而在多孔层溶解变成孔隙，凸起处变成孔壁，孔壁形成耐腐蚀氧化膜层，孔隙底层形成致密的氧化铝阻挡层，表层进行封孔覆盖处理，防止污染物渗透进入微观表层孔隙。

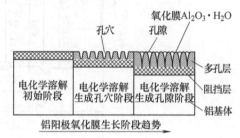

图 5-64 铝合金电化学硫酸阳极氧化过程

铝合金（2A12-T4）零件电化学硫酸阳极氧化处理（Al/Et. A（S）m. Cs WJ463—1995），处理后零件外表面应呈现氧化膜无色透明，铬酸盐封闭后呈现暗色、浅黄等色泽均匀的表面。

铝合金电化学硫酸阳极氧化操作流程为：零件挂架→有机溶剂除油→常温除油→碱液蚀洗→冷水冲洗→光泽处理→冷水冲洗→硫酸阳极氧化→冷水冲洗→氨水中和→冷水冲洗→着色（浅黄色）→冷水冲洗→铬酸盐封闭→冷水冲洗→干燥（烘干）→擦拭→交验→包装、入库。

蚀洗液氢氧化钠（NaOH）溶液浓度 50 ~ 60g/L，控制温度 50 ~ 60℃，持续时间 4 ~ 6min；硫酸（$H_2SO_4$）溶液浓度 160 ~ 180g/L、草酸（$H_2C_2O_4$）溶液浓度 12 ~ 18g/L，混合溶液控制温度<25℃，直流电压 14 ~ 16V，电流密度 0.8 ~ 1.5A/dm²，持续时间 40 ~ 50min；铬酸盐封闭的重铬酸钾（$K_2Cr_2O_7$）溶液浓度 50 ~ 60g/L，控制温度 80 ~ 98℃，持续时间 5 ~ 10min。

氧化过程要严格规范，操作不当将影响膜层的硬度、牢固度、透明度和着色均匀性等。

**2. 具体实施方式**

结合实例对本操作法进一步详细说明：铝合金棒料按图 5-61 所示，两端面各钻一处偏心中心孔，在同一剖切面上，两中心孔轴线与铝棒料轴线形成交叉夹角（材料延展纤维线与铝棒料轴线近似平行）。在数控车床上按图 5-62 所示，用前顶尖和后顶尖将钻有偏心中心孔的工件适度顶紧、固定（两点形成轴线）。数控车床主轴转动，铝合金棒料旋转形成的回转轴线就会与材料延展纤维线形成夹角，数控车刀沿机床回转轴线平行方向进给切削，将偏心摆动的铝棒料重新粗车削成圆柱体，此时圆柱体的母线与所有材料纤维线形成夹角（纤维线均被斜向切碎）。自定心卡盘夹持已粗车削的圆柱体，按图 5-60 所示加工各孔、外圆，由于后续加工的孔、外圆会延续前期粗车削时的圆柱体的回转同轴关系，因此后续加工的孔、外圆的母线也会将材料的所有纤维线斜向切碎。采用数控车床高速、小进给干切削技术，避免切削液腐蚀零件表面。铝合金电化学硫酸阳极氧化工艺规程，按上述操作流程和溶液配比等规定严格控制，可以得到牢固、透明、色泽均匀的氧化表面。

### （三）技术的创造性与先进性

在圆棒材料端面钻偏心中心孔，顶尖定位，使圆棒材料延展纤维线与加工体回转轴线倾斜，当刀具沿加工体回转轴线平行移动切削时，将圆棒材料的延展纤维线全部斜向切碎，将显性的丝纹图案转变成隐性的点状孔隙结构，零件氧化后表面斑痕、丝纹图案被消除。

### （四）技术的成熟程度，适用范围和安全性

外镜筒零件工艺定型后，经过 3 年多批量生产，零件加工质量稳定，合格率始终保持在 98% 以上。该方法主要适用于铝合金回转体零件的氧化前基体表面整理，已经在多种镜筒类、壳体类零件上得到应用，氧化后零件外观色泽均匀、膜层牢固。

该方法可以拓展应用到需要切割材料纤维线的铝、镁、铜等合金材料的外表微观整形加工。型材生产单位也可以与机械加工生产单位探讨材料微观结构，优化解决延展纤维对零件表面质量的影响，改进前后的对比照片如图 5-65、图 5-66 所示。该工艺方案符合规范操作要求，没有安全隐患。

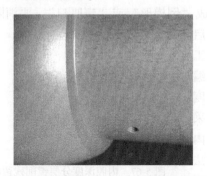 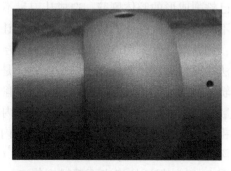

图 5-65　改进前零件氧化后柱体表面呈现斑痕、丝纹图案　　　图 5-66　改进后零件加工、氧化后的表面

### （五）改进效果

铝合金棒料采用偏心双顶尖定位方式，将偏心摆动的铝棒料重新粗车削成圆柱体，材料内部纤维组织结构已经与圆柱体母线形成夹角，车刀沿轴向进给时将延展纤维线全部斜向切碎。再采用数控车床高速、小进给金刚石刀具干切削技术，避免切削液腐蚀零件表面。按规定的铝合金电化学硫酸阳极氧化工艺规程执行，得到了牢固、透明且色泽均匀的氧化表面。其他类似零件借鉴该工艺方案，氧化后表面斑痕问题均得到解决。

## 九、镗削逐层扫描加工操作法

### （一）简述

数控铣削较深型腔类零件时，由于棒铣刀装夹方式属于悬臂结构，加工时刀具侧齿距离刀柄越远，铣削刚度越差，所以造成切削让刀量不一致，铣削后造成内腔侧壁尺寸口大底

小，俗称"倒梯形"。如果尺寸精度要求较低，深度方向可以用分层铣削解决，但层间有接刀痕。如果加工7级及以上精密尺寸时，立铣刀铣削将很难保证精度要求，侧壁表面质量也较差。针对加工中心铣削时出现的实际问题，采用以镗刀代替铣刀逐层扫描的加工方法，很好地解决了型腔加工侧壁让刀问题，并保证侧壁表面粗糙度值 $Ra = 0.8\mu m$。在承接多家研究所外协产品加工中，为保证异形腔体精密尺寸起到关键作用。此项工艺改进直接产生的经济效益超过百万元，因加工工艺方法领先，关键重要零件几何精度得到保证，所以客户签订加工合同量稳步增加。

### （二）发展状况及趋势

随着电主轴高速数控机床的普及，镀钛等涂层刀具及陶瓷刀具的广泛使用，使加工范围更广，刀具转速可以实现 $8000\sim12000r/min$ 的准高速加工，$15000\sim50000r/min$ 的高速加工，以镗代铣逐层扫描的加工方法，加工时间会大幅缩减，对关键零部件的加工将发挥更大作用，这一加工理念必将被广泛应用。

### （三）创新设计内容

思路起源于我部承接某研究所大壳体零件加工时，零件精密尺寸出现直径相同圆孔套合扁孔共柱面结构，起初并没有得到重视，当加工中心实际铣削时，发现孔口与孔底加工后尺寸不一致，俗称"喇叭口"，并且圆孔与扁孔二次铣削产生严重接刀痕，铣削扁孔时伤到了圆孔，形成四段圆弧，不能保证几何尺寸精度。经分析主要是棒铣刀属于悬臂结构，加工时刀具侧齿距离刀柄越远，铣削刚度越差，分层铣削时，距离刀柄近的侧齿会二次铣伤前部侧齿已铣削成形的腔体侧壁，造成让刀量不一致，形成"倒梯形"或"喇叭口"。要消除让刀量不一致及二次铣伤侧壁问题，受镗孔让刀量小的启发，创新求变，采用以镗刀代替铣刀逐层扫描的加工方法。通俗理解：棒铣刀铣削型腔时，是用侧齿按编程轨迹铣削成形，较深内腔采用分层铣削，分层深度一般设定为 $1\sim5mm$，适合于较低精度内腔加工。采用粗铣削后，使用镗刀按编程轨迹镗削内腔轮廓，内腔深度采用分层镗削，每层深度设定为 $t$（推算方法见图5-67），保证加工表面粗糙度值 $Ra \leqslant 0.8\mu m$，逐层扫描形成内腔侧壁。由于微量旋风镗削，每层切削

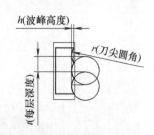

图5-67 内腔深度分层镗削残留峰值

力接近相等，型腔加工让刀问题得到解决，侧壁表面粗糙度值 $Ra \leqslant 0.8\mu m$。

已知：镗刀尖圆角为 $r$，$h \leqslant$ 表面粗糙度值 $Ra$，则

$$t = 2\sqrt{h(2r-h)} \tag{5-5}$$

### 1. 技术原理及理论依据

1）加工中心常规镗孔的切削轨迹使致密螺旋线形成孔侧壁。

2）棒铣刀铣削腔体侧面时，是以铣刀侧齿为母线按编程轨迹使致密母线形成侧壁；铣削孔及弧轨迹是采用微分圆弧插补原理，使致密母线形成柱孔或弧面侧壁。

以典型零件（见图5-68）为例，如果加工一个定轴心、定转向的铝合金零件，7级精度，上部是圆孔，下部是相同直径的扁孔（总深度50mm左右），表面粗糙度值 $Ra = 0.8\mu m$，加工难题就出现了，若镗削孔，则下部是扁孔不能镗削；若铣削孔，则加工精度差、表面质量差，侧壁让刀，上部圆孔与下部扁孔圆弧二次加工将产生接刀痕。

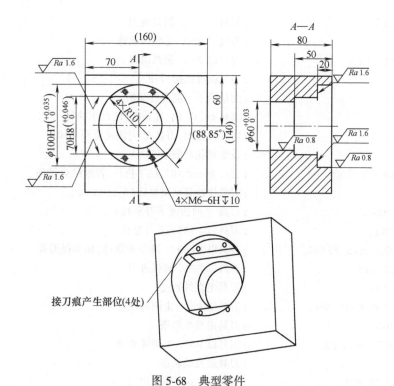

图 5-68　典型零件

　　零件加工的主要难点：①侧壁让刀，有接刀痕；②表面质量差。铣削孔不可行，只能在镗削孔方面寻求解决办法，镗削扁孔似乎不可能，这就要打破传统思维观念，创新求变。笔者自编工艺，编制程序与操作人员试加工，测试修正加工参数，采用先单边留加工余量 0.06mm 粗加工腔体内形，再使用 $\phi 20$mm 双刃对称镗刀，按编程轨迹旋风插补精镗削上部圆孔和下部扁孔直径相同的两段圆弧，深度进刀由常规镗孔的致密螺旋线切削轨迹改为致密等直径同心圆组切削轨迹，不抬刀逐层按编程轨迹扫描精镗削上部圆孔和下部圆弧面。因为高速微量不换刀持续切削，切削力保持一致，镗刀是刀尖切削，刀尖处镗刀杆的刚度不变，加工中让刀及接刀痕问题迎刃而解，可保证侧壁表面粗糙度值 $Ra \leqslant 0.8\mu m$。

　　该类特征零件，程序编制采用数控宏程序，编制如下。

　　设定工作坐标系：$\phi 100$mm 圆心为 $X=0$、$Y=0$，$\phi 100$mm 外端面为 $Z=0$，

　　镗刀直径 $=20$mm，刀补代号 01 半径刀补 $=10$，实测加工值，微调修正到公差内。

```
O8000
N1
(XD20)
G00 G90 G54 G43 H01 Z100.S6000 M03
#1=0.                          ;设变量起始值=0.
WHILE[#1GE-20.]DO1             ;当#1≥-20. 时,往下执行,否则结束循环
X35.Y0.                        ;刀具快速移动至坐标(35,0,100)
Z[#1+1.] M08                   ;刀具 Z 向快速下刀至#1+1.
G01 Z#1 F300.                  ;刀具以 F300. 下刀至#1
G01 G41 D01  Y-15.F1680.       ;刀具以 F1680. 准备走轨迹,加半径刀补
```

```
G03 X50.Y0.R15.              ;刀具以R15.圆弧进刀
G03 I-50.                    ;刀具以R50.走整圆轨迹
G03 X35.Y15.R15.            ;刀具以R15.圆弧出刀
G40 G01 Y0.                 ;刀具以直线撤刀补
#1=#1-0.05                  ;变量给下一层深度赋值
END1                        ;当#1<-20.时,完成循环,往下执行
M09 G00 Z100.              ;切削液关闭,刀具Z向快速升至100.
#1=-20.                     ;设变量起始值=-20.
WHILE[#1GE-50.]DO2         ;当#1≥-50.时,往下执行,否则结束循环
X0.Y20.                     ;刀具快速移动至坐标(0,20,100)
Z[#1+1.] M08               ;刀具Z向快速下刀至#1+1.
G01 Z#1 F300.              ;刀具以F300.下刀至#1
G01 G41 D01  X15.F1680.    ;刀具以F1680.准备走轨迹,加半径刀补
G03 X0.Y35.R15.           ;刀具以R15.圆弧进刀
G01 X-35.707              ;刀具走直线轨迹
G03 X-35.707 Y-35.R50.   ;刀具以R50.走圆弧轨迹
G01 X35.707              ;刀具走直线轨迹
G03 X35.707 Y35.R50.    ;刀具以R50.走圆弧轨迹
G01 X0.                  ;刀具走直线轨迹
G03 X-15.Y20.R15.       ;刀具以R15.圆弧出刀
G40 G01 X0.             ;刀具以直线撤刀补
#1=#1-0.05             ;变量给下一层深度赋值
END2                   ;当#1<-50时,完成循环,往下执行
G00 Z100.M05          ;主轴停,切削液关,刀具Z向快速升至100.
G91 G28 Z0.           ;Z向快速抬升至机械零点
G28 Y0.               ;Y向快速移动至机械零点
M30                   ;程序结束
%
```

**2. 实现的途径及可行性分析**

加工刀路已经确定,具体实现要靠计算。

1)用Solid Works三维软件绘制计算型腔轮廓切削轨迹残留峰值图,要求达到规定的表面粗糙度值 $Ra=0.8\mu m$。

使用CK基础刀柄,代号TW2026E,参数来源于大昭和精机株式会社 BIG+KAISER CK 模块式镗刀系列图册。依据图5-68所示角部尺寸 $4\times R10mm$,选用双刃对称镗刀,镗刀直径20mm,绘制计算圆周切削残留峰值如图5-69所示。

根据圆弧切削残留峰值图计算设定切削参数:当进给量≤0.28mm/r,可以满足表面粗糙

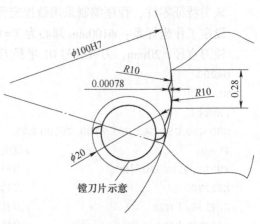

图5-69 型腔轮廓切削轨迹残留峰值放大

度值 $Ra = 0.8\mu m$（即 0.0008mm）。

进给量 = 0.28mm/r，切削残留峰值 = 0.00078mm<0.0008mm。

设：刀具转速 $S$ = 6000r/min，则：圆弧轨迹进给速度 $v_f$ = 6000r/min × 0.28mm/r = 1680mm/min（采用跟踪轨迹半径刀补）。

$\phi$100mm 孔周长 = 100mm×3.14 = 314mm，刀具每周旋转数 = 孔周长÷进给量 = 314mm÷0.28mm/r≈1121r，孔每周切削时间 = 每周旋转数÷刀具转速 = 1121r÷6000r/min≈0.1868min≈11s。

两段圆弧总长 = 100mm×（88.85°÷180）×3.14≈154.99mm，弧每周总转数 = 两段圆弧总长÷进给量 = 154.99mm÷0.28mm/r≈553.54r，弧每周总切削时间 = 弧每周总转数÷刀具转速 = 553.54r÷6000r/min≈0.0923min≈5.5s。

2）用 Solid Works 三维软件绘制计算内腔深度吃刀逐层扫描切削轨迹残留峰值图，要求达到图样规定的表面粗糙度值 $Ra \leq 0.8\mu m$（见图 5-70a）。

使用机夹式镗刀片（见图5-70b），代号 CCGP06-0204FLA，镗刀修光刃圆角 $r$ = 0.4mm，刀片参数来源于大昭和精机株式会社 BIG+KAISER CK 模块式镗刀系列图册。

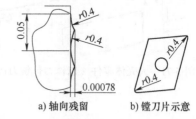

a）轴向残留　　b）镗刀片示意

图 5-70　内腔吃刀逐层扫描镗刀残留峰值

根据吃刀量层间残留峰值计算设定切削参数：当轴向每层吃刀量≤0.05mm；满足表面粗糙度值 $Ra$ = 0.8μm = 0.0008mm，每层吃刀量 = 0.05mm，切削残留峰值 = 0.00078mm<0.0008mm。

已知孔深 = 20mm，孔每周切削时间 = 0.1868min，每层吃刀量 = 0.05mm，圆弧轨迹插补镗孔时间 = 0.187min×20mm÷0.05mm = 74.8min；已知两段圆弧深度 = 50mm−20mm = 30mm，两弧每周总切削时间 = 0.0923min，圆弧轨迹插补镗两弧面时间 = 0.0923min×30mm÷0.05mm = 55.38min；总加工时间 = 74.8min+55.38min = 130.18min。

该加工方法主要适用于转速较高的数控机床，建议转速>8000r/min，用 Solid Works 三维软件绘制计算切削轨迹残留峰值图，在机床、刀具允许的条件下，尽量提高刀具转速，加大轨迹进给速度，提高生产效率。

**（四）创新点**

某大壳体零件加工时，首次采用以镗刀代铣刀逐层扫描的加工方法，高质量完成了该项产品加工任务，得到甲方的赞扬。该项加工工艺创新，打破了传统的镗刀只能加工圆孔的观念，在高速切削的基础上，内腔粗铣削后，镗刀既可以加工扁孔，也能加工各类型腔，很好地解决了铣削让刀引起的"倒梯形"或"喇叭口"问题。

**（五）应用和推广情况**

1）实际应用于某大壳体零件加工，零件局部三维图如图 5-71 所示。

粗铣削内形后，镗刀按编程轨迹差补镗削圆孔、镗削断续台阶孔，很好地解决了让刀引起的"喇叭口"和台阶孔与圆孔衔接处产生接刀痕的问题。

2）该操作方法推广应用于某研究所 U 形架零件加工，如图 5-72 所示。

3）应用于加工某外协厂零件，如图 5-73、图 5-74 所示加工高精度键槽。

加工 7 级精度长槽：宽 4G7、长 6mm、深 10mm。铣削会产生让刀，电脉冲会产生电极损耗形成锥槽，线切割不能加工盲槽。笔者采用密排镗孔，叠压法加工制成长槽，已知：

$r = 2\text{mm}$，$h \leqslant 0.0008\text{mm}$，则 $t = 2\sqrt{h(2r-h)} = 2\sqrt{0.0008\text{mm} \times (2 \times 2\text{mm} - 0.0008\text{mm})} = 0.113\text{mm}$。槽长度方向阵列镗孔数＝两端 $r$ 中心距÷$t$＝2mm÷0.113mm≈18。

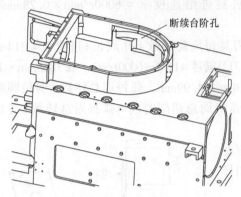

断续台阶孔

图 5-71　大壳体零件（以镗刀代铣刀逐层加工）

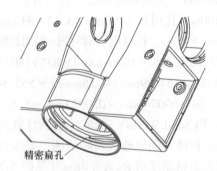

精密扁孔

图 5-72　U 形架零件（以镗刀代铣刀逐层扫描法加工）

图 5-73　精密槽放大

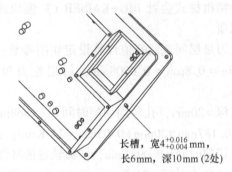

长槽，宽$4^{+0.016}_{+0.004}$mm，长6mm，深10mm（2处）

图 5-74　局部零件

4）公式 $t = 2\sqrt{h(2r-h)}$ 的灵活应用：当铣削内、外直线轮廓时，若图样要求侧面表面粗糙度值 $Ra = 3.2\mu\text{m}$，使用铣刀直径 10mm＝$2r$，则 $t = 2\sqrt{h(2r-h)} = 2\sqrt{0.0032\text{mm} \times (10\text{mm} - 0.0032\text{mm})} = 0.358\text{mm}$，若刀具转速＝1000r/min，则刀具最大进给量＝1000×0.358＝358（mm/r）；若图样要求侧面表面粗糙度值 $Ra = 1.6\mu\text{m}$，使用铣刀直径 10mm＝$2r$，则 $t = 2\sqrt{h(2r-h)} = 2\sqrt{0.0016\text{mm} \times (10\text{mm} - 0.0016\text{mm})} = 0.253\text{mm}$；若刀具转速＝1000r/min，则刀具最大进给量＝1000×0.253＝253（mm/r）；依次套用公式，可以作为选定刀具最大进给量的依据，最大限度地缩短加工时间，提高生产效率。

**（六）经济效益及社会效益**

针对大壳体零件加工，工作室首次采用以镗刀代铣刀逐层扫描的加工方法，高质量完成了加工任务，创新性地利用镗刀扫描加工技术解决了生产瓶颈问题，该特色操作法的推广为数控加工技术带来了新的解决方案。

# 第六章

# 精密加工技巧案例汇编

## 一、案例1——制作浮动夹具保证薄壁零件平面度

### （一）技术说明

零件铣削端面一般使用机用虎钳夹持或端面倒换压板压紧等装夹方式，但薄壁类零件结构复杂、自身刚度差，容易产生装夹变形。某内环架零件结构如图6-1所示，技术要求为：外端面平面度0.01mm，台阶面与外端面平行度0.015mm，深度（1.6±0.01）mm，孔 $\phi$59mm 圆柱度0.015mm。若采用机用虎钳夹持，则孔圆柱度超差严重；若采用倒换压板压紧，则外端面平面度超差严重，均不能满足加工需要。

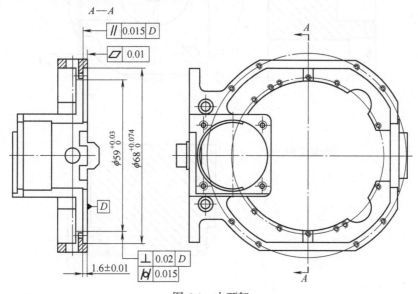

图6-1　内环架

### （二）解决方案

1）根据浮动装夹原理，利用零件 4×M2 螺纹孔，制作浮动装置，并将垂直端面压紧力

改为平行推紧力，解决零件夹持变形问题。

按图 6-2 所示制作浮动装置平移套（4 件），要求上端面光滑，减小与工件结合面的摩擦力；按图 6-3 所示制作浮动装置压簧螺钉（4 件），利用压缩弹簧将平移套与工件柔性结合（压紧力约 1.2N）。因为 4 组浮动平移套与工件均是孤立压紧关系（属于内力），对零件整体不会产生扭曲力和折弯力。

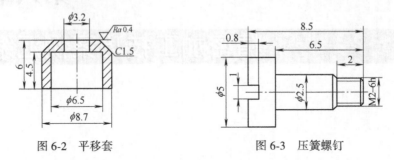

图 6-2　平移套　　　　　　　　图 6-3　压簧螺钉

按图 6-4 所示（简略图）制作夹具体，4×ϕ9mm 孔位置与工件 4×M2 螺纹孔位置对应，定位销孔与工件两处定位孔位置一致。

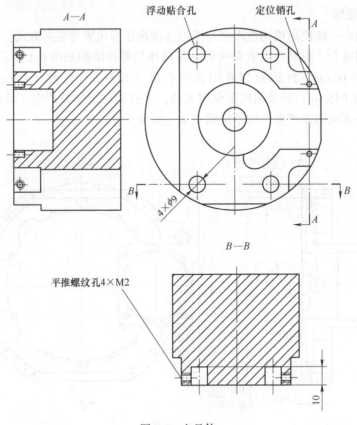

图 6-4　夹具体

2）采用一面两销定位原则，按图 6-5 所示定位、装夹工件：将与工件柔性结合的平移套（4 组）装入夹具体 4×ϕ9mm 孔内（同时进行一面两销定位），旋紧平移螺钉（4 处），平移套与工件定位端面产生滑移运动，使平移套φ8.7mm柱体与夹具体φ9mm孔壁形成内切圆接触压紧，因弹簧作用力使平移套端面始终与工件定位端面形成柔性接触，从而实现对工件的浮动装夹功能。

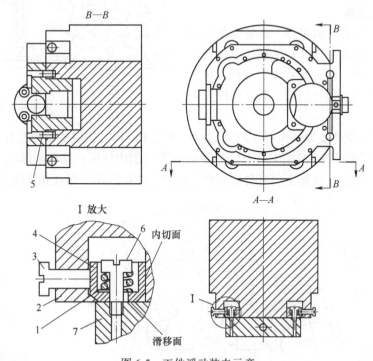

图 6-5 工件浮动装夹示意

1—压缩弹簧 2—夹具体 3—平推螺钉 4—平移套 5—定位销 6—压簧螺钉 7—内环架工件

**（三）实施效果**

使用浮动夹具，加工中心高速精切削内环架端面、镗孔，经三坐标检测：外端面平面度≤0.006mm，台阶面与外端面平行度≤0.008mm，深度范围（1.6±0.005）mm，镗孔φ59mm并保证圆柱度≤0.006mm，批量生产中零件几何精度稳定。注意事项：零件精加工余量要≤0.2mm，因弹簧压缩力较小，如果切削力过大，则零件加工时会发生弹跳，形成颤振纹，影响加工表面质量。

**（四）应用及拓展范围**

利用零件螺纹孔制作浮动夹具，简便易实现，可以解决薄壁零件加工时装夹变形问题。若零件没有螺纹孔，可以用环氧树脂胶粘接工艺圆台（3处以上），用数控铣削见光圆台端面、点钻孔、攻螺纹，再使用自制浮动夹具完成零件加工，最后铣削掉工艺圆台即可。该类浮动夹具主要应用于高精度薄壁零件的端面精加工，可以满足零件几何精度要求。

## 二、案例2——制作双钻模互为支撑斜面钻孔夹具

针对梯形双耳支架类零件，三轴或四轴数控铣床在其梯形斜面钻孔时，由于棱边交线位置对刀困难，所以孔对棱边距离偏差较大，如果孔的位置是空间交线，则对刀零点更难以确定。如图6-6所示，A—A图钻孔φ1.6mm，棱线空间距离是（49.8±0.1）mm，立轴数控铣

床无法对刀。设计制作的斜面钻孔互托式夹具,可以准确定位,使用钻床钻孔,可以保证位置精度,并且加工效率高,生产成本低。

**(一) 解决方案**

根据平行线推移几何特性,保证支架定位斜面与夹具支撑斜面平行,双钻模通过零件镜像组装连接成一体,两支撑共面、互托,可以解决零件斜面钻孔空间位置尺寸误差较大的问题。

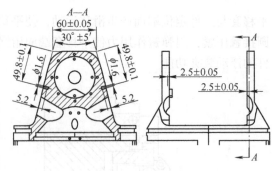

图 6-6　限位轴支架

按图 6-7 所示制作支架钻模板 (2 件,如果 30°角不对称,按镜像制作左右各 1 件),材料用 45 钢,调质至硬度 28~32HRC。先留余量 1mm 粗铣削内外形和精铣削厚度 (12±0.1) mm 后,用五轴加工中心一次加工完成各空间焦点尺寸,在机检测,保证相互位置正确。

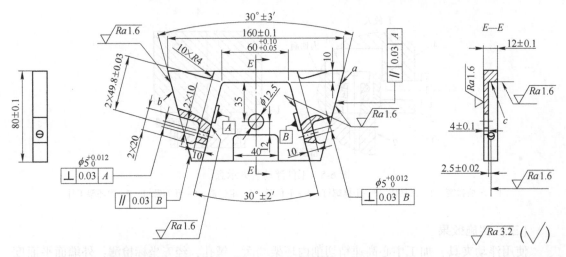

图 6-7　支架钻模板

按图 6-8 所示制作钻套 (4 件),材料选用 T8A 钢,加工后淬火硬度 58~62HRC。按图 6-9 所示将钻套压入支架钻模板两处 $\phi 5^{+0.012}_{0}$ mm 孔内 (2 套),钻套端面陷入钻模板内侧面 0.5mm,防止内侧斜面定位干涉。

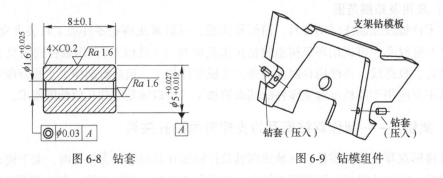

图 6-8　钻套　　　　图 6-9　钻模组件

按图 6-10 所示制作钻模压板 (2 件),材料选用 45 钢,调质至硬度 28~32HRC,车削成形、铣削外六方，用于压紧固定钻模组件。

按图 6-11 所示，将左右钻模组件与限位轴支架两耳组装到位，保证限位轴支架斜面与支架钻模板 $a$ 面或 $b$ 面接触定位，零件顶面与 $c$ 面接触定位；用钻模压板和 M12 螺母适度紧固左右钻模组件。左钻模组件的 $b$ 面和右钻模组件的 $a$ 面形成共面，双钻模定位支撑基准面通过零件连接成一个整体。

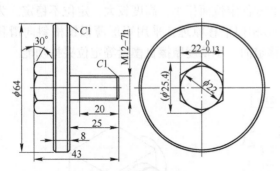

图 6-10　钻模压板

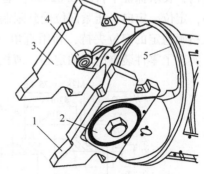

图 6-11　双钻模定位组装

1—左钻模组件　2—钻模压板（2 件）　3—右钻模组件
4—M12 螺母（2 件）　5—限位轴支架

按图 6-12 所示，以镜像双钻模依托支撑稳定定位，零件双耳斜面与下支撑面平行，用钻床夹持 $\phi1.6mm$ 钻头，沿钻套孔垂直钻孔 $\phi1.6mm$（2 处）；将双钻模夹具翻转 180°可以钻对称面的孔 $\phi1.6mm$（2 处），方便快捷。通过夹具精度可以保证钻孔交线（49.8±0.1）mm 位置公差。

误差累积计算：图 6-6 所示限位轴支架交线尺寸（60±0.05）mm，图 6-7 所示支架钻模板交线尺寸 $60^{+0.10}_{+0.05}$mm，零件与夹具的最大间隙变动量是 60.1mm−59.95mm = 0.15mm（零件斜面与支架钻模板 $A$ 或 $B$ 基准定位不存在过定位），已知零件斜面夹角是 30°，孔距 49.8mm 的公差是±0.1mm，孔距位移量 0.15mm×sin（30°/2）= 0.0388mm，最大位移在零件公差范围内的合理区间。

按图 6-13 所示的图形直观表述，最大误差与计算值相符。

（二）实施效果

使用双钻模互为支撑斜面钻孔夹具，能够保证图 6-6 限位轴支架 4 处 $\phi1.6mm$ 孔的空间位置尺寸（49.8±0.1）mm 和边距（2.5±0.05）mm。钻夹具轻便实用，零件加工精度稳定，用钻床钻孔比数控加工成本大幅降低，能够满足批量生产要求。

（三）应用及拓展范围

利用双钻模互为依托制作工装成本较低，加工效率高，零件装卸轻便，适合双耳支架类零件的斜面钻孔。如果支架锥角不对称，则一对钻模板可以按镜像制作，两件钻模板的支撑面仍可以保证共面；如果斜面钻孔与耳轴孔有位置关系，则可以通过心轴使钻模板与耳轴孔配合定位，满足位置要求。

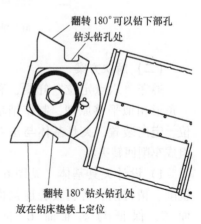

翻转 180°可以钻下部孔
钻头钻孔处

翻转 180°钻头钻孔处
放在钻床垫铁上定位

图 6-12　双钻模使用

图 6-13　最大误差值

### 三、案例 3——滑移定位夹具的设计应用

#### （一）技术说明

销槽滑移定位、定向装置主要解决定位零件的转角定向问题。如图 6-14 所示：类似三通结构，要求保证平行度 0.02mm、垂直度 0.02mm。零件加工的主要难点有：①零件体形较小，定位、定向、压紧部位受到限制；②零件定位面积小，高度较大，定位不稳定。为了保证精确稳定的定位夹持，利用直角三角形相似平移原理，采用矩形薄板销槽斜向滑移技术，实现了零件装夹的心轴定心、薄板平移定向、小角度摩擦自楔紧等定位夹持功能。

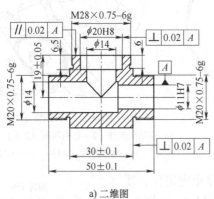
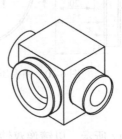

a) 二维图　　　　　　b) 三维图

图 6-14　镜体零件

#### （二）解决方案

遵守"六点定位"守则，利用直角三角形相似平移原理，制作销槽滑移定位、定向装置，夹具基体与法兰盘连接组成车削回转夹具。

1）设计夹具基体（见图 6-15），粗铣削、精铣削、磨制安装连接面与基准面 $C$，保证与基准面 $C$ 的垂直度 0.01mm，铣削定位槽（8±0.01）mm 与基准面 $C$ 的垂直度 0.02mm，铣镗定位销孔 $\phi 10_0^{+0.015}$ mm 与基准面 $C$ 的垂直度 0.02mm，$2 \times \phi 6_0^{+0.012}$ mm 连线与安装面夹角 8°±2′。数控铣削、磨制滑移定向薄板（见图 6-16），保证槽宽 $7_0^{+0.03}$ mm 与定位面夹角 8°±2′。车削、磨制定位心轴（见图 6-17），保证相互同轴度 $\phi 0.01$mm。

车削、磨制滑移板导向销（见图 6-18），保证相互同轴度 $\phi 0.01$mm。铣制弯角压板（见图 6-19），保证高度 $30_{+0.1}^{+0.2}$mm。车削制作双头螺柱（见图 6-20），配备标准

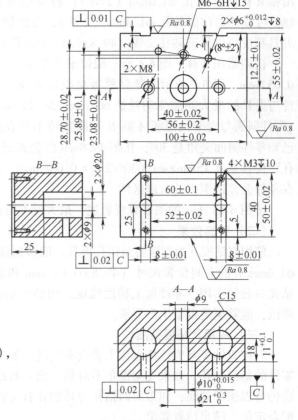

图 6-15　夹具基体

件螺母 M8、内六角圆柱头螺钉 M8×16mm、平垫圈 8mm。

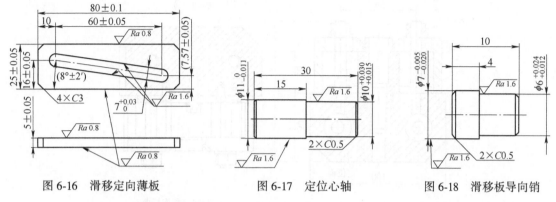

图 6-16　滑移定向薄板　　　　图 6-17　定位心轴　　　　图 6-18　滑移板导向销

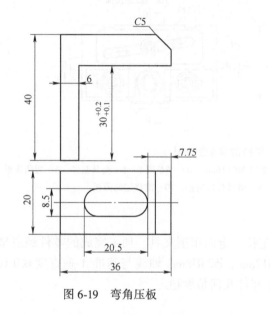

图 6-19　弯角压板

图 6-20　双头螺柱

　　2）采用轴定心、平面定位、侧边定向方式，按销槽滑移车削夹具（见图 6-21）组装定位。

　　装夹工件：将定位心轴、滑移板导向销分别压入夹具基体，双头螺柱与夹具基体连接拧紧，用滑移定向薄板的导向槽与滑移板导向销配合，内六角圆柱头螺钉及平垫圈拧入夹具基体（不压紧滑移定向薄板）。

　　将镜体零件的台阶面与夹具基体的 C 基准面定位，使滑移定向薄板沿滑移板导向销和导向槽滑动，滑移定向薄板的外侧面平行贴紧加工零件的背面基准边，内六角圆柱头螺钉及平垫圈锁紧滑移定向薄板。

　　用螺母、双头螺柱、弯角压板组件适度压紧工件，工件被准确限定在指定空间位置。心轴限制 X 轴、Z 轴的平动，夹具基体定位面限制 X 轴、Z 轴的转动、Y 轴的平动，滑移定向薄板限制 Y 轴的转动，实现工件 6 个自由度的全部限制，并且充分利用工件周圈局限的空间，定位、压紧互不干涉。

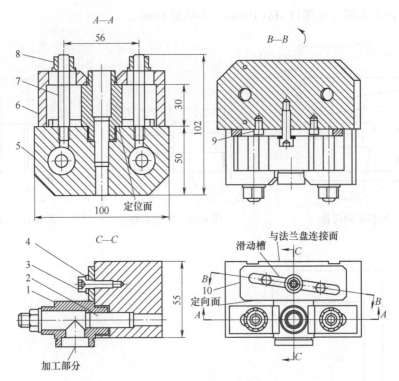

图 6-21 销槽滑移车削夹具

1—镜体零件 2—定位心轴 3—内六角圆柱头螺钉 M8×16mm 4—平垫圈 8 5—夹具基体 6—弯角压板
7—双头螺柱 8—螺母 M8 9—滑移板导向销 10—滑移定向薄板

**（三）实施效果**

在某镜体零件加工中，使用销槽滑移定位、定向车削夹具，加工完成的零件经三坐标检测：零件平行度≤0.016mm、垂直度≤0.012mm，$\phi20H8$mm 轴线与基准 $A$ 垂直度≤0.02mm，上下两端面平行度≤0.03mm，批量生产中零件几何精度稳定。

**（四）应用及拓展范围**

销槽滑移定位、定向装置适用于各机械加工工种的工装定位，特别是零件较小、定位空间受到限制的工件，对优化工装结构、缩小工装体积也有借鉴作用。该定位方式快速、稳定、结构简单，适合大批量零件加工应用。创新设计制作的销槽滑移定位、定向车削夹具，印证了利用直角三角形相似平移原理可以实现零件加工的转角精确定位，为零件的定位装夹方式开辟了一条新途径。

## 四、案例4——简易夹具加工双弧度曲面

**（一）技术说明**

在工业产品中有很多零件不但要求性能可靠，而且要求外形美观，常采用曲面形状、低表面粗糙度值来提高产品的外观质量，某产品的按手就采用低表面粗糙度值双弧度曲面，来提高外观美度。零件在提高外形美观的同时，给加工也带来了困难。本案例针对生产中的零件，对双弧度曲面的加工方法进行了分析比较，采用简易夹具加工双弧度曲面，不仅提高了加工效率，而且保证了加工精度。

**（二）双圆弧曲面的定义及加工方法特点**

（1）双弧度曲面的特点 双弧度曲面就是零件的某一表面由位于两个不同坐标系内的不同半径的弧线所构成的面，如图6-22所示。

双弧度曲面虽然用到产品零件外形上，比较美观，但加工起来比较困难。常用加工方法有：①数控加工中心编制数控宏程序加工；②用成形刀具车削加工；③用组合夹具在数控车床上加工等。每种方法都各有优缺点，通过对各种加工方法进行分析对比，最终总结出一套用简易夹具加工双弧度曲面的方法。

图6-22所示的零件，其上表面在主视图方向弧线半径为 $R160mm$，在左视图方向弧线半径为 $R40mm$，由两条不同半径的弧线所构成，即为双弧度曲面。

零件的加工工艺为：下料→铣削：铣削六方保证 70mm×27mm×25mm→铣削：点钻所有孔→数控铣削：铣削 2×R→钳：攻螺纹 2×M4，2×M10×0.75mm→数控车削：加工 $R160mm$，$R40mm$，保证表面粗糙度值 $Ra=1.6\mu m$→钳：抛光曲面，保证表面粗糙度值 $Ra=0.2\mu m$。

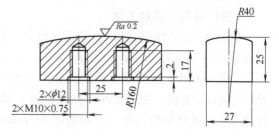

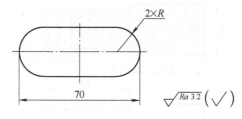

图6-22 双弧度曲面零件

（2）低表面粗糙度值双弧度曲面的特点 此零件曲面由两条不同半径的弧线所构成，而且对表面粗糙度要求极高，加工起来比较困难。

**（三）传统加工方法分析**

（1）在卧式车床用成形R刀加工法 在卧式车床上用花盘将工件压紧，先用普通车刀将圆弧大致车削出，并留一定的余量，再用事先加工好的圆弧成形刀进行精加工。

优点：设备价格较低廉，适用于单件小批量加工。

缺点：切削力大，冲击力较大，零件表面颤纹较严重，表面质量极差，刀具磨损较快，加工效率较低，圆弧成形刀的加工成本较高。

（2）在数控加工中心用宏程序加工法 在数控加工中心用机用虎钳夹持零件，用宏程序编制程序，用球刀进行铣削。

优点：零件装夹方便。

缺点：加工效率很低，每件加工时间 70min 左右，加工成本较大，接刀痕较大，加工表面质量极差。

（3）用组合夹具数控车床加工法 在 $\phi300mm$ 的圆形基础板上组合，使零件的 $R160mm$ 中心与机床的回转中心重合，刀具走出 $R40mm$ 轨迹，加工出双弧度曲面。

按 $v=\pi nd/1000$ 可得：当 $R=160mm$、$d=320mm$、$v=100m/min$ 时，$n=100r/min$，即转速为 $100r/min$。

按 $n=100r/min$、进给量为 $0.1mm/r$ 计算，则 $T=27mm/(0.1mm/r×100r/min)=2.7min$，即加工一刀用时 2.7min。

优点：程序保证 $R40\text{mm}$，加工的曲面较规矩。

缺点：现有数控机床卡盘夹不住 $\phi300\text{mm}$ 的圆形基础板，需要制造过渡件，才能装夹。回转半径较大，转速不能设置太高，加工出来的零件表面质量差。

上述几种方法加工出来的表面需要钳工 8h 抛光才能实现表面粗糙度值 $Ra = 0.2\mu\text{m}$。

**（四）简易夹具加工法**

简易夹具的结构如图 6-23 所示。简易夹具的一端为 $\phi40\text{mm}$ 的圆柱，用来在自定心卡盘上夹紧；另一端为 $70\text{mm} \times 30\text{mm} \times 30\text{mm}$ 的长方形块，用来定位装夹零件。

简易夹具在数控车床上的装夹如图 6-24 所示。在数控车床上用自定心卡盘夹持简易夹具的 $\phi40\text{mm}$ 圆柱，用 $M10 \times 0.75\text{mm}$ 的螺钉通过 $2 \times \phi10\text{mm}$ 的孔拧入零件 $2 \times M10 \times 0.75\text{mm}$ 的螺纹孔中，并将螺钉拧紧。数控编程 $R160\text{mm}$、零件回转半径 $40\text{mm}$，进行切削加工。

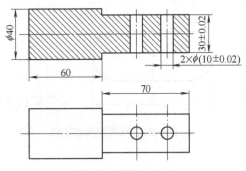

图 6-23　简易夹具的结构

图 6-24　简易夹具在数控车床上的装夹

（1）改变装夹方法，缩短加工时间　在数控车床上编程加工时，按照切削三要素的计算公式 $v = \pi n d / 1000$，当 $R = 40\text{mm}$、$d = 80\text{mm}$、$v = 100\text{m/min}$ 时，$n = 400\text{r/min}$，即转速为 $400\text{r/min}$。

按 $n = 400\text{r/min}$，进给量为 $0.1\text{mm/r}$ 计算，则时间 $T = 70\text{mm} / (0.1\text{mm/r} \times 400\text{r/min}) = 1.75\text{min}$，即加工一刀用时 $1.75\text{min}$。

（2）创新加工方式，提高加工效率　由表 6-1 可见，简易夹具加工时的转速是用花盘和组合夹具的 4 倍，加工效率提高 1.55 倍，加工的零件表面质量也比原来的高很多。

表 6-1　传统方法与简易方法比较

| 参　数 | 传统方法 | 简易方法 |
| --- | --- | --- |
| 相同线速度时工件转速/（r/min） | 100 | 400 |
| 相同条件加工一刀的时间/min | 2.7 | 1.75 |
| 加工工件的表面粗糙度值 $Ra/\mu\text{m}$ | 3.2 | 1.6 |
| 相同条件抛光至要求所用时间/h | 8 | 2 |

此加工方法加工的表面在相同条件下钳工 2h 抛光就能实现表面粗糙度值 $Ra = 0.2\mu\text{m}$。

**（五）应用效果**

（1）加工效率方面　在相同的线速度条件下用简易夹具加工曲面的转速是传统方法的 4 倍，在相同的进给量下，简易夹具加工一刀是传统方法的 1.55 倍。

（2）表面粗糙度方面　传统加工方法比简易夹具加工的曲面表面粗糙度值高，用传统方法加工的表面需要钳工 8h 抛光才能实现表面粗糙度值 $Ra = 0.2\mu m$，而用简易夹具方法加工的表面在同样条件下只需要钳工 2h 抛光就能实现。

综上所述，简易夹具加工方法比传统加工方法在表面质量和效率等方面都有较大的提高，可在双弧度曲面加工中推广应用。

### 五、案例 5——两种突破数控设备限制的新功能

现今的数控编程大都淘汰手工编程而采用各种 CAM 软件，在数控编程方面有两种令程序员特别头疼的问题：一种是机床内存较小，自动编程生成的程序庞大，程序员无法预测和监控内存溢出，不能将庞大的程序按照存储空间的大小分段，有的程序员采用裁剪造型的办法将程序分段，效果也不理想，毕竟零件造型变化万千，其尺寸大小与存储空间没有对应关系，仅靠估计而已。许多用户要么干脆不用这种设备加工复杂零件，要么勉为其难，进行无数次的裁剪试验。我们采用 NX 软件后处理的办法编制了一段"智能监控内存溢出顺序生成批量程序"的代码，不论程序有多大，造型多复杂，程序员只管编程，自动生成按存储空间的大小分段、按数字顺序排列的若干个小程序，并且每个小程序的程序头自动添加上程序的断点信息，程序尾自动退刀，有效地解除了程序员的烦恼，希望对读者有所帮助。另一种是四轴加工中心的转台行程为 0°~360°，没有 M126、M127 功能，每当旋转角轴从 360°往 1°或者 1°往 360°旋转时都要产生反方向大行程旋转。众所周知，四轴加工中心可以加工许多类型的叶轮、叶片，但是这样的硬件条件只能将设计者非凡的创造力在这里化为泡影。鉴于该机床在手动旋转和增量方式编程时可以接近无限制旋转，我们仍然采用后置处理的办法单独将四轴插补时的程序生成为单轴增量方式，使叶片、叶轮的加工得以实现。

#### （一）智能监控内存溢出顺序生成批量程序的创新实例

#### 1. 初始化环境

既然要生成按数字顺序排列的批量程序，就必须先给新程序赋予数字化特征的程序名并删除旧程序；要监控内存的大小，也必须先将机床的内存值告诉后处理。为方便起见，这里将第一个小程序的程序名赋值为"零件名 1"，以后依次为"零件名 2"等，将内存赋值为 50k，后处理编程：

```
global numb  ptp_file_name save_ptp_file_name fn fnnew size
global mom_output_file_directory mom_output_file_basename mom_sys_output_file
_suffix
set numb 1                      #赋予程序名数字化特征的初始序列号
set size 50000                  #初始化内存大小
set fn ${mom_output_file_directory}${mom_output_file_basename}.${mom_sys_
output_file_suffix}             #访问零件名
set fnnew ${mom_output_file_directory}${mom_output_file_basename}${numb}.$
{mom_sys_output_file_suffix}    #初始化程序名
MOM_close_output_file $fn       #关闭旧文件
MOM_remove_file $fn             #删除旧文件
MOM_open_output_file $fnnew     #打开新文件
PB_start_of_program            #生成程序头基本代码,如% 之类的
MOM_tool_change                #更换初始刀具
```

## 2. 监控内存溢出

应用文件长度代码随时监测内存是否溢出，如果程序的长度超过了内存空间，则后处理将机床各坐标值及当前运动类型存储记忆，机床 Z 轴快速退至安全平面，关闭当前程序，程序序列号加 1，生成程序尾基本代码，打开下一个新程序。

```
global ptp_size                              #定义监控全局变量
set ptp_size [file size $ fnnew]             #应用文件长度代码随时监测内存大小
if { $ ptp_size >size} {
  global mom_pos
  global mom_motion_type
  set save_event $ mom_motion_type           #存储当前运动类型
  for {set i 0} { $ i < 3} {incr i} {
      set sav_pos( $ i) $ mom_pos( $ i)
      }                                      #存储当前坐标位置
  MOM_do_template rapid_spindle              #Z 轴快速退至安全平面
  MOM_end_of_program                         #生成程序尾基本代码
  MOM_close_output_file $ fnnew              #关闭当前程序
  set numb [expr $ numb+1]                   #程序序列号加 1
  MOM_open_output_file $ fnnew               #打开下一个新程序
}
```

## 3. 断点返回

关闭当前程序后，就表示生成了一个大小与内存空间相等的新程序。接下来继续生成下一个程序时，务必将以前存储的刀轴矢量、轴坐标值、运动类型赋予新的程序，达到各程序间的有效衔接。另外，在新程序开始时，考虑程序安全性，需要给起始坐标点一个安全距离和进刀速度，还需要强制输出一次 G、F、M，这样就恢复了上一程序结束时的状态。

```
global mom_sys_automatic_retract_distance  mom_feed_rate
global mom_sys_automatic_reengage_distance
global mom_sys_automatic_reengage_feedrate
setmom_sys_automatic_retract_distance 30.0              #定义安全平面
set mom_sys_automatic_reengage_distance2.0             #定义切入距离
global mom_sys_automatic_reengage_feedrate 100         #定义切入进给速度
set fnnew $ {mom_output_file_directory} $ {mom_output_file_basename} $ {numb}.
$ {mom_sys_output_file_suffix}                          #按序列号定义新程序名
MOM_open_output_file $ fnnew                            #打开新程序
PB_start_of_program                                     #生成程序头基本代码
MOM_tool_change                                         #原始刀具复位(如果断点处刚好更换刀具,则
更换的是新刀具)
MOM_force once G_motion                                 #强制输出一次 G 运动代码
MOM_force once S M_spindle M_coolant                    #强制输出一次主轴旋转、冷却指令
  for {set i 0} { $ i < 3} {incr i} {
      set mom_pos( $ i) [expr $ sav_pos ( $ i) + $ mom_sys_automatic_retract_dis-
tance * $ mom_tool_axis( $ i)]
      }                                                 #定义安全距离的坐标值
```

```
    MOM_do_template rapid_traverse                                #快速移动 X 、Y 至断点坐标
      MOM_do_template rapid_spindle                               #快速移动至安全平面
        for {set i 0} { $ i < 3} {incr i} {
            set mom_pos( $ i) [expr $ sav_pos ( $ i) + $ mom_sys_automatic_reengage_
distance * $ mom_tool_axis( $ i)]
            }                                                     #定义切入距离的坐标值
        MOM_do_template rapid_spindle                             #快速移动至切入距离
        set mom_feed_rate $ mom_sys_automatic_reengage_feedrate   #切入进给速度赋予后
处理
    MOM_force once F                                              #强制输出一次 F
    MOM_force once G_cutcom_plane                                 #强制输出一次 G 平面
        for {set i 0} { $ i < 3} {incr i} {
            set mom_pos( $ i) $ sav_pos( $ i)
          }                                                       #恢复断点坐标
      MOM_linear_move                                             #以切入速度移动坐标至断点
      set $ mom_motion_event $ save_event                         #恢复断点时的运动类型
      MOM_force once G_cutcom                                     #强制输出一次刀具补偿
```

### 4. 注意事项

为了能够即时监控内存溢出，需要将上述代码灵活组合成一个或多个 custom command，将监控部分的 custom command 放在 rapid move 和 linear move 运动前，但是在 circular move 前最好不要放置（因为如果程序中存在刀具半径补偿指令时会引起不必要的麻烦）。由于漏掉了圆弧事件时的监控，所以将代码中赋予的内存值比实际值稍小一些（程序中的圆弧指令很短几条后就会出现直线运动，所以不影响大局）。本例旨在传导思维理念，为了简洁易懂，上述代码仅是以三轴机床为例介绍。如果用于多轴机床，需多方面考虑刀轴问题。另外，编制后处理时上述代码要不拘一格、灵活应用，不能死搬硬套。

### （二）采用增量坐标突破旋转轴行程限制的实施方案

以西门子系统为例介绍，假设四轴为 B 轴，用户的目的是只有在第四轴插补时采用增量坐标，那就必须在后处理中加限定条件，另外如果想要四轴能够无限制旋转，则必须在 UG 后处理器中放大四轴插补时的坐标行程，并将四轴的输出字头改为 B = IC 的格式。后处理编程：

```
if {( $ mom_tool_axis_type >= 2 &&  [string match "Variable-axis * " $ mom_opera-
tion_type])  || \
  [string match "Sequential Mill Main Operation" $ mom_operation_type] } {
  #限制了第四轴联动的条件,只有在 NX 变轴铣削的时候采用增量方式
  global mom_kin_4th_axis_min_limit mom_kin_4th_axis_max_limit
  set mom_kin_4th_axis_min_limit -360000000          #放大四轴最小行程
  set mom_kin_4th_axis_max_limit 360000000           #放大四周最大行程
  MOM_reload_kinematics                              #重新初始化机床后处理
  set mom_sys_leader(fourth_axis) "B=IC("            #改变四轴字头
  set mom_sys_trailer(fourth_axis) "\)"
  MOM_incremental ON fourth_axis                      #打开四轴增量方式
```

```
} else {
set mom_kin_4th_axis_min_limit 0                    #恢复四轴最小行程
set mom_kin_4th_axis_max_limit 360                  #恢复四轴最大行程
MOM_reload_kinematics                               #重新初始化机床后处理
set mom_sys_leader(fourth_axis) "B"                 #恢复四轴字头
}                                                   #非四轴插补时仍然采用初始行程和字头
```

那么在四轴插补时后处理生成的程序格式将是：

```
G01X151.122 Z45.114 B=IC(-2.812)
X151.115 Z45.107B=IC(-2.813)
X151.11 Z45.101B=IC(-1.512)
X151.105 Z45.097B=IC(-2.02)
X151.102 Z45.094B=IC(1.367)
......
```

### （三）效果

以上两个实例可行性均已得到验证，智能监控内存溢出顺序生成批量程序的创新实例，使程序员的额外负担大大减轻，由于不再需要裁减造型，因此程序质量和产品质量也得到不同程度的改善。采用增量坐标突破旋转轴行程限制的实施方案，使联动插补轴突破了绝对编程的轴行程限制，可以用机床加工叶轮，相当于把机床的身价提高了几倍。事实证明，现代科学技术非常发达，各种技术信息非常全面，人们可以采取各式各样的手段来克服设备的缺点，挖掘和充分利用设备潜能。

## 六、可转位刀片的二次利用

### （一）可转位刀片介绍

#### 1. 可转位刀片的特征

可转位刀片是一种根据加工材料、加工方式制作好的有若干个切削刃的多边形刀片，主要由硬质合金及陶瓷切削材料制成，刀片上带一个螺钉孔或无螺钉孔嵌接，并采用机械夹固的方法夹紧在刀体上。加工中切削刃磨钝之后，只要将刀片的夹紧松开，转位或更换刀片，即可重新投入使用。

可转位刀片与焊接式刀具和整体式刀具相比有两个特征：其一是刀体上安装的刀片，至少有两个预先加工好的切削刃供使用；其二是刀片转位后的切削刃在刀体上位置不变，并具有相同的几何参数。

可转位刀片成为独立的功能元件，其切削性能得到了扩展与提高，通过机械夹固式的安装，更利于根据加工对象选择各种材料的刀片，充分地发挥其最佳切削性能，从而提高切削效率。

#### 2. 可转位刀片的优点

切削刃空间位置相对刀体固定不变，节省了换刀、磨刀、对刀等所需的辅助时间，提高了机床的利用率。由于可转位刀片切削效率高、辅助时间少，所以提高了工作效率，而且可转位刀片的刀体可重复使用，节约了钢材和制造费用，因此其经济性好。

可转位刀片一般都具有涂层，具有良好的切削性能，而且涂层材料作为化学屏障和热屏障，减小了月牙洼磨损，耐磨性良好。与没有涂层的刀具相比，涂层刀具的加工精度更高，刀具消耗费用大幅降低，切削速度可以提升 50% 以上。随着新型涂层材料的发展，将赋予可转位刀具新的用途与切削价值。

**3. 报废可转位刀片二次利用的意义**

可转位刀片的出现是刀具发展史上的重大突破，可转位刀片的发展极大地促进了刀具技术的进步，同时可转位刀体的专业化、标准化生产又促进了刀体制造工艺的发展。目前，可转位刀片在机械加工领域、特别是数控加工中应用非常普遍。但是，在实际生产应用中会有大量可转位刀片报废。研究发现，报废的刀片中约有 70% 的刀片是可以再次利用的，只要设计出合适的刀体安装上，加工时和新刀片没有任何区别。可以制成各种规格型号的面铣刀、倒角刀、外圆车刀、内孔车刀和镗刀等，在车削、铣削、镗孔等加工中得到广泛应用，能节约大笔资金。

**（二）应用领域**

可以应用在机械切削加工中，如车削加工、铣削加工、镗削加工和钻孔加工等，而且更适合应用在数控切削加工中。

图 6-25 ~ 图 6-29 所示为利用报废可转位刀片制成的各种刀具。

图 6-25　φ160mm×75°面铣刀　　图 6-26　75°端面车刀　　图 6-27　75°外圆车刀

图 6-28　75°内孔车刀　　　　　　　图 6-29　75°粗镗刀头

可转位刀片的形状很多，常用的有长方形、菱形、三角形及圆形等，其中长方形和菱形刀片一般有四个角，有两个角是切削刃，正常磨损报废的刀片，其另外两个角还是十分完整的，有切削刃口，表面涂层完好，具有切削能力。只要有合适的刀体，仍可以继续使用。

可转位刀片生产制作过程复杂，有很高的技术含量，尤其新型材料刀片价格较高，每片从几十元到几百元不等。这在一定程度上增加了企业的刀具费用和加工成本。当前，国家正在大力倡导节能降耗、低碳减排的理念。因此，报废可转位刀片的二次利用，提高了可转位刀片的使用寿命，即经济又实惠，对于节约资源、保护环境，有着可观的经济效益及社会效益。

## 七、如何改善慢走丝线切割加工过程中的变形问题

随着产品异形精密零件增多和难加工程度的增大，慢走丝线切割机床在产品零件加工中得到了越来越广泛的应用。异形精密零件的生产加工，采用线切割加工可大幅度降低切削应力，在保证零件图样尺寸精度和表面粗糙度的同时，又能得到铣削加工难以直接达到的特殊形状。保证线切割加工质量，重点是消除切削应力，减小加工变形，而如何制定加工方案、选择装夹方法、优化切削参数是减少切削应力的重要环节。针对异形精密零件线切割加工过程出现的质量及效率问题，结合多年在生产实践中掌握的经验，总结了几点线切割工艺处理方法和加工操作方案，在同类零件的加工中得到了推广应用，并取得了较好的经济效益。

### （一）细长摆杆加工中的变形分析

日常生产中经常遇到设计为细长杆的零件加工，因为此类零件一般都是受力部件，有一定强度和刚度要求，所以一般要采用热处理来解决。这就增大了零件在加工过程中变形的可能性。比如某型号产品中的摆杆零件（见图 6-30），就是典型的细长杆类零件，为满足使用要求，要在与其他零件接触部位进行局部淬火。既要保证零件的韧性，又要保证接触部位的硬度，只能进行一定厚度的局部淬火，这就对加工余量有了比较苛刻的要求，若留的

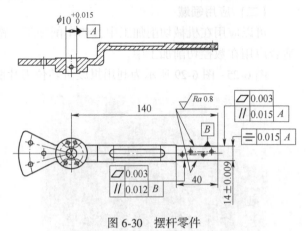

图 6-30　摆杆零件

加工余量太大，则淬火厚度达不到，影响使用寿命；若加工余量留得太小，则不好装夹。但由于此类零件的特殊用途，一般留的加工余量都比较小，所以给装夹带来了比较大的困难，而装夹在摆杆零件的加工过程中又起着很重要的作用。如何确定装夹部位，是保证摆杆质量的重要因素，需要确定选择留下部位还是废弃部位作为装夹部位。最终选择留下部位作为装夹部位，主要是减小摆杆毛坯内部的残余应力及放电产生的热应力引起的变形，同时切割方法上采用封闭式切割，进一步减小切割产生的加工变形。

如果由于工件毛坯尺寸或形状受限而不能进行封闭形式切割，则应在切割路线或切割方向方面进行优化，切割路线也是保证工件质量的重要环节。首先要保证工件在加工过程中始终与夹具保持在同一坐标系，减小装夹变形。

摆杆装夹方法的选择：采用 $\phi10H6mm$ 孔定位，中间留下部位装夹压紧，同时右侧增加辅助支撑。

切割路线：切割初始点从摆杆圆形凸起左侧开始，顺时针方向按摆杆外形进行切割，切割后的工件留在原先毛坯的中间位置，靠近装夹部位，保证大部分切割过程都能使工件与夹具保持在同一坐标系中，同时摆杆与夹持部位分离的切割段在切割程序末端，即将暂停点留在靠近毛坯夹持端的部位。刚度较好，避免了装夹应力变形。而如果切割点从摆杆零件右侧开始，逆时针方向按摆杆外形进行切割，毛坯将被分为左右两部分。随着切割，毛坯左右两侧的材料将会越割越小，毛坯左侧与夹具逐渐脱离，摆杆与夹持部位分离的切割段又不在程序末端，大部分切割过程都不能使工件与夹具保持在同一坐标系中，造成摆杆产生装夹

应力。

切割方法的选择：考虑摆杆材料硬度、结构特点以及精度因素，外形加工及连接部分（暂停点）的加工均采取 3 次切割。第 1 次切割，电极丝偏移量在 0.8～1.2mm，工件毛坯充分释放残余应力及装夹应力；第 2 次切割，电极丝偏移量在 0.3～0.5mm，工件毛坯再次释放残余应力及装夹应力；第 3 次切割，精加工完成图样尺寸及精度要求。

具体操作步骤：

1）校验铜丝的垂直度，保证在 0.005mm 以内。

2）安装夹具，保证安装面与铜丝垂直度在 0.01mm 以内。

3）以 φ10H6mm 孔定位，装夹毛坯。

4）编程，确定切割起点位置。

5）粗切割，为补偿扭转变形，切割余量预留 0.8～1.2mm。

6）半精切割，余量预留 0.3～0.5mm，

7）精切割，完成外形加工。

8）修锉预留连接部分，达到无接刀痕，平整。

**（二）环形零件加工中的变形分析**

某型号产品中的一种环形零件如图 6-31 所示。

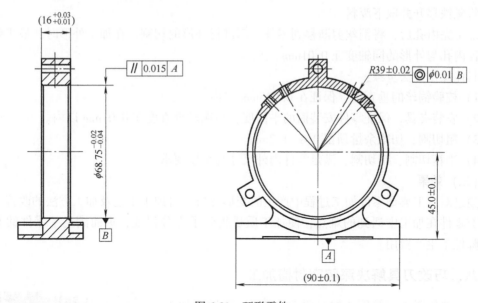

图 6-31　环形零件

**1. 结构特点**

零件为环形结构，底座为与本体的安装面，圆环内安装屋脊棱镜组件，是影响产品精度的核心部位，圆环孔与环外 3 个凸台组成一个近似的轴承，保障产品 360°观察、搜索目标，壁薄，装夹难度大。

**2. 技术要求**

该环形零件精度要求高，内外形都需要加工，主要尺寸精度和几何精度都在 0.015mm以内，加工难点主要是孔、底面与圆环外 3 个凸台无法一次加工，要保证图样精度要求，难

度比较大。

**3. 加工措施**

前期此类零件都是先用线切割进行半精加工，再用数控磨床磨内外形。由于磨床加工磨削力太大，造成变形，而且无法纠正，导致零件加工精度不合格，影响装配性能。经过多次试验和协调，决定用慢走丝加工，以切代磨。

圆环孔与环外 3 个凸台要求有一定的硬度，在线切割加工前，需进行淬火处理。但淬火处理会产生较大的淬火应力。零件本身残余应力、切割热产生的应力会使零件在切割过程中产生较大变形，根据工厂储存的材料–工艺–变形数据库，以及零件的结构特点与精度要求，内孔与外形采用 3 次切割加工。通过粗切割，保证后面的切割量厚薄均匀，避免影响加工质量和加工精度。

粗切割除去零件内孔大的余量，同时保证预留余量均匀，再由机床的自动移位、自动穿丝功能，完成第 2 次、第 3 次切割。这种切割方式能使内孔加工后有足够的时间释放毛坯残余应力，使产生的微量变形降低到最小程度，可较好地保证内孔的加工尺寸精度。这里需要注意的是，第一次切割完成后一定要关注废料的取出，如果废料比较轻薄，让其自己落下即可；但如果废料厚重，为避免废料落下时砸坏导丝嘴，就要与零件固定。在程序中要设置暂停点，当到达暂停点时，用强力磁铁将要落下的废料和零件吸在一起，第一次切割加工完成后，将磁铁移开并取下废料。

加工完内孔后，将铜丝剪断移到零件外部进行外形的切割。在加工外形时，最主要的是要保证内孔与外形的同轴度在 0.01mm 之内。

具体操作方法步骤：

1）校验铜丝的垂直度，保证在 0.005mm 以内。

2）安装夹具，保证零件安装面的平面度，与铜丝垂直度在 0.01mm 以内。

3）粗切割，切割余量预留 0.8~1.2mm。

4）半精切割、精切割，满足零件内外尺寸与精度要求。

**（三）效果**

通过对以上典型零件加工过程中产生的变形分析，对加工工艺及加工方法的改善，解决了此类零件在加工中遇到的难点，使加工质量得到了充分保证，进而满足了零件的装配性能，降低了生产费用。

## 八、巧改刀具解决深腔密封槽加工

某一箱体零件（见图 6-32）需要在 70mm 深腔内加工一圈宽为 3mm、深为 2.5mm 的密封槽，加工密封槽本身并不具有难度，难的是因密封槽距零件内腔侧壁太近，仅为 3.5mm，又没有相应的标准刀具，故需制作加长铣刀才能完成。通过工艺研究与试验，将钻削刀具改制为键槽铣刀，避免了制作专用刀具，有效地解决了零件的深腔窄槽加工，同时降低了生产成本，节省了刀具准备时间，取得了良好的加工效果。

图 6-32　箱体零件

**(一) 解决方案**

（1）方案一：需向刀具生产企业定制专用加长键槽刀具　此方案生产周期较长，将耽误产品研制进度，因此不可取。

（2）方案二：自制加长杆将刀具嵌入　该方案制作时间虽短，但制作过程复杂且精度要求高。由于密封槽距离零件内腔侧壁较近，只有 ≤$\phi$7mm 的刀杆才可行，因此自制刀杆不仅要细而且要长，刚度要好，刀具嵌入部分回转跳动不能过大。另外，为了安全起见，刀头部位还需加装侧固螺钉，防止刀具在切削过程中发生松动现象。这些，给自制刀杆带来了一定难度，延长了试制零件刀具的准备时间。

（3）方案三：对现有刀具改制　经过对比，选用现有的专用普通加长中心钻进行改制，中心钻 $\phi$2.5mm，前端长 4mm，刀杆长 90mm、直径 6mm。这种改制刀具（见图 6-33）制造时间短、成本低、操作简单且实用性强。

图 6-33　改制刀具

**(二) 具体实施**

如图 6-34 所示，将加长中心钻钻尖在砂轮上手工磨平，然后开出后角，保证刀刃长度 3mm 左右，后角的角度控制在 15° 左右，即可完成刀具改制。由于该加长中心钻为整体高速钢结构，前端 $\phi$2.5mm 切削部分较短，因此刀体具有良好的刚度，加工时不易发生颤振。使用数控机床编程，分层加工至密封槽深度，每次切削深度 0.5mm，采用高速加工方式完成整个加工过程。

**(三) 效果**

根据长期数控加工实操经验，利用现有刀具资源进行改制刀具（见图 6-35），有效地解决了深腔距内壁较近的密封槽的加工难题，缩短了生产刀具准备时间，加快了产品试制进度。此方法可作为一种参考，供大家借鉴。

图 6-34　加长中心钻钻尖

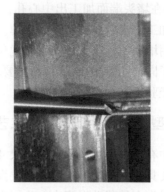

图 6-35　改制刀具

## 九、钛合金轴类零件的磨削加工

某产品有一种反射镜零件（见图 6-36），其基体为钛合金材料，在用数控外圆磨床加工两端轴时，遇到了一个棘手的问题——基体两端轴分别磨削加工完成后，测量两端轴的同轴度约为 $\phi$0.08mm（零件长度为 300mm，两端轴直径为 12mm），与设计要求同轴度 $\phi$0.01mm

相差较大。通过增加工艺堵头，优化磨削参数，有效地解决了同轴度问题。

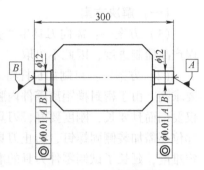

图 6-36　反射镜零件

**（一）问题分析**

刚开始，分析认为是两端的中心孔不同轴原因，为此特意加工了一个类似反射镜零件两端轴的钛合金圆棒零件进行试验，但检测结果与反射镜零件一样，让人费解。后来发现，当加工完一端时，在机床上测量此端轴的圆跳动在 0.002mm 内，合格；加工完另一端后，经测量该端圆跳动也合格。但再去测量先前加工的那一端轴的圆跳动，发现变成了 0.06mm（超差）。

经多次试验，检测情况依旧如此，加工反射镜零件轴的一端，在机床检测合格，加工完反射镜零件轴另一端，轴在机床检测也合格，但先前加工的轴却不合格了。而且在机床上磨削的时间越长，其轴的同轴度误差越大。由此推断出，在磨削过程中，轴两端的中心孔与顶尖之间摩擦时，中心孔存在严重磨损，从而导致两端轴中心线在磨削后不在同一条直线上，使同轴度超差。

分析出原因后，让试验零件只做空转，不进行轴的磨削加工，试验件空转一段时间后，对两轴再进行同轴度测量，发现两端轴都出现了超差，且空转时间越长，同轴度超差越大，更加证实了上述推断，说明中心孔在磨削过程中，在不断地被磨损，造成反光镜两轴同轴度超差。

**（二）问题解决**

分析出原因后，采用普通 45 钢做了一次试验，并未出现钛合金材料所发生的问题。因此得出结论：钛合金材料偏软、不耐磨。为解决这一问题，我们在零件两端攻螺纹，各加一段普通 45 钢做成的工艺堵头，拧在轴两端（见图 6-37），并在堵头端面加工出中心孔，作为磨削时的中心孔，待零件加工完成后，再将堵头卸掉。

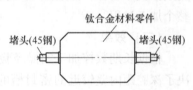

图 6-37　工艺堵头拧在轴两端

通过采用增加工艺堵头以及参数优化的方法，有效地解决了困扰许久的钛合金磨削加工瓶颈，保证了同轴度 $\phi 0.01$mm 的技术要求。举一反三，为日后加工同类型的钛合金轴零件提供了技术经验。

## 十、小型复杂零件批量加工工艺

某产品中有一类小型精密零件，尺寸较小，结构复杂不规则，单件小批量生产时通常采用单件组合夹具装夹，加工过程中需要操作人员频繁进行零件的装卸，装夹误差大，装卸时间占比大，操作人员劳动强度大。为了提高此类零件定位精度、加工效率，减轻操作人员的劳动强度，开展了一系列工艺改善技术研究工作，包括设计专用夹具、优化数控程序、提高夹具互换性等工艺措施。经过小批量生产试验验证，提高了该类零件的定位精度和加工效率，减轻了操作人员的劳动强度，也提升了生产线设备利用率。

**（一）小型复杂零件的工艺性分析**

**1. 结构特点**

该类小型精密零件尺寸小（外形尺寸一般小于 30mm×30mm×30mm），结构复杂不规则，定位面小，装夹困难，加工去除材料少，机床加工走刀时间短。虽然此类零件不属于产品的关键重要零件，但是由于单件产品中需要多个（2~4个）此类零件，所以在产品具有一定批量时，此类零件批量是产品批量的多倍。

**2. 技术要求**

零件如图 6-38 所示，该零件毛坯材料为 ZG310-570，熔模铸造，B 类铸件。该零件外形尺寸 36mm×22mm×20mm，形状不规则，基准面 B 和基准孔 A 是零件应用主要部位。其尺寸精度要求一般，为 IT8~IT11；几何精度主要是基准孔 A 对基准面 B 的垂直度要求；表面粗糙度值要求：基准面 B 和基准孔 A 要求 $Ra = 1.6\mu m$，其余加工面表面粗糙度值 $Ra = 3.2\mu m$，铸造毛坯非加工面表面粗糙度值 $Ra = 12.5\mu m$。

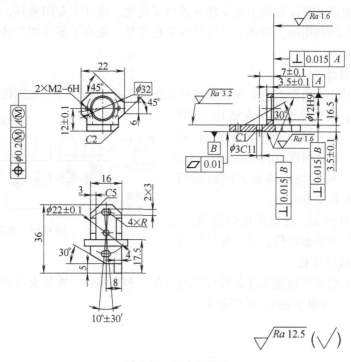

图 6-38　某小型零件

**(二) 加工技术难题及分析**

单件小批量生产时，工序 6 找正划线加工，工序 7 数控铣削和工序 8 数控铣削采用小型机用虎钳加工，工艺和加工均无问题。工序 9 数控铣削，单件小批量生产时采用组合夹具，主要有两方面问题：一是定位采用两面一孔，夹紧只能用小压板压在有加强筋的面上，由于压紧力偏剖视图左侧，因此压紧不稳定；二是装夹需要每件在机床上进行，该工序走刀时间为 15min，每件装卸时间为 6min。压紧不稳定会造成零件加工垂直度不稳定，有部分零件垂直度超差；装卸零件占整体零件加工比例较大，机床利用率低，操作人员需要频繁装卸零件，劳动强度大。

因此，该零件在中等批量（年产量 20~2000 件）生产时，提高零件加工效率、减轻操作人员劳动强度是主要的工艺技术难题。当大批量（年产量 ≥2000 件）生产时，可考虑机械手、自动生产线等自动化加工方式，这里不做论述。

### （三）工艺方案优化及验证

#### 1. 工艺方案优化

该零件改进后的工艺流程为：铸造→热处理→钳工（打磨外形，清理非加工面）→铣削（铣削浇冒口）→钳（划线）→铣削（按线粗铣削基准面 $B$，留余量 0.5mm，按线铣削外形尺寸 16mm 两侧面）→数控铣削 [已铣削面定位，铣削尺寸（3.5±0.1）mm 上面，尺寸为 4mm] →数控铣削 [精铣削基准 $B$ 面，保证平面度 0.01mm，点、钻、铰孔 $\phi$（3+0.01）mm，铣削两长孔] →数控铣削 [已铣削基准面 $B$ 及孔 $\phi$（3+0.01）mm、尺寸 16mm 一侧边定位，铣削孔 $\phi$12mm 端面、铣削孔 $\phi$12mm，点螺纹孔位置] →钳（攻螺纹、去毛刺、打磨接刀痕）→表面处理。

工艺方案的制定主要针对该工艺工序 9 进行了优化，设计了专用夹具，优化了数控加工程序，提高了机床的利用率，增强了零件的压紧稳定性，提高了零件加工合格率，减轻了操作人员的劳动强度。

#### 2. 优化夹具设计

专用夹具的设计，根据工艺要求，仍然采用两面一孔定位，压紧采用螺钉一次拧紧。由于零件较小，为了减少操作人员在机床上的装卸次数，设计了多件一次装夹的专用夹具，夹具本体经过磨削，尺寸精度±0.003mm，零件装夹在机床外进行，可以与零件加工同时进行，采用两套或三套夹具交替应用。

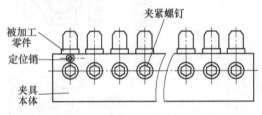

图 6-39　夹具

夹具如图 6-39 所示，其应用定位销和在夹具本体上安装定位销平面定位，采用螺钉夹紧。

#### 3. 数控加工程序优化

应用数控系统的矩阵功能实现数控程序的优化，多个零件一次装夹进行加工。例如，一个夹具装夹 10 件，间距 30mm，程序如下：

```
……
G52X30 Y0
M98 0001
M99
……
G52X60 Y0
M98 0001
M99
……
```

#### 4. 验证及推广应用

通过应用优化工艺方案，已实现该零件多个批次的生产，合格生产件约 600 件，合格率达到 100%。工序 9 在优化夹具前，包括装卸零件及走刀加工时间为 21min，优化后该工序装卸零件和加工同时进行，提高了机床的利用率，单道工序时间为 15min，提高效率 28.5%。此种夹具优化设计及数控程序的优化已经推广应用于其他类似小型复杂结构零件。

此类小型复杂结构零件，在中等批量生产切削加工中，通过设计可互换专用夹具，利用数控系统的各种编程功能，解决了零件夹紧不稳定、机床利用率低的问题，提高了零件加工质量和加工效率，降低了操作人员的劳动强度，该工艺方案的成功实施，为此类小型复杂结构零件的加工提供了很好的借鉴作用。

## 十一、小型导轨类零件加工工艺

导轨类零件，经常应用于具有运动结构的产品中，如机床的导轨、线轨等，高精度导轨面需要人工刮研、对研，以保证各种精度及要求。光电产品中小型 V 形导轨类零件，V 形导轨面经过淬火，硬度较高，平面度和直线度要求较高，以适应滚珠在导轨面的往复运动，保证运动精度及运动平稳性。该类零件在高精度数控磨床广泛应用之前，一般采用人工研磨基准面，并采用专用导磁夹具单面磨削 V 形面，工序较长，对操作人员的要求较高，劳动强度大，效率低。近几年，随着高精度数控机床的广泛应用，工艺有了新的发展，缩短了加工工序，减少了对操作人员的依赖，提高了生产效率。

### （一）小型导轨类零件的工艺性分析

#### 1. 结构特点

该类小型零件，一般结构比较简单，零件尺寸小，但是精度高。此类导轨有单 V 形结构、双 V 形结构，也有个别异形结构导轨。图 6-40 所示为单 V 形结构导轨，图 6-41 所示为双 V 形结构导轨，图 6-42 所示为异形结构 V 形导轨。

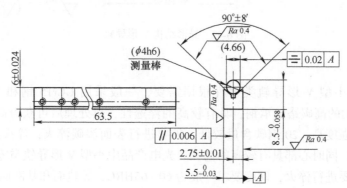

图 6-40 单 V 形结构导轨

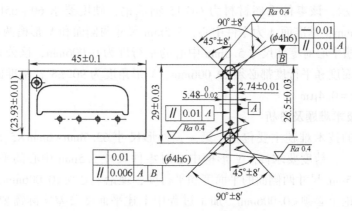

图 6-41 双 V 形结构导轨

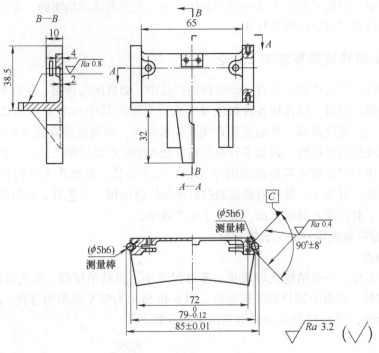

图 6-42　异形结构 V 形导轨

**2. 技术要求**

光电产品中小型 V 形导轨类零件根据需要，一般采用 GCr15 钢和 20 钢的比较多。GCr15 是一种常用的高碳铬轴承钢，具有较高的淬透性，热处理后可获得高而均匀的硬度，耐磨性、抗疲劳强度高。20 钢碳含量较低，需要进行表面渗碳淬火，淬火后表面具有较高的硬度和耐磨性，同时心部具有较高的韧性。光电产品中小型 V 形导轨类零件 V 形导轨面、安装基准面都需要进行淬火，硬度要求一般为 60~65HRC，导轨面和基准面的平面度要求较高，一般公差在 0.003~0.006mm，两者之间相互的平行、对称要求也很高，一般公差在 0.005~0.010mm，V 形角度偏差为 90°±8′。

如图 6-40 所示，该零件毛坯材料为 GCr15 轴承钢，硬度要求 60~65HRC。外形尺寸 6mm×5.5mm×63mm，基准面 A 为零件中心，5.5mm 尺寸两侧面和 V 形槽两斜面是零件应用主要部位。V 形槽中心对零件尺寸 5.5mm 中心的平行为 0.006mm，该公差包含了 5.5mm 尺寸两侧面的平面度和平行度都必须<0.006mm，V 形角度为 90°±8′，基准面和 V 形槽要求表面粗糙度值 $Ra=0.4\mu m$。

**（二）加工技术难题及分析**

该零件加工的技术难题主要包括：第一，外形尺寸 63.5mm×6mm×5.5mm，属于细长型，易变形。第二，精度要求高。V 形槽中心对零件尺寸 5.5mm 中心的平行度 0.006mm，该公差包含了 5.5mm 尺寸两侧面的平面度和平行度，理论上必须<0.006mm，并且 V 形槽中心线的直线度理论上必须<0.006mm。加工过程中上述平面度公差实际需要控制在 0.002~0.003mm，这几乎是机械加工的极限。第三，V 形槽中心对零件中心的对称度为 0.02mm，批量生产时对尺寸 5.5mm 的一致性要求较高。

## （三）工艺措施

1）零件属于细长形，易变形，主要采取材料锻造退火、中间增加淬火、稳定化处理等措施，经过粗加工、半精加工、精加工，释放材料内部应力和加工残余应力，最大限度地减小零件成品后的变形。

2）对于零件精度要求高的问题，小型导轨类零件 V 形面和基准面面积较小，不能采用人工刮研的方法，只能采用磨床进行磨削或者人工研磨。单件小批量生产时，采用基准面平面磨床磨削结合人工研磨的方式。V 形槽采用数控平面磨床，通过砂轮修整器修整砂轮呈 V 形，保证 V 形槽角度精度。

3）V 形槽中心对零件中心的对称度，通过工艺过程中提高 5.5mm 尺寸的精度，尺寸 5.5mm 公差控制在 -0.015~0mm，且通过调整砂轮对定位面的尺寸，保证该对称度。

## （四）工艺方案及验证

### 1. 工艺方案

该零件工艺流程为：下料→锻造→退火→铣削（粗铣削成单件）→铣削（铣削四面）→铣削（铣削 V 形槽）→钳（点、钻孔）→淬火→磨削（半精磨削四面）→磨削（半精磨削 V 形槽）→钳（攻螺纹、去毛刺）→稳定化处理→表面处理→数控磨削（精磨削各基准）→数控磨削（精磨削 V 形槽）→检验→成品入库。

粗加工：将零件外形及 V 形槽、退刀槽等加工成形。长度尺寸和退刀槽加工成形，不留加工余量，尺寸 6mm 及 5.5mm 四面留加工余量 0.4~0.5mm，V 形槽两面留加工余量 0.4~0.5mm；半精加工：采用普通平面磨床磨削四个平面及 V 形槽两面，尺寸 6mm 及 5.5mm 四面留加工余量 0.1~0.15mm；精加工：采用高精度数控平面磨床磨削四面，保证尺寸 6mm 及 5.5mm 公差，尺寸 5.5mm 公差控制在 -0.015~0mm，通过应用砂轮修整器修整砂轮，保证 90°角度公差，通过数控程序的补偿功能保证各几何公差。

### 2. 夹具设计

半精加工采用普通平面磨床，设计专用 45°导磁夹具，一次装夹磨削一面，两次装夹磨削两面，保证 90°角度公差，如图 6-43 所示。

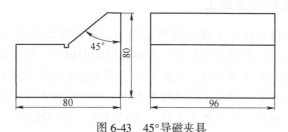

图 6-43　45°导磁夹具

### 3. 砂轮选择与磨削参数

在一般工程生产中，磨削钢类零件常用砂轮材质有棕刚玉、白刚玉和铬刚玉。棕刚玉（A）一般用于未淬火硬度较低的钢或铁；白刚玉（WA）常用于淬火硬度为 40~55HRC 的钢；铬刚玉（PA）常用于硬度为 58~65HRC 的高碳钢。砂轮粒度指砂轮粗细，以磨粒通过筛网上每英寸长度内的孔眼数来表示，从粗到细有 F46、F60、F80、F100、F120。

本例中，小型导轨类零件的基准面和 V 形槽两侧面的磨削分为粗磨和精磨。粗磨时考虑砂轮的性价比，采用白刚玉砂轮，粒度采用 F46 或 F60。精磨时由于几何公差要求高，表

面粗糙度值 $Ra = 0.4\mu m$，所以选择铬刚玉，粒度 F80 或 F100。

磨削参数通常根据机床及零件的加工余量综合考虑，一般平面磨床粗磨小型淬火硬度 $58 \sim 65HRC$ 钢零件的各种参数推荐见表 6-2。

表 6-2　粗磨小型导轨类零件磨削参数推荐

| 类　别 | 背吃刀量 $a_p$ /mm | 轴向进给量 $f_a$ /(mm/双行程) | 磨削速度 $v$ /(mm/s) | 工件速度 $v_W$ /(mm/min) |
|---|---|---|---|---|
| 粗磨 | 0.02 ~ 0.04 | 0.3B | 25000 ~ 30000 | 15000 ~ 25000 |
| 精磨 | 0.01 ~ 0.02 | 0.1B | 20000 ~ 25000 | 10000 ~ 15000 |

注：B 表示砂轮宽度。

精磨工序各参数推荐见表 6-3。

表 6-3　精磨小型导轨类零件磨削参数推荐

| 类　别 | 背吃刀量 $a_p$ /mm | 轴向进给量 $f_a$ /(mm/双行程) | 磨削速度 $v$ /(mm/s) | 工件速度 $v_W$ /(mm/min) |
|---|---|---|---|---|
| 粗磨 | 0.015 ~ 0.03 | 0.3B | 15000 ~ 20000 | 15000 ~ 25000 |
| 精磨 | 0.003 ~ 0.01 | 0.1B | 15000 ~ 20000 | 15000 ~ 25000 |

注：B 表示砂轮宽度。

**4. 验证及推广应用**

该工艺方案，通过工厂两种零件各两个批次的生产，已经合格生产约 200 件，合格率 98%。目前正在推广应用于其他类似规格尺寸的导轨类零件。

此类小型高精度导轨类零件，由于尺寸较小，一般采用磨床磨削和人工研磨基准面和 V 形槽斜面，随着数控技术的发展，可以采用高精度数控平面磨床，通过砂轮修整器修整砂轮成形磨削 V 形斜面，提高零件加工效率，降低钳工的劳动强度。该工艺方案的成功实施，为此类小型复杂结构零件的加工提供了很好的借鉴作用。

## 十二、中小模数大齿圈加工

中小模数大齿圈零件常用于车辆的周视结构中，需要带动观测仪器 360° 圆周观察。虽然这类零件结构相对简单，但是刚度很差，在加工过程中极易产生变形，而加工变形是影响产品质量和加工效率的主要技术难点。为此开展了相关的工艺技术研究工作，通过试验、生产、检验及装配等环节验证，满足了产品技术要求。在介绍该类零件的结构特点、技术要求及加工瓶颈的基础上，提出了包括加工方法、夹具设计、变形控制等在内的具体工艺方案，提高了零件加工质量和加工效率。

### （一）工艺性分析

**1. 结构特点**

在车辆的周视结构中，中小模数大齿圈零件是产品中的关键件，属于薄壁圆环类，薄壁圆环结构是造成整体零件刚度下降的主要原因。圆周齿轮要带动整个观察装置进行 360° 转动进行圆周观察。

**2. 技术要求**

中小模数大齿圈尺寸如图 6-44 所示，孔和其端面为定位孔基准。该零件齿轮参数：模数2；齿数341；精度等级7f（GB/T 10095.1—2008）。

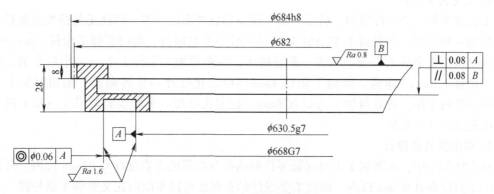

图6-44　中小模数齿圈尺寸

## （二）加工技术难点及分析

### 1. 零件结构的影响

该零件结构加工后极易产生较大的弹性恢复，造成加工变形，影响加工表面粗糙度、尺寸精度、齿轮精度及几何公差要求。

### 2. 零件尺寸精度、几何公差、齿轮精度的保证存在加工瓶颈

对于齿轮类零件最主要的技术要求是保证齿轮的精度，而齿轮的精度是由毛坯精度、齿轮加工设备精度、零件结构等因素组成的，而对变形的影响则贯穿在整个加工过程中，因此变形是零件的加工瓶颈。

## （三）加工难点及工艺措施

### 1. 质量问题之要因确定

影响齿圈加工质量的主要因素是工艺方法不合理、装夹定位方式不合理和零件变形3项，如图6-45所示。

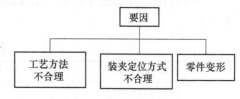

图6-45　主要影响因素

### 2. 工艺措施

针对工艺方法不合理、装夹定位方式不合理、零件变形三大影响因素，制定了相应工艺措施，见表6-4。依据此工艺措施，形成相关的机械加工工艺方案。

表6-4　工艺措施

| 要　因 | 对　策 | 目　标 | 工艺措施 |
|---|---|---|---|
| 工艺方法不合理 | 优化加工方法 | 提升加工能力，保证尺寸精度和几何公差在图样要求范围内 | 进行工艺优化 |
| 装夹定位方式不合理 | 优化装夹定位方式，设计夹具 | 降低装夹变形在0.02mm以内，提高定位精度在0.02mm以内 | 设计夹具，达到最佳效果 |
| 零件变形 | 多次时效处理 | 通过多次时效，控制零件变形在0.02mm以内 | 根据工艺情况穿插布置 |

### （四）工艺方案及验证

#### 1. 工艺方案设计

工艺方案是结合零件结构、精度、加工设备综合考虑的结果。因此工艺路线主要是：下料→调质→粗车削，各处留加工余量4mm→时效→平磨端面，端面留加工余量2mm→粗车削，各处留加工余量2.5mm→时效→平磨端面，端面留加工余量1.2mm→半精车削，各处留加工余量1.5mm→滚齿，留加工余量1mm→稳定化处理→平磨端面，端面留加工余量0.6mm→半精车削，各处留加工余量0.8mm→稳定化处理→平磨端面至尺寸→精车削至尺寸→滚齿至尺寸→检验。

#### 2. 车削夹具的设计

在齿坯加工中，车削加工主要保证零件的内孔和端面的垂直度在0.02mm以内、外圆与端面的垂直度在0.02mm以内，因此需要设计的夹具既可以车削内孔又能够车削外圆。采用基础板上钻孔安装压板的方法，加工外圆时，将压板放置在孔内用压板压端面；而加工孔时将压板放置在零件外用压板压端面，这样一次装夹完成，在车床上夹持基础板即可加工内孔、外圆。

#### 3. 滚齿夹具的设计

在滚齿夹具设计时要考虑该零件过大，已经超过机床现有立柱的加工范围，因此需要将机床立柱拆除后安装夹具。机床夹具的设计原则是既要考虑零件的装夹又要考虑夹具的经济性，因此采用组合立柱支撑法，即采用8个可调立柱支撑在零件下方，将零件安装在立柱上预压紧，并通过可调立柱进行调节找正，最后在找正后进行最终压紧，开始加工。

#### 4. 结果及验证

该零件按此方案进行加工，经过检验、检测，结果完全满足设计要求，具体检测结果见表6-5。

表6-5　检测结果　　　　　　　　　　（单位：mm）

| 检 测 项 目 | 理 论 值 | 实 测 值 |
|---|---|---|
| 齿距累积公差 $f_p$ | 0.140 | 0.129 |
| 齿圈径向圆跳动 $f_r$ | 0.063 | 0.054 |
| 齿形公差 $f_f$ | 0.017 | 0.012 |
| 齿距极限偏差 $\pm f_{p_t}$ | 0.018 | 0.016 |
| 齿向公差 $f_\beta$ | 0.011 | 0.009 |

### （五）推广

在中小模数齿圈加工中，通过工艺、车床夹具及滚齿夹具设计，能有效地解决零件的变形问题，可以在现有机床设备上加工出合格的产品。该工艺方案的成功实施，对类似齿圈类产品加工提供了一个可以借鉴的思路，可以解决其在加工中出现的难点和瓶颈问题。

# 第七章

# 宏程序创新加工应用

## 一、可编程参数 G10 在数控铣削中的应用

### （一）可编程参数指令 G10

在编写零件的数控加工程序时，经常会遇到一些特殊结构的零件，其分布的加工部位结构可能是二维或三维轮廓。例如有些零件的内外轮廓的倒角、倒圆角的部分就很难加工。通常采取三种方式加工倒角、倒圆角：一是由钳工手工修出，这种方法工作量大，很难达到要求，而且一致性比较差；二是用成形铣刀直接加工，这种方法对刀具刃磨比较严格，刀具两切削刃很难磨对称，且每加工一种圆角都需要刃磨一种成形铣刀，并且在加工中刀具找正也比较困难，圆弧尺寸不易保证；三是采用 CAM 软件，其生成的程序比较繁琐，程序占用的内存较大，有可能会超过机床数控系统内部程序存储空间，且空刀行程较大，降低加工效率。另外，由于每改动一个参数都必须重新生成程序，因此可读性比较差。那么如何更好地解决这一问题呢？

FANUC 系统中可编程参数自动设定指令 G10 有两种功能，一是实现刀具几何参数的设定与编辑功能，由程序指令变更刀具加工过程中的半径补偿量；二是在加工程序中实现工件坐标系的设定与设定值的变更。实践表明，运用可编程参数自动设定指令 G10 来传递刀具半径值和设定加工零件坐标系，结合宏程序变换刀具的截面运行轨迹，用立铣刀就能实现任意内外轮廓形状边沿的倒角和倒圆角加工。其最大的亮点就是将零件上有规律的形状或尺寸用最短的程序段表示出来，与自动编程相比具有极好的可读性和易修改性，编写出的程序非常简洁，逻辑严密，通过简单的存储和调用，就可以很方便地重现当时的加工状态，给周期性的生产特别是不定期的间隔式生产带来极大的方便。当产品设计尺寸需要调整时，只需对宏程序的变量进行重新赋值即可，而不需要重新编制程序，方便快捷，极大地提高了编程效率和加工可靠性。当周期性更换产品品种时，只需通过可编程参数自动设定指令 G10 来设定加工零件坐标系，就可直接调用程序，而不需要重新设定加工零件坐标系，使数控加工更具灵活性，方便快捷。

编程指令格式：

G10 L(10-13);

N__R__;

N__P__R__;

以上格式是可编程参数输入，一般是由机床调试技师、工程师进行的工作。

在数控机床编程、操作中一般使用 G10 与宏程序配合使用，通过在程序运行过程中不断改变刀具的长度补偿、半径编程来完成工件棱边倒斜边、倒 $R$ 角和铣圆球等加工。其基本格式：

G10L10P__R__; 输入刀具长度补偿 H 的几何补偿值，P_ H 地址号，R_ 补偿数值；

G10L11P__R__; 输入刀具长度补偿 H 的磨损补偿值，P_ H 地址号，R_ 补偿数值；

G10L12P__R__; 输入刀具半径补偿 H 的几何补偿值，P_ D 地址号，R_ 补偿数值；

G10L13P__R__; 输入刀具半径补偿 H 的磨损补偿值，P_ D 地址号，R_ 补偿数值。

**（二）编程案例**

通过参数 G10 编程可以很好地解决很多形状相同而尺寸不同的零件，含有非圆曲线、三维轮廓圆角、倒角及曲面的零件，并能减少编程时间，降低或消除编程错误，提高编程效率和产品质量。如图 7-1 所示，加工轮廓上端 $R$3mm 圆角程序如下：

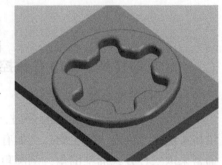

图 7-1　含圆角零件

```
O1000
T02                          (T02 为 φ8mm 球头铣刀)
M06
N1G00G90G54G43H1Z100.S3000M3
X0Y0
#1 = 90                      变化范围从 90°~0°
#2 = 3                       (圆角半径 = 3mm)
#3 = 4                       (球刀半径 = 4mm)
WHILE[#1GE0]DO1              (当角度变量>0 时执行循环)
#4 = [#2+#3]* SIN[#1]-#2-#3  ( Z 值每次变化量)
#5 = [#2+#3]* COS[#1]-#2     (刀具半径每次变化量)
G90G01Z[#4]F500
G10 L12 P02 R[#5]            (把刀具半径的每次变化量输入 02 刀补)
G01G41D02X-8.Y34.467F1000
M98P1002                     (调用内腔加工子程序)
G40X0Y0
#1 = #1-3.                   (角度每次减少 3°)
END1
G0Z100.M5
M30
```

用此程序可以简单、快速地加工出图 7-1 所示的倒圆角，比 CAM 编制的程序简单，比成形铣刀加工出的尺寸精度高，并且对刀简单省时。

数控程序中的补偿量通常是在加工前手工输入的，但也可以由程序来设定。在程序中设定半径补偿量的格式是 G10 L12 P_R_，设置长度补偿量的格式是 G10 L10 P_R_（P 是补偿号，R 是补偿量）。例如，要使 D1＝5，程序行是 G10 L12 P1 R5。有的三菱系统不区分半径补偿量和长度补偿量，统一使用 G10 L10 P_R_。在程序中设定补偿量通常都是指半径补偿量。

补偿量用作变量，是为了加工拔模斜度和周边倒角或圆角，有时也可用来挖槽。拔模斜度和周边圆角有一个共同特点：不同高度的截面形状可以由一个基本形状进行偏移得到，而偏移量又与高度有函数关系。因此，只需要编写基本形状的程序，并在不同的高度上进行适当偏移就可以了。当基本形状比较复杂时，可用 CAM 类软件生成程序，再添上循环语句即可。

（1）例 1　铣削图 7-2 所示的工件外形的拔模斜度。这个工件的外形周边有 1°的拔模斜度。由于高度较高，如果用带锥度的加长立铣刀铣削，则容易在工件表面产生振纹，而分层铣削效果就比较好。

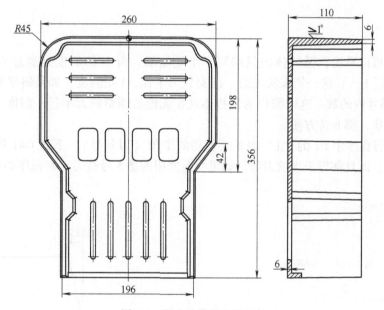

图 7-2　带有拔模斜度的工件

现用 φ32mm 的加长立铣刀铣削，每层铣削深度 2mm。工件坐标系原点设在小端上边线中点。程序如下：

```
G54 G90 G0 X-130 Y-360
S1000 M3
Z0 F200
#1＝0
WHILE[#1 LE 110]DO1
G10 L12 P1 R[16+#1* TAN[1]]
                           斜度
```

```
G0 X-130 Y-360
Z-#1
G1 G41 D1 X-98
Y-198
X-130 Y-156
Y0,R45
X130,R45      小端轮廓
Y-156
X98 Y-198
Y-360
G0 G40 X130
Z50
#1 = #1+2
END1
Z200 M5
M30
```

从程序中可以看出，循环体内只编写了小端轮廓，而 1° 的斜度是通过 G10 L12 P1 R [16+#1 * TAN［1］] 这一句来实现的。16 是铣刀半径，1 是斜度。如果斜度不是 1°，只需修改 TAN 后括号内的数。这样编程的优势体现在无论是调整铣刀半径、斜度、每层铣削深度还是轮廓形状，都非常方便。

G10 那一行程序中 P1 的 "1" 表示要使用的 T 值（刀具号），下面 G41 后面的 D 值应当与此值相同，而且都等于当前刀号。如果当前使用的是 5 号铣刀，则程序如下：

```
T5 M6
G54 G90 G0……
G43 H5 Z0
……
G10 L12 P5 R[16+#1* TAN[1]]
……
G1 G41 D5……
……
```

本书中的例子通常都是只用一把刀，不需要给定刀号，补偿号都写成 D1。如果读者在调试程序时所用的刀号不是 T1，则应把 G43 指令后的 H 值、G10 指令后的 P 值和 G41 指令后的 D 值都改成刀号。

（2）例 2　铣削图 7-3 所示工件的周边斜度。本例和例 1 的区别在于例 1 图中给出的是小端形状，而本例图中给出的是大端形状。

可仿照例 1 的编程思路来编写程序，但要注意补偿量和 Z 坐标的函数关系不要搞错。工件坐标系 Z 原点设在工件上表面，X、Y 原点设在大端底边线中点。使用 $\phi$20mm（或其他任一型号）立铣刀。程序如下：

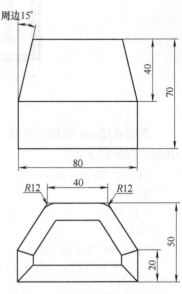

图 7-3　带有周边斜度的工件

```
G54 G90 G0 X-60 Y-20
S1000 M3
Z0 F400
#1 = 0
WHILE[#1 LE 40]DO1
Z-#1
G10 L12 P1 R[10-[40-#1]* TAN[15]]
G41 D1 G1 X-40        ↑——当前Z坐标距锥度下端的高度差值
Y20
X-20 Y50,R12
X20,R12
X40 Y20
Y0
X-60
G40 G0 Y-20
#1 = #1+2
END1
Z200 M5
M30
```

由于锥度大端所在的 Z 坐标不是 Z0，而#1 表示的是当前深度，所以不能像例 1 那样写成 G10 L12 P1 R [10-#1 * TAN [15] ]，必须计算出当前 Z 坐标距锥度下端的高度差值，再乘以 TAN [斜度]。

当然，也可以让#1 表示当前 Z 坐标距锥度下端的高度差值，程序如下：

```
G54 G90 G0 X-60 Y20
S1000 M3
Z0 F400
#1 = 40
WHILE[#1 GE 0]DO1
Z[#1-40](计算当前 Z 坐标)
G10 L12 P1 R[10-#1* TAN[15]]
G41 D1 G1 X-40          ↑——当前 Z 坐标距锥度下端的高度差值
Y20
X-20 Y50,R12
X20,R12
X40 Y20
Y0
X-60
G40 G0 Y-20
#1 = #1-2
END1
Z200 M5
M30
```

比较这两个程序可以看出当自变量的含义不同时程序的差别。

（3）例3　铣削图7-4所示工件正六边形上方的周边圆角。这个正六边形的内切圆直径是100mm，而铣削正多边形需要的是外接圆半径，因此要先计算出外接圆半径。铣削这样的周边圆角，既可以用平刀，也可以用球刀，而球刀效果更好些。

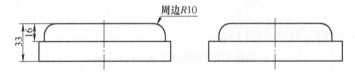

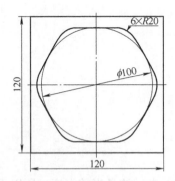

图7-4　多边形带有周边圆角的工件

先考虑用平刀（φ12mm普通立铣刀）的程序，工件坐标系原点在上表面中心：

```
G54 G90 G0 X80 Y40
S2000 M3 F500
Z5
#4=SQRT[3]/3*86
#3=10
#1=90
WHILE[#1GE0]DO1
G10 L12 P1 R[6+COS[#1]*#3-#3]
G90 G0 X80 Y40 Z[SIN[#1]*#3-#3]
G41 G1 D1 X40
#2=330
WHILE[#2 GE 30]DO2
X[#4*COS[#2]]Y[#4*SIN[#2]],R10 (计算六边形各顶点坐标)
X[40*COS[#2-30]]Y[40*SIN[#2-30]](计算六边形各边中点坐标)
#2=#2-60
END2
Y-30
G40 X80
#1=#1-2
END1
G0 Z100 M5
```

M30

用 φ12mm 球刀的程序如下：

```
G54 G90 G0 X80 Y40
S2000 M3 F500
Z5
#4=SQRT[3]/3* 80
#3=16
#1=90
WHILE[#1GE0]DO1
G10 L12 P1 R[#3+COS[#1]* #3]
G90 G0 X80 Y40 Z[SIN[#1]* #3-#3]
G41 G1 D1 X40
#2=330
WHILE[#2 GE 30]DO2
X[#4* COS[#2]]Y[#4* SIN[#2]],R10
X[40* COS[#2-30]]Y[40* SIN[#2-30]]
#2=#2-60
END2
Y-30
G40 X80
#1=#1-2
END1
G0 Z100 M5
M30
```

（4）例4　铣削图7-5所示工件的放射形凸棱。要求凸棱的长度、凸起高度、凸棱条数都是可调的。

工件坐标系原点在上表面圆心，用 φ8mm 立铣刀铣削，程序如下：

```
#5=40(凸棱长度)
#6=5(凸起高度)
#7=6(凸棱条数)
G0 X40 Y-20
Z#6
G41 D1 G1 X40 Y0
#1=90(等角度分层的角度初值)
WHILE[#1GE0]DO1
G10 L12 P1 R[#6* COS[#1]+4]
#2=1 (凸棱条数计数)        ┗──铣刀半径
WHILE[#2 LE #7]DO2
X0 Y0 Z[#6* SIN[#1]-#6]
G39 X[#5* COS[#2* 360/#7]]Y-[#5* SIN[#2* 360/#7]](计算凸棱外端的圆心坐标)
#2=#2+1
```

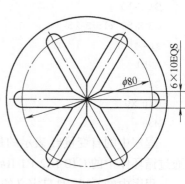

图 7-5　带有放射形凸棱的工件

```
END2
#1＝#1-3
END1
X#5
G0 Z100
M30
```

（5）例 5　铣削图 7-6 所示工件的深 5mm 凹槽。要把轮廓内的加工余量全部铣削完，可考虑先把轮廓描述出来，然后通过修改补偿量的办法由内向外（或由外向内）一圈一圈地铣削，最终把加工余量全部铣削完。

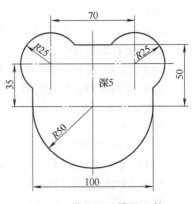

采用 φ16mm 的立铣刀铣削，不预钻下刀孔，采用螺旋下刀。两圈间的步距是 8mm。工件坐标系原点在上表面 R50mm 圆心，程序如下：

```
G54 G90 G0 X0 Y8
S1200 M3 Z5
G1 Z0.5 F200
G103Z-5 J-8 Q5(G103 是自定义的螺旋下刀宏指令)
#1＝40
G10 L12 P1 R#1
G41 D1 G1 X-50 F200
WHILE[#1 GE 8]DO1
G10 L12 P1 R#1
G1 Y0
G3 X50 R50
G1 Y15
G3 X15 Y50 R-25
G1 X-15
G3 X-50 Y15 R-25
#1＝#1-8
END1
G1 Y0
G40 X0
M30
```

图 7-6　带有深凹槽的工件

程序中的自变量#1 表示的是补偿量 D1 的值。初值是 40，每次递减 8，直到铣刀半径 8。通过循环体中的 G10 L12 P1 R#1 来给补偿量赋值。

程序中的 G103 是自定义的螺旋下刀宏程序指令，在铣削加工中螺旋下刀是很常见的走刀方式，螺旋下刀可在没有下刀孔的表面上加工出孔或凹槽。螺旋下刀指令的格式可参照用 I、J 走整圆的指令，再添上表示圈数的参数即可。考虑到通常螺旋下刀到底部后还需要平铣一圈，可直接在螺旋下刀指令里将平铣的动作也包含进去。

螺旋下刀指令格式：

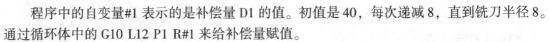

G103 I_ J_ Z_ Q_ F_（I、J、Z 含义同 G3，其中 I、J 为圆心相对于起点的增量坐标、Z 为最终深

度；$Q$ 为圈数，可省略，如果省略则默认是 1 圈；$F$ 为走刀速度，可省略，如果省略则默认是当前速度。）

螺旋下刀指令可使铣刀绕指定的圆心转 $Q$ 圈下到最终深度 $Z$，并且在最终深度平铣一圈。螺旋下刀指令不包含快速抬刀的动作。程序代码：

```
IF[#17 EQ #0]THEN #17=1          (如果省略圈数则默认为1圈)
#1=[#26-#5003]/#17               (计算每圈向下铣削的深度)
G91 G3 F#9
#2=1                             (圈数计数)
WHILE[#2 LE #17]DO1
I#4 J#5 Z#1                      (转一圈,向下铣削一圈的深度)
#2=#2+1
END1
G90 I#4 J#5                      (最后再平铣一圈)
M99
```

将此程序定义成 G103，以 G65 方式调用。

螺旋下刀指令常用于掏料或扩孔。由于 G103 的参数中没有半径补偿号 D，故不能用半径补偿。

使用螺旋下刀方式掏料时需注意，如果能将板料支起来，使要铣削孔的部位悬空，则可以让下刀深度超过板厚。如果板料是直接压在工作台上的，则不能铣削透，需留厚度 0.2~0.3mm 的连皮，否则会铣伤工作台。

## 二、宏程序在机床功能拓展方面的应用

主轴定向和线速度控制是指在铣床上进行插削、刨削或车削加工，拓展了铣床的应用范围。主轴定向主要用于在加工中心上进行孔内插槽或刨削平面上的窄槽（包括刻线）。线速度控制主要用于车削诸如手柄等外圆直径逐渐变化的表面，可使表面粗糙度一致。

### （一）加工渐变尖底小槽

图 7-7 所示工件的两个小槽是配油盘表面的两处狭长的油槽，不仅要求尖底，而且要求表面粗糙度值达到 $Ra=1.6\mu m$。如果按照常规的加工方法，用 40°尖刀铣削这两处小槽，由于铣刀强度太差，所以往往没加工完一件就会折断（尤其是刀尖部位），零件几乎无法加工。

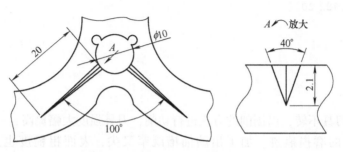

图 7-7　带有渐变尖底油槽的工件

对于这种情况，就需要使用机床的主轴定向功能。也就是说，不是"铣"出而是"刨"出这两条小槽。为了刨削这两条小槽，需要把立铣刀改磨成刨刀。考虑到槽最宽处仅 2mm

左右，用 $\phi$6mm 或 $\phi$8mm 立铣刀改磨比较方便（铣刀直径太小时，则强度太差；直径太大时，则磨削余量太大）。刀具形状如图 7-8 所示。刀具的 40° 刀尖角是由油槽的形状决定的，前角 0°~3°，后角 16°~20°，并使刀尖尽量位于圆心上。将刀具装到主轴上，在 MDI 方式下输入 M19P0（HAAS 系统的格式，$P$ 表示主轴定向方向和原始方向之间的夹角），执行这一行程序，看看主轴停在什么方向上（即前刀面对着哪个方向），估出当前方向与油槽方向之间的夹角，以此来调整 $P$ 值。经过几次调整，使主轴定向停止时前刀面恰好对着要加工的油槽（由于要求不太严格，目测即可）。

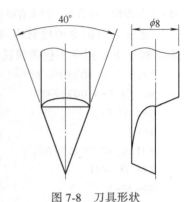

图 7-8  刀具形状

这里假定当 $P$ 值调整到 140 时前刀面对准左边的油槽，由于两条油槽的夹角是 100°，则加工右边的油槽时 $P$ 值应为 40。工件坐标系原点在零件上表面 $\phi$10mm 圆心处，加工程序如下：

```
G54 G90 G00 X0 Y0
Z10.
M19 P140                (实测值,用于主轴定向)
#1 = 0
WHILE[ #1 LT 2.14 ] DO1
G00 X-3. Y-3.5
Z-#1
G01 X-20. Y-16.782 Z0 F2000.
G00 Z5.
#1 = #1+0.05
END1
M19 P40                 (上一个槽的 P 值减去 100)
#1 = 0
WHILE[ #1 LT 2.14 ] DO1
G00 X3. Y-3.5
Z-#1
G01 X20. Y-16.782 Z0
G00 Z5.
#1 = #1+0.05
END1
G00 Z200.
M30
```

由于加工时刀具不转，以刨削的方式进行切削，刀具强度大幅提高，一把刀能加工一二百件而没有明显的磨损痕迹。加工出的油槽既窄又尖，表面粗糙度也达到了要求（见图 7-9）。实际加工两条油槽仅耗时 80s。

（二）加工均布阵列槽（横竖各 8 条）

图 7-10 所示的是一个零件上的散热部分，需加工 16 条槽，保留 72 个 3mm×3mm×2mm 的正方形凸台。这些槽的宽度是 3.4mm，如果采用铣削的办法，需用 $\phi$3mm 的立铣刀，伸

出长度超过 16mm，这导致了不能用较快的进给速度。由于 Y 方向的槽不是通槽，所以不能用锯片铣刀加工。而采用刨削加工能保证刀具有足够的强度，可采用较快的进给速度。因此，采用刨削的办法是具有优势的。

要采用刨削的方法，首先应磨出宽 3.4mm 的刨刀。可采用 φ5mm 或 φ6mm 的硬质合金铣刀柄进行改制。刨刀如图 7-11 所示。

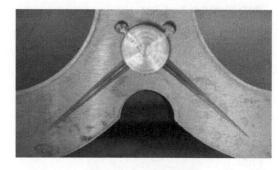

图 7-9　加工完的油槽

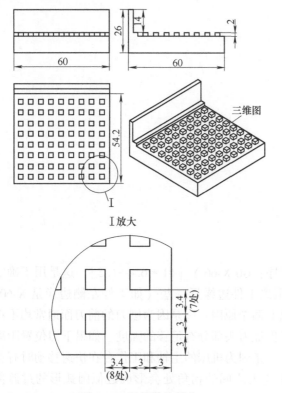

三维图

I 放大

图 7-10　零件散热部分

图 7-11　刨刀

工件坐标系的 X、Y 原点设在工件右下角，Z 向原点设在正方形凸台的上表面。加工时，将凸台边缘的台阶也视为一个槽，一并刨出。这样，横向槽有 9 条，纵向槽有 10 条。程序如下：

```
G54 G90 G0 X-64 Y1
Z10
M19 P0
#1=0
WHILE[#1 LE 8]DO1
#2=0.08
```

```
WHILE[#2 LT 2.01]DO1
G0 X-66 Y[#1* 6.4+1.5]
G9 Z-#2                        ↑——此值需试切调整
G9 X4
Z10
#2=#2+0.08
END2
#1=#1+1
END1
M19 P270
#1=0
WHILE[#1 LE 9]DO1
#2=0.08
WHILE[#2 LT 2.01]DO1
G0 X-[#1* 6.4+1.5] Y-66
G9 Z-#2                        ↑——此值需试切调整
G9 Y
Z10
#2=#2+0.08
END2
#1=#1+1
END1
G0 Z100
M30
```

　　在刨横向槽的程序段中，有这样一行程序：G0 X-66 Y [#1 * 6.4+1.5]，这是用于确定槽左端的下刀位置。刨削时的下刀位置宜距离工件边缘远一些（如工件左侧边缘是 X-60，下刀位置可以是 X-66，不能是 X-60.5）。这有两个原因：一是因为刨刀的前刀面通常均不在刀杆圆心处，而是高于刀杆中心。这是为了保证刀头部分有足够的强度。如果下刀位置距离工件边缘太近，则刀具可能会撞到工件上。二是因为机床的主轴和工作台在快速移动时有很大的惯性，不可能突然停下来，在下刀和平走刀之间的拐角处会形成近似圆弧形的过渡部分，而不会是准确的直角。如果下刀位置距离工件边缘太近，则圆弧形的过渡部分就会反映到已加工表面上，也就是槽的起始端底部不是平的，而是稍高一些。Y 方向的坐标 [#1 * 6.4+1.5] 中的#1用于槽数计数，6.4 是槽间距，而 1.5 只是一个预定的数，此值需要在试切后进行调整。1.5 只是假设刨刀主切削刃关于刀杆外形是对称的而推算出的值，实际上刨刀主切削刃不需要磨得与刀杆外形严格对称。这就要在程序中进行调整。实际加工时，先刨几刀之后（槽深有 0.4mm 左右即可），按复位键（要在刨刀离开工件时复位，正在切削时不能复位，否则易打刀），测量台阶宽度尺寸 3mm。假如实测尺寸是 3.1mm，说明刨刀主切削刃向 Y+方向偏移了 0.1mm，需将程序中的 1.5mm 改成 1.4mm 再执行程序。为了避免试切痕迹保留到工件成品上，可在试切前将此值改小，如理论值是 1.5，程序里写 0.5，进行试切，再根据实测值进行调整。刨刀切削工件如图 7-12 所示，完工后的工件如图 7-13 所示。

图 7-12　刨刀切削工件

图 7-13　完工后的工件

### （三）加工孔内键槽

如图 7-14 所示，要加工零件孔内的键槽，通常采用的加工方法是插削和线切割，对于不通的槽则不能用线切割加工，通常用电火花加工。在这几种加工方式中，插削是效率较高、成本较低的（淬硬钢除外）。由于在数控铣床或加工中心上插槽的动作是由程序控制的，与在普通铣床或普通插床上插槽相比，具有以下明显的优势：

（1）加工中心可实现退让运动　退让运动是指刀具在退回时离开加工表面，避免了刀具的急剧磨损。普通插床或铣床插槽由于没有退让运动，刀具贴着加工表面返回，会造成严重磨损。

（2）加工中心可实现槽宽补偿　普通插床或铣床插槽时，槽宽是由刀具保证的，因此对刀具要求较高。当刀具磨损后，难以再插出尺寸合格的槽。加工中心可在两个方面对槽宽进行补偿：一是刀具重新刃磨后通过程序控制扩宽槽；二是如果插出的槽有上宽下窄现象，可通过程序进行修正。

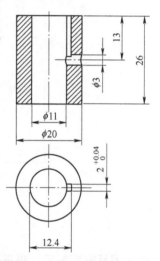

图 7-14　带孔内键槽的零件

（3）加工中心可实现自动进刀（相对于铣床插槽而言）　由于插槽需要的是断续进给，所以铣插无法实现，只能靠操作人员手动进给，操作人员劳动强度很大。加工中心是靠程序控制的，可实现自动进给。

（4）加工中心可实现微量进刀　即无级调节进给量，便于修光槽表面。

（5）加工中心可进行圆周分度　可利用主轴定向功能插出孔内的若干个槽。

（6）加工中心可插斜槽或弯槽　这是普通插床或铣床无法做到的。

在加工中心插槽，插刀不是直接安装在弹簧卡管内，而是安装到插刀杆（见图 7-15a）上，插刀杆装在弹簧卡管内。要加工图示的孔内宽 2mm、深 1.9mm 的小槽，可以用 φ4mm 立铣刀磨成宽 2mm 的插刀（见图 7-15b）进行插削加工（虽然插刀磨成双头，但实际上只用一头）。将与插刀杆相配的弹簧卡管装入刀柄内，再将刀柄（不装刀具）安装到主轴上，在 MDI 方式下执行 M19 指令让主轴定向。将插刀杆（带插刀）安装到刀柄上，用手拧刀柄下部的螺母，但不要把刀具旋紧（靠手的力量能让刀具在弹簧卡管内转动，但不能松得让刀具掉出来）。旋转插刀，使插刀的前刀面转到对着要插的槽的方向（即最右边）。然后再用力拧刀柄下部的螺母，使刀具能固定在弹簧卡管内。之后将刀柄从主轴上取下，用扳手将刀具旋紧，再装到主轴上（一定要注意不能装反方向）。

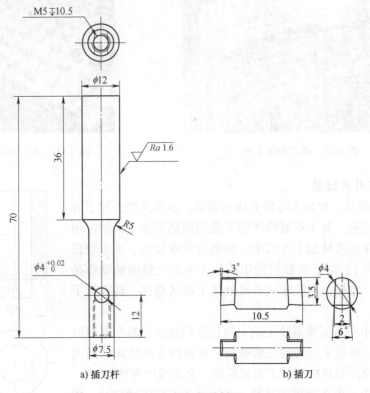

图 7-15　插刀杆及插刀

a) 插刀杆　　　　　　b) 插刀

　　刀具安装好后，再进行试插。手动移动机床，将插刀塞入孔内，确保没有碰撞。小心地向右方移动刀具，刀尖刚碰到孔内壁时置为 $XOYO$，零件的上表面置为 $Z0$。初步考虑的程序如下：

```
G54 G90 G0 X0 Y0
M19                (这里不能误写成 S_M3)
Z10
#1 = 0
WHILE[#1 LE 1.9]DO1
X#1                (径向进刀)
Z-13               (向下插削)
X0                 (径向退刀)
Z2                 (抬刀)
#1 = #1+0.05
END1
G0 Z100
M30
```

　　这个程序虽然能够插削出孔内的槽，但效果并不好。这是因为程序中反映的是一种理想状态，进刀就能将工件上的材料切削下来。实际上插削时有明显的让刀现象。为了消除让刀现象，应在深度快到尺寸时减少步距，到尺寸时空插几刀。程序可做如下修改：

```
G54 G90 G0 X0 Y0
M19
Z10
#1 = 0
WHILE[ #1 LE 1.903]DO1
X#1        （径向进刀）
Z-13       （向下插削）
X0         （径向退刀）
Z2         （抬刀）
#2 = 0.05(设置步距:当深度不到1.85mm时,每刀进0.05mm)
IF[ #1 GE 1.85]THEN #2 = 0.01(深度到1.85mm后,每刀进0.01mm)
IF[ #1 GE 1.9]THEN #2 = 0.001(深度到1.9mm后,修光表面)
#1 = #1+#2
END1
G0 Z100
M30
```

这个程序就很好地解决了在径向让刀的问题。不过在实际加工时，还会遇到一个问题：插刀是会磨损的。插刀磨损后，必须刃磨主后刀面，有时也需要略微修磨前刀面或两侧副后刀面。当主后刀面磨去一层后，由于插刀两侧副偏角的存在，所以必然造成刀宽减小。如果刃磨前刀面，由于插刀有侧向后角，则也会造成刀宽减小。如果再磨两侧的副后刀面，则更是直接造成刀宽减小。总之，插刀只要刃磨，刀宽就会变窄。例如，一把宽2mm的插刀在刃磨之后可能刀宽只有1.9mm左右了。用刃磨后的插刀插削工件，槽会变窄。为了将槽加工到要求的宽度，有的操作人员会想着在槽的两侧再插去一层。可是，由于插刀会侧向让刀，在插侧面时会造成槽的上宽下窄现象。这种现象是由插刀的单侧吃刀造成的，并不是像刚才那样靠多走几刀就能消除的。为了解决插刀侧向让刀的问题，不能先将槽深插到尺寸再修两侧，必须在进刀时就在两侧交替进刀。这样，每次插削时插刀都是两侧刀尖都吃刀，避免了插刀侧向让刀。改进后的程序如下：

```
G59 G00 X0 Y0 M19
Z2.M08
#1 = 0
#4 = 1       [#4用于控制槽宽方向(即Y向)交替进刀]
WHILE[ #1 LT 1.903 ] DO1
G01 X#1 Y[ #4 * 0.05 ] F2000
Z-13 Y[ #4 * 0.058 ] F5000
X0 Y0
G00 Z2.
#2 = 0.05
IF[ #1 GE 1.85]THEN #2 = 0.01
IF[ #1 GE 1.9]THEN #2 = 0.001
```

```
#1 = #1 + #2
#4 = -#4          (下一刀移向槽宽的另一方向)
END1
G0 Z100
M30
```

从这个例子可以看出,要加工一个很简单的小槽也要考虑相关的很多问题。这说明要编写一个实用性的程序不仅要掌握程序设计知识,还要有机械加工经验。

### (四) 加工轴向内尖齿

要在数控铣床或加工中心上加工轴向内齿(见图 7-16),需要利用机床的主轴分度功能。但主轴不可能只停留在圆心位置,仅靠每转 6° 插一个齿就将零件加工出来。因此必须解决径向进刀的问题。由于每个齿槽都要分多次进刀才能插到深度,是将一个齿槽插到尺寸后再插下一个齿槽好呢?还是将每个齿槽都按一个深度插一遍再径向进刀插下一刀好呢?显然是后一种办法好,这样可避免插刀磨损造成齿槽深浅不一。120° 成形插刀可用 $\phi$8mm 或 $\phi$10mm 废铣刀柄改制。

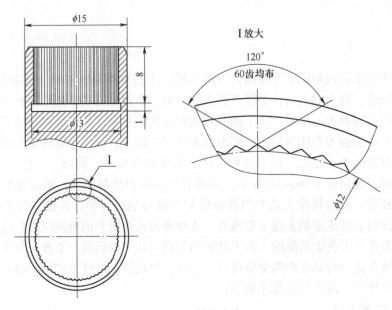

图 7-16　轴向内齿

加工前,仿照上例的方法把插刀安装到主轴上,使主轴定向到 0° 时刀尖对着 $X$ 轴的正方向(也就是正对着右边)。孔的中心位置为工件坐标系原点。让插刀从原点向右移动,当刀尖刚好碰到孔壁时,记下此时的 $X$ 值,该值即为插削时半径方向的起始值。径向进刀的总深度可从 CAD 图样上查询。暂不考虑主轴分度的问题,先考虑在插同一深度的 60 个齿时主轴的坐标怎样计算。在插同一深度的槽时,主轴实际上是在一个圆上走了均布的 60 个点。计算这 60 个点的程序段如下:

```
#1 = 0
#2 = _(R)
WHILE[#1 LE 59]DO1
```

```
G0 X[#2* COS[#1* 6]] Y[#2* SIN[#1* 6]]
#1=#1+1
END1
```

程序段中的#1用于分齿计数，#2是主轴中心走到60点所在的圆的半径。在此程序段的基础上再添上径向进刀（即#2逐渐变大）的计算语句和Z向下刀（即插削主运动）的语句，就是一个完整的程序了。在径向进刀时，不能设置一个固定的步距，应该用递减的步距。这是因为当成形插刀刚开始接触孔壁时，只有刀尖部位在切削，即使径向进刀深度稍大一些，实际切削量也很小。快加工至要求尺寸时，插刀两刃接触工件的部位较长，需要减小径向进刀深度，否则切削量就太大了。为了设置递减的步距，不宜再像上例那样用IF语句将进刀量分成几级，而应在整个径向进刀深度上连续递减（如每次径向进给步距是上一次步距的一半或80%等），这只需把步距设成一个变量即可实现。

完整的加工程序如下：

```
G54 G90 G0 X0 Y0
Z10
#2=2.67                                     （半径方向初始值）
#3=0.08                                     （半径方向步距初值）
WHILE[#2 LE 2.825]DO1
#1=1                                        （齿槽计数）
WHILE[#1 LE 60]DO2
#4=#1* 6                                    （#4是中间变量,表示主轴当前位置的极坐标角度）
M19 P[360-#4]                               （主轴定向）
G0 X[#2* COS[#4]] Y[#2* SIN[#4]]           （径向进刀）
Z-7.5                                       （向下插削）
G0 X[2* COS[#4]] Y[2* SIN[#4]]             （径向退刀）
Z3                                          （抬刀）
#1=#1+1                                     （计算下一个齿）
END2
#2=#2+#3                                    （计算下一圈的半径）
#3=#3/2                                     （半径方向步距递减）
END1
Z200
M30
```

由于是用G0的速度在插削，加工时效率很高，每件切削时间不足2min。实际加工后的零件效果如图7-17所示。

**（五）宏程序加工孔内凸台**

图7-18所示零件是要在孔内的轴向尺寸为30mm的环形凸起带上将多余的部分加工掉，只留下均布的4个宽9mm的凸台。由于要加工的部位位于孔内，而孔的两端小、中间大，即使采用电火花加工也很不方便，插床又不能控制插刀抬起的高度。因此，在加工

图7-17　实际加工后的零件效果

中心上插削就成了可行的加工方案。

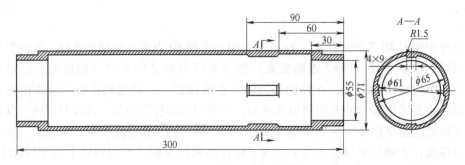

图 7-18　带孔内凸台的零件

　　虽然都是插削,但该件和轴向内尖齿不同。轴向内尖齿是插 60 个齿槽,而该件是留 4 个凸台,其余部分全部插去。这就要求两刀之间不能转得太多(即每刀的切削量不能太大)。如果像加工轴向内尖齿那样靠主轴分度来控制进给量,则不易做到进给均匀,因为铣床主轴是高速旋转的部件,所以难以精确控制分度。也就是说,如果程序中让主轴转过 90°,则主轴确实会转 90°,但要让主轴转过 5′,就不一定能恰好转过 5′。这既受主轴编码器的影响,也受传动部分的影响。因此,为了能精确分度,可将数控分度头平放,工件装夹在分度头中心位置上,靠分度头来分度,而主轴只定向到一个固定的位置上(见图 7-19)。

图 7-19　工件的装夹方式

　　要在加工中心上插削此零件,仍需首先刃磨插刀。由于工件上凸台两侧不是尖角而是 R1.5mm 圆角,因此插刀必须磨出 R1.5mm 的圆角。插刀的宽度取 6mm 或 8mm 为宜,太宽了则在插直槽时切削力大,太窄了则刀头强度太差。图 7-20 所示的是用 8mm×8mm 的高速钢条磨成的插刀,插刀磨成双头结构,实际上只用一头,另一头留作备用。将插刀安装到主轴上,使主轴定向时刀头朝着插直槽时的进刀方向。

图 7-20　插刀

　　下面的程序是按照刀头朝左来编写的。工件坐标系原点设在工件上端面圆心处。

```
G54 G90 G00 Z0
X0 Y0 A0
Z-84.
M19 P359
#1=0 (number)
WHILE[ #1 LE 3 ] DO1
#2=-9 (X)
#3=#1 * 90 (A)
```

```
WHILE[ #2 GE -11.2 ] DO2
M97 P9
#2 = #2-0.1
END2
#2 = -11.2
#3 = #1 * 90-0.2
M97 P9 L5
#2 = -11.17
#3 = #1 * 90 (A)
WHILE[ #3 LE #1* 90+58.3 ] DO2
M97 P9
#3 = #3+0.3
END2
#3 = #1 * 90+58.4
M97 P9 L5
#1 = #1+1
END1
G00 X0
Z0
M30
N9 X#2 A#3
Z-50
X[ #2+3]
Z-100
M99
```

**（六）数控铣床车削曲线手柄**

数控铣床除了能刨削、插削之外，还能进行车削加工。当工件的直径、长度较小时，将工件装夹在刀柄里并安装到主轴上，并将车刀夹在机用虎钳上（或压在一个固定的位置上），可对工件进行车削加工。在车削这样的工件时，如果指定一个固定的转速，由于外表面的线速度不一致，因此会造成外圆大的地方表面粗糙度值低，而外圆小的地方表面粗糙度值高。为了能使整个外圆的表面粗糙度保持一致，应使用线速度控制指令 G96（G96 指令可以在三菱和 FANUC 系统的铣床上使用，HAAS 系统铣床没有 G96 指令）。G96 指令后的 $S$ 值不再是转速而是线速度（m/min）。如 G96 S90 M3，不是主轴转速为 90r/min，而是刀具在零件表面切削的线速度是 90m/min（注意单位是 m 不是 mm）。取消线速度控制的指令是 G97。

要在数控铣床上车削图 7-21 所示的手柄，应把工件装夹在弹簧卡管内，车刀安装到机用虎钳上（见图 7-22），凭目测或试车削端面使车刀刀尖对准工件中心。如果使用硬质合金车刀，则切削速度应设到 70m/min 以上；如果使用高速钢车刀，则切削速度应设在 20m/min 以下，否则容易产生积屑瘤。编程时还应注意不要忘记写上 G18 指令（即在 $XZ$ 平面内走圆弧），并且不要把 G2、G3 搞错。工件坐标系原点设在工件下端圆心处。

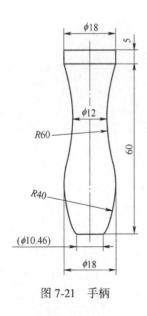

图 7-21  手柄

图 7-22  车削手柄

程序如下：

```
G54 G90 G18 G0 X15 Y0
G96 S90 M3
#1=2.5
WHILE[#1 GE 0]DO1
G0 Z1
G1 X[5.229+#1] F200
Z0
G2 X[7.8+#1] Z-26.679 R40
G3 X[9+#1] Z-60 R60
G1 Z-65
X15
#1=#1-0.5
END1
G97G0 Z100 M5
M30
```

在执行程序时可以看到，在车削直径较大的部位时主轴转速较低，在车削直径较小的部位时主轴转速较高，主轴转速随着车刀刀尖到主轴轴线之间距离的不同而随时变化，保持工件表面的切削速度不变。

如果需要用两把或两把以上的车刀车削工件，则需使用不同的工件坐标系（第一把车刀用 G54、第二把车刀用 G55 等），这样编程比较方便，也便于更换车刀后重新对刀。

在数控铣床上车削工件与在车床上相比，优点是：①工件装夹时同轴度好，不需要找正圆跳动即可加工。因为弹簧卡管夹紧后外圆的圆跳动通常都在 0.01mm 以内，精度高的可达 0.005mm 以内；②调整车刀中心高非常方便，只需要改变工件坐标系 Y 值即可。而在车床上则需调整垫刀片的厚度。缺点是：①不能用顶尖，只能加工较小的工件；②装卸工件时需要将刀柄从主轴上取下，没有车床方便。

### 三、宏程序在毛坯零件高效找正加工中的应用

某大型箱体铝铸件（见图7-23），其外形由多个角度面构成，精度高，结构复杂。如果采取多次装夹加工，则易产生误差累积，且制作工装夹具费用较多。因此，选择在卧式数控机床上一次找正定位、装夹，完成该零件周边各表面的加工，满足了零件图样精度要求。

#### （一）解决方案

**1. 找正工件**

用钻夹头夹持划针装在主轴上，手摇脉冲发生器移动Z轴、Y轴，转动B轴，找正毛坯上钳工所划的基准线，找平基准面、找正坐标中心位置，并设定好工件主坐标系，如图7-24所示。

**2. 确定各方向工件坐标系**

零件外形由多个角度面构成，每件零件加工前需要按钳工所划线确定并建立多个工件坐标系。但是，由于是粗基准，每次安装都要重新找正，工件坐标系数值也发生变化，必须要保证其他坐标系数值随之改变。如采用手工输入各面编程零点数据，效率较低且容易出错。因此，可编写坐标系换算B类宏程序，引入到机床系统宏指令内，建立主坐标系与局部坐标系的数学模型，从而实现只需找正一个坐标系，通过宏程序计算其他坐标系并输入的功能。

**3. 具体运用**

选用某机床厂FANUC 0i-MB系统卧式加工机床进行零件（见图7-25）加工，利用机床系统变量编写B类宏程序解决所产生的问题。

（1）建立工件主坐标　通过找正分别建立B、X、Y、Z坐标，程序如下：

图7-23　大型箱体铝铸件

图7-24　找正工件

```
#5204＝#5024        （G54第4轴B坐标输入）
M0                 （暂停）
#5201＝#5021        （G54 X坐标输入）
M0                 （暂停）
#5202＝#5022        （G54 Y坐标输入）
M0                 （暂停）
%
O2236
T12                （换刀）
M98P2              （调用换刀子程序）
```

图7-25　零件

```
G0G90G54B0.                  (B坐标归零)
G43H12Z400.S2000M3           (建立刀具长度补偿)
M0                           (暂停)
#5203=#5023-268.59+1         (刀具碰到刻线时执行该程序,Z坐标建立。其中268.9是刀具长度补偿,
```
1为表面余量1mm)
```
M0                           (暂停)
```

（2）工件坐标系自动转换　将以下调用程序输入到其他4个加工面程序头部,当机床执行到该段程序时,工作台旋转同时工件坐标系也随之转换,从而实现多角度面加工。

```
G65 K-902.06 P9000 C-75.     (K为Z向转盘中心,P9000为调用O9000子程序,C为旋转角度。执
```
行后主坐标自动转换到G58坐标系内）
```
G0 G90 G58 B0.  (调用G58坐标系)
```

（3）G65调用的子程序　具体如下:

```
%
O9000
#18=#5221
#19=#5223
#1=#18+#22
#2=#19+#23
#15=[#2-#6]*[#2-#6]
#16=[#1-#5]*[#1-#5]
#9=SQRT[#15+#16]
#12=#5
#13=#6
IF[#1EQ#5]GOTO25
N5IF[#1GE#5]GOTO30
N10IF[#1LT#5]GOTO35
N15IF[#1LE#5]GOTO40
N20IF[#1GT#5]GOTO45
N25IF[#2EQ#6]GOTO500
GOTO5
N30IF[#2LT#6]GOTO100
GOTO10
N35IF[#2LE#6]GOTO200
GOTO15
N40IF[#2GT#6]GOTO300
GOTO20
N45IF[#2GE#6]GOTO400
N100#8=ATAN[ABS[#1-#5]]/[ABS[#2-#6]]
#11=#3+#8
#12=#5+#9*SIN[#11]
#13=#6-#9*COS[#11]
GOTO500
N200#7=ATAN[ABS[#2-#6]]/[ABS[#1-#5]]
```

```
#10=#3+#7
#12=#5-#9* COS[#10]
#13=#6-#9* SIN[#10]
GOTO500
N300#8=ATAN[ABS[#1-#5]]/[ABS[#2-#6]]
#11=#3+#8
#12=#5-#9* SIN[#11]
#13=#6+#9* COS[#11]
GOTO500
N400#7=ATAN[ABS[#2-#6]]/[ABS[#1-#5]]
#10=#3+#7
#12=#5+#9* COS[#10]
#13=#6+#9* SIN[#10]
N500G10L2P6X#12Y#5222Z#13
M99
%
```

**（二）实施效果**

零件加工后相互位置一致性好，完全达到图样精度要求，各表面局部坐标系换算迅速、准确，降低了操作人员每次换算坐标的劳动强度，各加工参数修改容易、直观。

**（三）应用及拓展范围**

目前，编写、引入机床系统的坐标建模宏指令方法，已在许多数控机床上得到使用，主坐标系与局部坐标系的数学换算零错误，在多角度回转加工中发挥着重要作用。宏程序不仅可以简化运算，而且安全可靠。经过长期加工验证，该宏程序安全、快捷，可有效节约时间，提高加工效率。

## 四、宏程序在批量零件加工中的应用

在生产过程中，一次装夹多件能明显减少装夹、换刀时间，提高工作效率。一次装夹多件在编程时不用于单个零件的编程，这主要是从换刀次数上考虑的。假如加工一个零件需10把刀具，单件加工时需换刀10次。当一次装夹10件时，如果还是将一个零件加工完后再加工另一件，则加工10个零件就需换刀100次。而如果让每把刀具都将10个零件走完再换下一把刀具，则只需换刀10次。由此可见，一次装夹多件在编程时要处理好换刀的问题。另外，还需要考虑一个问题是怎样控制加工件数。假如一次最多可装夹10件，但实际加工时不一定能装满10件。例如，一批零件开始加工时为了试尺寸，只装夹一件。一批零件加工结束时所剩余的零件不足10件，加工过程中出现刀具折断、工件材料缺陷等都造成只需加工一部分零件。因此，在编程时要考虑怎样控制加工的件数，如果只加工一件，则要能指明是哪一件。

一次装夹多件时，工装也有两种情况：一种是做一个大工装，若干个零件都安装到这一个工装上，这样每次把工装安装到工作台上时工件之间的相互位置是固定的；另一种情况是每个零件都是单独的工装，两批零件工件间的相互位置不固定。这两种情况在编程上也有所不同。第一种情况比较简单，只需根据零件相互位置关系计算坐标即可。第二种情况则需要使用若干个不同的坐标系，有几个零件就使用几个坐标系。下面用两个例子来说明一次装夹多件时编程要考虑的问题。

### 1. 例1

铣削图 7-26 所示的长 25mm、宽 7mm、深 5mm 方槽，并钻两个 $\phi$6mm、深 8mm 的孔。工装如图 7-27 所示，一次装夹 24 件。

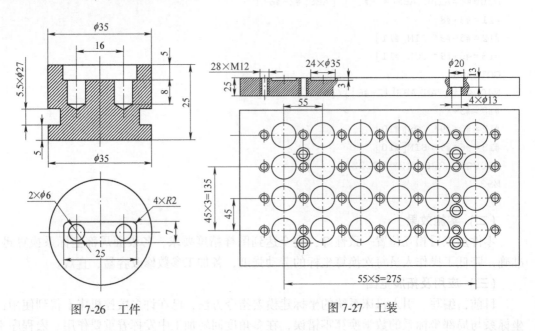

图 7-26　工件　　　　　　　　　　　　　　图 7-27　工装

要铣削方槽并钻孔，需用下列刀具：T1——中心钻；T2——$\phi$6mm 钻头；T3——$\phi$4mm 硬质合金立铣刀。

先考虑加工一件的程序。工件坐标系原点设在上表面圆心。

程序如下：

```
T1 M6
G54 G90 G0 X-8 Y0
S2000 M3 Z20
G82 Z-3 R0.5 P0.5 F150(FANUC 系统把 P0.5 改成 P500)
X8
G0 Z100 M5
T2 M6
G54 G90 G0 X8 Y0
S1400 M3 Z20
G83 Z-15 R0.5 Q5 P0.5 F200(FANUC 系统把 P0.5 改成 P500)
X-8
G0 Z100 M5
T3 M6
G54 G90 G0 X-8 Y0
S1400 M3 Z20
#1=1
WHILE[#1 LE 5]DO1
```

```
G0 Z-#1
G41 D3 G1 G9 X-12.5
Y-3.5
X12.5
Y3.5
X-12.5
G9 Y0
G40 X-8
#1=#1+1
END1
G0 Z200 M5
M30
```

从工装图上可以看出，工件在装夹时，一板共有 4 行 6 列 24 件。$X$ 方向间距 55mm，$Y$ 方向间距 45mm。编程时，为了能对加工的件数进行控制，要对这 24 个零件进行编号，以便在程序中描述是哪几件。编号方式由编程人员自定，本例中按图 7-28 所示进行编号。程序中不能仅设一个变量表示件数，应设两个变量分别表示加工的起始编号和终止编号。为了能从任一把刀处开始执行程序，表示起始编号和终止编号的变量应使用全局变量。现用#101 表示起始编号，#102 表示终止编号。当一板装满 24 件时，应将#101 的值输入 1，#102 的值输入 24。这也是通常的加工状态。如果只装了从 1 号到 10 号的 10 个工件，则将#101 的值输入 1，#102 的值输入 10。如果只装了一个工件，在 3 号位置上，则将#101 和#102 的值都输入 3。

当按照图 7-28 所示进行编号时，怎样根据编号换算成相应的坐标呢？现将工件坐标系原点设在 1 号工件的圆心处，则第 $n$ 号的圆心 $X$ 坐标是 ［$n-1$］ MOD 6 * 55，$Y$ 坐标是 FIX ［ ［$n-1$］ /6］ * 45。这样，把第 $n$ 号的工件相应的坐标点进行平移即可，既可以使用 G52 指令来实现，也可以直接加到坐标值上。

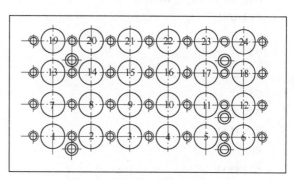

图 7-28　一次装夹 24 件时的零件编号

一次加工多件的程序如下：

```
#101=1
#102=24
T1 M6
#9=#101
WHILE[#9 LE #102]DO1
G54 G90 G0 X[[#9-1]MOD 6* 55-8] Y[FIX[[#9-1]/6]* 45]
S2000 M3 Z20
G82 Z-3 R0.5 P0.5 F150(FANUC 系统把 P0.5 改成 P500)
X[FIX[[#9-1]/6]* 55+8]
#9=#9+1
END1
```

```
G0 Z100 M5
T2 M6
#9＝#102
WHILE[#9 GE #101]DO1
G54 G90 G0 X[[#9-1]MOD 6* 55+8] Y[FIX[[#9-1]/6]* 45]
S1400 M3 Z20
G83 Z-15 R0.5 Q5 P0.5 F200(FANUC 系统把 P0.5 改成 P500)
X[FIX[[#9-1]/6]* 55-8]
#9＝#9-1
END1
G0 Z100 M5
T3 M6
G54 G90 G0 X-8 Y0
S1400 M3 Z20
#9＝#101
WHILE[#9 LE #102]DO1
G52 X[[#9-1]MOD 6* 55] Y[FIX[[#9-1]/6]* 45]
G0 X-8 Y0
#1＝1
WHILE[#1 LE 5]DO1
G0 Z-#1
G41 D3 G1 G9 X-12.5
Y-3.5
X12.5
Y3.5
X-12.5
G9 Y0
G40 X-8
#1＝#1+1
END1
#9＝#9+1
END1
G0 Z200 M5
M30
```

程序中每把刀都是将24件零件加工完再换下一把刀。T1（中心钻）从1号到24号，然后 T2（$\phi$6mm 钻头）从24号到1号，T3（$\phi$4mm 铣刀）又从1号到24号，这样交替加工可减少换刀后机床空移动的距离，节省时间。不过如果机床是开环系统，为了减少丝杠螺母间隙造成的误差，还是全部向一个方向移动（每把刀都从1号到24号）为好。

程序开头的给全局变量赋值的两行语句#101＝1、#102＝24也可以不写到程序里，而是直接在全局变量页面输入变量值。程序可从任一换刀指令处开始执行。

**2. 例2**

铣削图 7-29 所示工件的 5 个齿槽。定位心轴如图 7-30 所示，用下部 M16 螺纹与工作台

T形槽内的凸块连接并紧固。工件用 M12 内六角圆柱头螺钉和 $\phi$39mm×8mm 的垫片压紧到定位心轴上。工作台共有 3 个 T 形槽，每个 T 形槽可布置 5 个心轴，整个工作台可排布 15 个心轴，装夹 15 个工件。

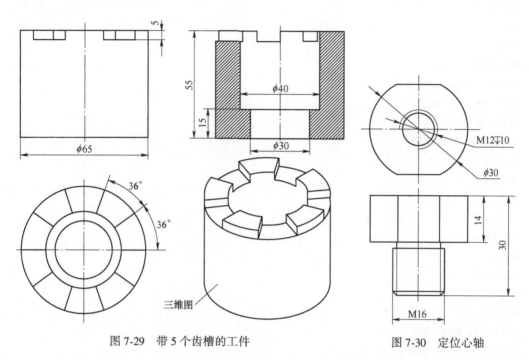

图 7-29　带 5 个齿槽的工件　　　　图 7-30　定位心轴

　　本例工作台上的 15 个心轴是相互独立的，每个心轴在拧紧到工作台上时位置都是不确定的，相互之间没有严格的位置关系。这就造成了不能像例 1 那样通过工件位置的编号换算成坐标值。不过也不是不能解决，办法就是使用不同的工件坐标系。本例中一次装夹 15 个工件，就用 G154 P1~G154 P15 这 15 个坐标系。分别找正 15 个心轴的圆心，把机械坐标输入到 G154 P1~G154 P15 这 15 个坐标系中。

　　由于工件数量较多，加工时使用两把刀具。两把刀都是 $\phi$12mm 的立铣刀，一把用于粗铣削，另一把用于精铣削。粗铣削时分层铣削，底面和侧面都留 0.2mm 加工余量。HAAS 系统程序如下：

```
#101=1
#102=15
T1 M6
#9=#101
WHILE[#9 LE #102]DO1
G154 P#9 G90 G0 X0 Y10
S800 M3 Z5
G43 H1 G1 Z-2.4 F500
G41D1 Y0 F200( D₁=6.2)
M97 P99
Z-4.8
```

```
M97 P99
G40 X0 Y0
Z20
#9＝#9+1
END1
T2 M6
#9＝#101
WHILE[#9 LE #102]DO1
G154 P#9 G90 G0 X0 Y10
S1500 M3 Z5
G43 H2 G1 Z-5 F500
G41 D2 Y0 F300( D₂=6)
M97 P99
G40 X0 Y0
G0 Z20
#9＝#9+1
END1
Z200 M5
M30
N99 #1＝0
WHILE[#1 LE 9]DO1
#2＝40-21*[#1 AND 1]
X[#2* COS[#1* 36]] Y[#2* SIN[#1* 36]]
#1＝#1+1
X[#2* COS[#1* 36]] Y[#2* SIN[#1* 36]]
END1
M99
```

### 五、宏程序在卧式加工中心工作台旋转后坐标系自动计算的运用

卧式加工中心比较适用于箱体类零件加工，只需一次装夹安装在回转工作台上，即可对箱体类零件（除顶面和底面之外）的 4 个面进行铣、镗、钻及攻螺纹等要素加工。特别是对箱体类零件上的一些孔与孔、孔与面、面与面有严格尺寸精度和几何公差要求的，在卧式加工中心上通过一次装夹加工，容易得到保证，适合批量工件的加工。对于卧式加工中心生产线，在首件加工或者零件没有定位基准而必须每件按线找正的情况下加工四周各面时，需要采用传统的方法找正一个面的坐标值，再利用计算器换算出另外 3 个旋转后的坐标系的坐标值。这种方法操作过程复杂，易出错，受各种因素影响较多，且坐标原点确定得不一定精确。对于那种需要每件找线定坐标的零件加工，就存在工作量大、计算容易出错、生产效率低的现象。针对以上情况，编制工作台旋转后坐标系自动建立的宏程序，可以非常方便地自动计算坐标值并按指定坐标系输入坐标值，经批量产品的箱体、壳体零件加工应用，这种加工方法在保证加工精度的同时，也大幅度地提高了生产效率。

### （一）工作台旋转后坐标系建立的原理和数学模型

#### 1. 工作台旋转坐标系的计算

已知机床的 $X$ 轴的回转中心 $X_回$ 和 $Z$ 轴的回转中心 $Z_回$，如图 7-31 所示，采用打表或用找线方法得到 G54 的工作原点坐标值，分别为 $X_{G54}$、$Y_{G54}$、$Z_{G54}$，并分别输入到机床工件坐标系 G54 中。假设当工作台旋转 180° 时，为 G55 坐标系，那么其工作原点机械坐标值 $X_{G55} = 2X_回 - X_{G54}$、$Z_{G55} = 2Z_回 - Z_{G54} + I$。

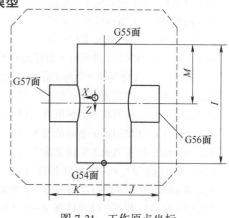

图 7-31 工作原点坐标

当工作台旋转 +90° 时，设定为 G56 面，其工作原点机械坐标值 $X_{G56} = X_回 + Z - Z_{G54}$、$Z_{G56} = Z_回 + X_{G54} - X_回 + J$。

当工作台旋转 -90° 时，设定为 G57 面，其工作原点机械坐标值 $X_{G57} = X_回 - Z_回 + Z_{G54}$、$Z_{G57} = Z_回 + X_回 - X_{G54} + K$。

#### 2. 程序的编制

根据建立好的数学模型，利用宏程序来进行编程，下面以 FANUC 系统为例，编制工作台回转后坐标系自动计算的程序。宏指令作为数控系统的一项重要功能，由于允许使用变量算术和逻辑运算以及各种条件转移等命令，所以使得编制一些加工程序时与普通方法相比显得方便和简单。所使用的宏指令中的系统变量注解见表 7-1、表 7-2。

表 7-1 反映位置信息的系统变量

| 变 量 号 | 位 置 信 息 |
|---|---|
| #5021~#5024 | 代表的是 $X$、$Y$、$Z$、$A$ 轴的当前机床坐标位置 |

（以上系统变量反映的位置信息只能读不能写）

表 7-2 工件零点偏移值的系统变量

| 变 量 号 | 功 能 |
|---|---|
| #5221~#5224 | 第一轴~第四轴的 G54 工件零点偏移值 |
| #5241~#5244 | 第一轴~第四轴的 G55 工件零点偏移值 |
| #5261~#5264 | 第一轴~第四轴的 G56 工件零点偏移值 |
| #5281~#5284 | 第一轴~第四轴的 G57 工件零点偏移值 |
| #5301~#5304 | 第一轴~第四轴的 G58 工件零点偏移值 |
| #5321~#5324 | 第一轴~第四轴的 G59 工件零点偏移值 |

（以上工件零点偏移值可以读和写）

该自动计算宏程序如下：

O00001（首先将 G54 A 零度面找正，并利用中心顶尖或寻边器找到 $X$、$Y$ 的中心零点后，执行下面程序）

N10 #1=$X_回$（将 $X$ 轴的回转零点赋值）

#2=$Z_回$（将 $Z$ 轴的回转零点赋值）

#3=I（将图 7-31 所示尺寸 $I$ 赋值）

#4＝J(将图 7-31 所示尺寸 J 赋值)

#5＝K(将图 7-31 所示尺寸 K 赋值)

#6＝M(将图 7-31 所示尺寸 M 赋值)

N20　#5221＝#5021(将当前 X 坐标值输入到 G54 坐标系的 X 坐标值里)

#5222＝#5022(将当前 Y 坐标值输入到 G54 坐标系的 Y 坐标值里)

#5242＝#5022(将当前 Y 坐标值输入到 G55 坐标系的 Y 坐标值里)

#5262＝#5022(将当前 Y 坐标值输入到 G56 坐标系的 Y 坐标值里)

#5282＝#5022(将当前 Y 坐标值输入到 G57 坐标系的 Y 坐标值里)

#5224＝#5024(将当前 A 坐标值输入到 G54 坐标系的 A 坐标值里)

N30　#5241＝ 2* #1-#5221(计算 A 180°面的 G55 坐标系的 X 值)

#5263＝#5221-#1+#2+#4(计算 A 90°面的 G56 坐标系的 Z 值)

#5283＝#2+#1-#5221+#5(计算 A -90°面的 G57 坐标系的 Z 值)

N40　M00;

G0 G90 G54 A90.;

M00;(程序暂停后利用中心顶尖找到该面的 X 零点,并执行后面的程序)

N50　#5261＝#5021(读取当前 X 坐标值并赋值到 G56 坐标系的 X 坐标里)

#5281＝2* #1-#5261(计算 A -90°面的 G57 坐标系的 X 值)

#5243＝ #5261-X回+Z回+#6(计算 A 180°面的 G55 坐标系的 Z 值)

#5223＝ 2* #2+#3-#5243(计算 A 0°面的 G54 坐标系的 Z 值)

M30;(程序结束)

### (二)　使用说明及注意事项

1) 本程序应用于卧式加工中心工作台旋转后程序原点的自动计算,尤其适用于要求每件按划线找正中心并加工四面的零件的批量加工,不用操作人员对工件找正,节省时间,提高生产效率,保证产品的质量。

2) 可以将此程序编制成子程序随时调用,每次按照图样尺寸向程序里的#1~#6 进行对应的赋值即可。

3) 按照要求运行主程序,系统将自动计算 G54、G55、G56 和 G57 工件坐标系的工件原点,并自动存入相应的工件坐标系存储单元。

4) 程序遇到 M00 暂停后,在利用中心顶尖或寻边器找正过程当中禁止按复位键,找正完成后并执行后面的程序。

5) 如果需要使用扩展坐标系时,将相对应坐标系的系统变量值进行修改即可。

### (三)　效果

本程序的编制来源于工作中经常遇到按线找正加工四面的零件所带来的计算繁琐、效率低下和容易出错的一系列问题,通过创新,成功将宏程序运用到了坐标计算中,使以往复杂易错的找正计算变得轻松简单,效率提高了 10 倍,也排除了操作人员的人为误差影响。

## 六、宏程序中断在真空吸附夹具停气保护方面的应用

### (一)　原因分析

很多薄板类零件,过去一直都是采用倒压板的方式加工平面和四周,自从引入利用真空发生器的简易真空吸附夹具后,加工效率有了很大提升,零件的表面质量也有了极大改善,但也存在一些缺点。由于简易的真空吸附夹具没有真空泵的保压,所以在气压低时夹具因吸

附力的下降而在密封圈的弹力下零件会上移，如果此时继续加工将会造成工件损坏，严重时工件可能飞出造成人身伤害。如果仅仅停止加工，会在工件表面造成伤痕。例如，U1000 加工中心使用的是 FANUC 系统，机床没有气压检测，更没有气压低报警设置，这样在加工时非常危险。为此，可对机床进行功能开发，保证在加工时，若气压低且不在换刀时，使得 Z 轴升起，避免造成工件损坏或事故。经过实际生产验证，采用系统宏程序中断功能很好地解决了这个问题。

### （二）解决方案

宏程序中断功能就是当外界条件变化时，中断当前执行的程序，转而执行另外一个程序，执行此程序后再回到原来的程序，往后继续执行。

具体方法是增加一个压力开关，接入电路中，例如压力开关信号地址为 X8.6，更改梯形图（见图 7-32），加入以下内容。

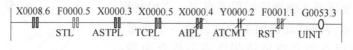

图 7-32　更改后的梯形图

X8.6 为压力开关信号，F0.5 为循环运行信号，X0.3、X0.4、X0.5 为机械手在初始位信号，Y0.2 为机械手电动机旋转信号。其含义为机械手处于初始位，不执行自动换刀时才能发出 G53.3 信号，即宏程序中断信号，允许主轴升起。

参数设置：参数 9933#6 设置为 1，使得宏程序中断功能有效；6003#3 设置为 0，上升沿触发；6003#4 设置为 0，宏程序中断指令使用 M96/M97；6003#6 设置为 1，在加工循环中，宏程序中断立即执行；6003#7 设置为 1，中断型用户宏程序可执行。

使用方法：在主程序中加入 M96P××××，启动宏程序中断功能，××××为转移的程序号，在程序结束 M30 前加 M97 取消宏程序中断。

转移程序为：

```
O××××(转移的程序号)
G91G28Z0;
#3000=1(AIR PRESSER LOW);
M30;
```

在加工时，如果气压低，主轴立即抬起，产生 3001 号空气压力低报警，防止工件报废。

### （三）效果

给该机床增加宏程序中断功能后，再也没有出现因压力低、夹具吸力下降、工件升起而报废工件的现象，也为企业在设备改造方面提供了技术支撑。

## 七、基于 FANUC 系统的模态化螺旋铣削指令开发

### （一）背景

螺旋铣削（见图 7-33）是一种铣孔工艺，铣削刀具在绕其自身轴线旋转的同时沿螺旋路径铣削，与传统钻削相比，具有诸多优点。螺旋铣削提供了许多不同的铣刀，可以铣削复杂的钻孔几何形状，包括生成不同的钻孔直径、复杂的锥形孔，并且可以自动修正钻孔中心位置。螺旋铣削工艺已应用于难切削材料，钛合金、硬质合金材料和其他航天材料中的钻孔

加工，在整个螺旋铣削加工过程中，在钻孔尺寸、几何形状和表面粗糙度方面都取得了令人满意的结果。同时，螺旋铣削被认为是可持续钻孔工艺。螺旋铣削的好处之一是切屑容易排出，这是因为切屑通过孔和刀具之间的径向间隙被传送到切削区域，而在钻孔时，切屑通过孔隙空间排出。

目前，基于 FANUC 数控系统对孔、轴类特征进行螺旋铣削加工时，通过编制宏程序实现或者利用 CAM 编程软件实现，因软件编程必须借助电脑，且程序段较长，不具有通用性，所以针对螺旋铣削仍以编制宏程序为主要手段，该方法存在以下缺点：①程序可读性差，使用人员需要反复琢磨才能理解编程者意图；②编制程序易出错，一段完善的螺旋铣削宏程序涉及多个变量，对变量赋值或引用不当会造成铣削轨迹不符合预期；③可移植性差，宏程序只能针对某个特定的孔、轴使用，如果存在多个孔、轴特征，则需要重新编制程序。

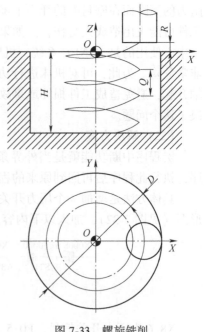

图 7-33　螺旋铣削

### （二）编程原理

#### 1. FANUC 系统定制 G 代码方法

（1）局部变量赋值　FANUC 系统为局部变量的赋值提供了独立的列表，将#1、#2、#3……对应到字母 A、B、C……。如常用 G 代码指令 G81X_Y_Z_R_F_，其 X、Y、Z、R、F 都对应着不同的变量。局部变量与字母对照见表 7-3。

表 7-3　局部变量与字母对照

| 自变量地址 | 宏程序局部变量 | 自变量地址 | 宏程序局部变量 |
|---|---|---|---|
| A | #1 | Q | #17 |
| B | #2 | R | #18 |
| C | #3 | S | #19 |
| D | #7 | T | #20 |
| E | #8 | U | #21 |
| F | #9 | V | #22 |
| H | #11 | W | #23 |
| I | #4 | X | #24 |
| J | #5 | Y | #25 |
| K | #6 | Z | #26 |
| M | #13 | | |

（2）用户宏程序与系统参数对应关系　在众多的 G 代码中，有 10 个可以定义为特殊的用户宏程序，这种宏程序由 G 代码调用。除了 G65、G66 和 G67 代码外，还可以从 G01～G255 中任意选择。当然要定义的 G 代码指令必须与系统自带 G 代码指令不同。不同的

FANUC 控制系统，与 G 代码宏程序调用相关的系统参数也不同，以 FANUC 0*i* 系统为例，其对应参数见表 7-4。

**表 7-4 FANUC 0*i* 系统对应参数**

| 参 数 号 | 程 序 号 |
|---|---|
| 6050 | G 代码调用存储在程序 O9010 中的用户宏程序 |
| 6051 | G 代码调用存储在程序 O9011 中的用户宏程序 |
| 6052 | G 代码调用存储在程序 O9012 中的用户宏程序 |
| 6053 | G 代码调用存储在程序 O9013 中的用户宏程序 |
| 6054 | G 代码调用存储在程序 O9014 中的用户宏程序 |
| 6055 | G 代码调用存储在程序 O9015 中的用户宏程序 |
| 6056 | G 代码调用存储在程序 O9016 中的用户宏程序 |
| 6057 | G 代码调用存储在程序 O9017 中的用户宏程序 |
| 6058 | G 代码调用存储在程序 O9018 中的用户宏程序 |
| 6059 | G 代码调用存储在程序 O9019 中的用户宏程序 |

（3）定制步骤 在 FANUC 0*i* 数控系统上定制专用 G 代码流程如下：①系统"参数设置"值改为 1；②找到系统参数 3202，将其值改为 00010001（取消 9000# 以后程序保护状态）；③找到系统参数 6050，将其值改为 252（可人为设置数值）；④找到系统参数 6051，将其值改为 253（可人为设置数值）；⑤将编写的螺旋铣削宏程序改名 O9010，清空全局变量宏程序改名 O9011；⑥找到系统参数 3202，将其值复原；⑦将系统"参数设置"值改为 0。

**2. 螺旋铣削程序设计**

（1）程序逻辑框架 具体如图 7-34 所示。

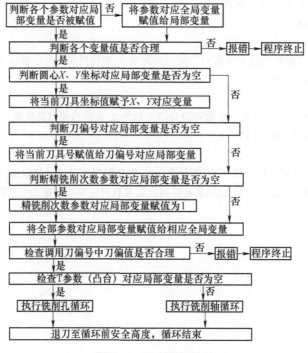

图 7-34 程序逻辑框架

（2）程序语句　按图7-34中原理设计相应程序如下：

```
%O9010
IF[#7EQ#0]THEN #7=#160;(如果直径参数对应局部变量为空,则将#160赋值给该局部变量)
IF[#26EQ#0]THEN#26=#161;(如果深度参数对应局部变量为空,则将#161赋值给该局部变量)
IF[#24EQ#0]THEN #24=#162;(如果圆心X参数对应局部变量为空,则将#162赋值给该局部变量)
IF[#25EQ#0]THEN #25=#163;(如果圆心Y参数对应局部变量为空,则将#163赋值给该局部变量)
IF[#18EQ#0]THEN #18=#164;(如果安全高度参数对应局部变量为空,则将#164赋值给该局部变量)
IF[#9EQ#0]THEN #9=#165;(如果进给参数对应局部变量为空,则将#165赋值给该局部变量)
IF[#11EQ#0]THEN #11=#166;(如果刀偏号参数对应局部变量为空,则将#166赋值给该局部变量)
IF[#13EQ#0]THEN #13=#167;(如果精铣削次数参数对应局部变量为空,则将#167赋值给该局部变量)
IF[#20EQ#0]THEN #20=#168; (如果T参数对应局部变量为空,则将#168赋值给该局部变量)
IF[#17EQ#0]THEN #17=#169;(如果层深参数对应局部变量为空,则将#169赋值给该局部变量)
#4=#4003;(备份G90/G91状态)
#33=#5003;(记录当前Z坐标)
IF[#7EQ#0]GOTO9100
IF[#26EQ#0]GOTO9100
IF[#17EQ#0]GOTO9100
IF[#9EQ#0]GOTO9100
IF[#18EQ#0]GOTO9100
IF[#7LE0]GOTO9100
IF[#17LE0]GOTO9100
IF[#26GT#18]GOTO9100
IF[#9LE0]GOTO9100
IF[#20LT0]GOTO9100;(错误跳转)
IF[#24EQ#0]GOTO1111
GOTO1112
N1111 #24=#5001(如果当前X参数对应局部变量为0,则将当前刀具位置X坐标值赋值给该参数)
N1112 IF[#25EQ#0]GOTO1114
GOTO1115
N1114 #25=#5002(如果当前Y参数对应局部变量为0,则将当前刀具位置Y坐标值赋值给该参数)
N1115 IF[#11EQ#0]GOTO1117
N1116 GOTO1118
N1117 #11=#4120(如果刀偏号对应局部变量为空,则读取当前刀具号赋值给该局部变量)
N1118 IF[#13EQ#0]THEN #13=1(如果精铣削次数参数对应局部变量为空,则该局部变量赋值1)
#160=#7
#161=#26
#162=#24
#163=#25
#164=#18
#165=#9
#166=#11
#167=#13
#168=#20
```

```
#169=#17    (将全部参数对应局部变量值依次赋值给对应全局变量)
#31=#[13000+#11];(读取刀偏号对应刀偏值)
IF[#31EQ0]GOTO9100;(判断刀偏值是否为0,如果为0则报警)
IF[#20NE#0]GOTO2222;(如果T参数对应局部变量有值,则铣轴跳转)
G0G90X#24Y#25
Z#18
#27=#18-#26
#28=#17
#7=[#7/2]
#30=FIX[#27/#28]
#29=[#27/#28]-#30
#10=#30
#12=#28
G1G41D#11X[#24+#7]F[#9*2]
WHILE[#10GE1]DO1
G3I[-#7]J0Z[#18-#12]F#9
#10=#10-1
#12=#12+#28
END1
#32=#29*360
IF[#29NE0]GOTO200
GOTO201
N200G3I[-#7]X[#7*COS[#32]+#24]Y[#7*SIN[#32]+#25]Z#26F#9
N201 WHILE[#13GT0]DO1
G3I[-#7*COS[#32]]J[-#7*SIN[#32]]F#9
#13=#13-1
END1
N9000 G1G40X#24Y#25
G0Z#33;(跳转至循环前刀具高度)
GOTO9300
N2222
G0G90X[#31+#24+#20+#7/2]Y#25
Z#18
#27=#18-#26
#28=#17
#7=[#7/2]
#30=FIX[#27/#28]
#29=[#27/#28]-#30
#10=#30
#12=#28
G1G41D#11X[#24+#7]F[#9*2]
WHILE[#10GE1]DO1
G2I[-#7]J0Z[#18-#12]F#9
```

```
#10=#10-1
#12=#12+#28
END1
#32=360-#29* 360
IF[ #29NE0]GOTO202
GOTO203
N202G2I[-#7]X[#7* COS[#32]+#24]Y[#7* SIN[#32]+#25]Z#26F#9
N203
WHILE[ #13GT0]DO1
G2I[-#7* COS[#32]]J[-#7* SIN[#32]]F#9
#13=#13-1
END1
N9001 G1G40X[[#7+#20]* COS[#32]+#24]Y[[#7+#20]* SIN[#32]+#25]F#9
G0Z#33;(跳转至循环前刀具高度)
GOTO9300
N9100 #3000=199(G252error);(报警显示 G252error)
N9300
G#4
M99
%
```

（3）取消参数模态化　该螺旋铣削宏程序具有参数模态化特性，参数可以继承，在多次调用时，未变化的参数可以缺省，简化了该指令调用格式。然而，如果对指令的调用是非连续的，可能会因为模态化特性导致参数被错误继承，所以需要在每次调用结束时将所有参数对应全局变量清空，因此需要定制一个能及时清零的 G 代码指令——G253，定制步骤按2.1（3）。G253 指令内置程序如下：

```
%
O9011
#1=160
WHILE[ #1LE169]DO1
#[ #1]=#0
#1=#1+1
END1
M99
%
```

（4）VERICUT 中 G252、G253 自定义指令配置　G252、G253 指令作为自定义 G 代码指令，不能被 VERICUT 原始控制系统识别，导致在进行数控程序仿真时，包含 G252、G253 的程序段不能被正确识别，仿真结果达不到预期效果。为了使 G252 指令更具有通用性、可推广性，就必须对原始控制系统进行配置。步骤如下：

1）根据 G252、G253 指令内置程序，在 VERICUT 中创建相关全局变量、系统变量。

2）利用系统宏命令或自定义宏命令来明确各个变量具有的实际意义，例如通过系统宏"MacroVar"实现表 7-3 中的映射关系，通过自定义宏"SetVal2"实现根据数控程序自动创建系统变量，并赋值刀偏值。图 7-35 所示的程序配置可以实现，执行 M6 时，系统自动创建以 13000+当前刀具号为变量名的系统变量，并赋值实际的刀偏值。

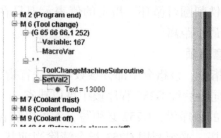

图 7-35　程序配置

以下是实现 SetVal2 的 C 代码片段：

```
void setval(char * word, char * textstr, double value)
{
    double daopian, daohao;
    daohao = cmeapi_get_c_numeric_vars(CMS_C_TOOLNUM);
    cmeapi_call_macro("ToolCutterComp",word, textstr, daohao);
    daopian = cmeapi_get_c_numeric_vars(CMS_C_CUTTER_COMP_VALUE);
    cmeapi_set_nc_vars(daopian,atof(textstr)+daohao);
}
DllExport void cmeapi_init(void)
{
    printf("cmeapi_init() Success! \n");
    cmeapi_register_macro("SetVal2", setval);
```

3）将宏程序 O9010、O9011 分别另存为 G252. SUB、G253SUB，在配置→高级选项→子程序中，添加这两个文件。

**（三）使用说明**

**1. G252 指令各个参数说明**

G252 指令主要用于螺旋铣削孔或螺旋铣削圆凸台，为模态指令，使用全参数格式为

$$G252X\_Y\_R\_Z\_D\_Q\_F\_M\_H\_T\_$$

其中　X_——需要铣削的孔或者圆台圆心的 X 方向坐标值，可缺省，缺省时将自动继
　　　　　　承执行指令之前的 X 坐标值；
　　　Y_——需要铣削的孔或圆台圆心的 Y 方向坐标值，可缺省，缺省时将自动继
　　　　　　承执行指令之前的 Y 坐标值；
　　　R_——循环开始执行的高度，不可缺省，缺少时报错；
　　　Z_——循环结束执行的高度，不可缺省，缺少时报错；
　　　D_——螺旋铣削孔或者圆台直径，不可缺省，缺少时报错；
　　　Q_——螺旋铣削层高，不可缺省，缺少时报错；
　　　F_——螺旋铣削进给值，不可缺省，缺少时报错；
　　　M_——精铣削次数，默认缺省，缺省时表示精铣削一次，M0 代表不执行精铣；
　　　H_——刀偏号，默认缺省，缺省时与当前刀具号保持一致，否则执行指定的刀

偏号；

　　T_——圆台铣削参数，默认缺省，缺省时表示执行铣削孔循环，非缺省状态表示执行铣削圆台循环，指定的值表示刀具在落刀时刀具轮廓与凸台轮廓之间的最小距离。

**2. G252 指令使用注意事项**

1）G252 指令为模态指令，该指令中部分参数不可缺省指首次使用时不可缺省，连续使用该指令时，如果参数相同，后续 G252 程序段中可以缺省。

2）在执行 G252 指令的程序段，G252 必须写，不可以缺省。

3）使用 G252 指令完毕，必须利用 G253 指令清除当前状态，否则后续引用 G252 指令可能会出错。

4）G252 指令会对#160~#169 共 10 个全局变量赋值，在编制数控加工程序时，如果需要使用全局变量，则应避开这 10 个变量。

**3. G252 指令使用范例**

该指令可以用于螺旋铣削孔、轴，精加工孔、轴，以及加工圆形轮廓倒角等。以下为一段范例程序：

```
%T1 M6;
(LXD12)；
G0G90G54X50Y50S1000M3;
G43H1Z10;
G253;
G252 R2 Z-20 D19.8 Q3 F500;(在 X 50 Y 50 处铣削直径 20mm、深 20mm 的孔)
G252 D35 Z-10;(在 X 50 Y 50 处铣削直径 35mm、深 10mm 的孔)
G253;(所有 G252 参数归零)
G252 X200 Y0 R2 Z-10 D20 Q3 F500 T1;(在 X 200 Y 200 处铣削直径 20mm、深 10mm 凸台,刀具轮
廓与凸台轮廓最小距离 1mm)
G252D15.2;(将凸台直径铣削成 15.2mm)
G253;(所有 G252 参数归零)
G0G49Z200;
T2M6;
(HJLXD10)
G0G90G54X50Y50S1000M3;
G43H2Z10;
G253
G252 R-19.5 Z-20 D20 Q3 F300M2;(在 X 50 Y 50 处精铣削直径 20mm、深 20mm 的孔 2 遍)
G253;(所有 G252 参数归零)
G252 X200 Y0 R-9.7 Z-10 D15 Q3 F500M2 T5;(在 X 200 Y 200 处精铣削直径 20mm、深 10mm 凸台,
刀具轮廓与凸台轮廓最小距离 5mm,精铣削 2 遍)
G253;(所有 G252 参数归零)
G0G49Z200;
T3M6;
(DJD10×90°)
```

```
G0G90G54X50Y50S1000M3;
G43H3Z10;
G253
G252 R-2.9Z-3D21 Q3 F300H4;（在 X 50 Y 50 处孔口倒角 φ21mm×90°,调用 4 号刀偏）
G253;（所有 G252 参数归零）
G252 X200 Y0 R-2.9Z-3 D14 Q3 F500 T5;（在 X 200 Y 200 处轴沿周倒角 φ14mm×90°,默认刀偏 3 号）
G253;（所有 G252 参数归零）
G0G49Z200;
M30
%
```

### （四）应用推广

螺旋铣削加工是一种新兴的数控加工方法，它利用刀具的中心线与零件轮廓线之间的偏移来实现对不同形状的零件加工，刀具绕自身轴线高速旋转的同时，绕零件轮廓线公转并向下进给来实现铣削，因此螺旋铣削加工具有切削力小、一次加工精度高、加工效率高及表面质量好等优点。利用宏程序开发的 G252 螺旋铣削指令功能全面、简洁、通俗易懂。实践证明，G252 螺旋铣削指令具有较强的实用性，值得推广应用。

## 八、基于华中数控、FANUC 系统自动刻制批次顺序号技术研究应用

### （一）背景介绍

为了保证加工零件的可追溯性，往往需要针对零件设置刻制批次号、顺序号工序，由于每批零件批次号均不同，且顺序号从 1 依次叠加，导致很难通过特定的数控程序实现刻号，所以该工作往往由钳工完成。手工刻批次号存在以下缺陷：①刻号位置无法精确定位，且数字与数字间隔、方向无法完全一致，存在差异性；②长时间频繁作业可能会导致刻出错误的批次号、顺序号；③在钳工刻号过程中，容易导致已加工表面出现划伤等现象；④针对部分薄壁零件，字头刻号可能会导致零件变形。如果能根据系统特点编制对应宏程序实现根据当前的批次号修改程序变量值完成批次号刻制、顺序号依次叠加刻制、断电重启后顺序号不丢失的功能，则可以有效杜绝手工刻号的弊端，并可以减少工序周转，缩短零件加工周期。

### （二）数控系统实现自动刻制批次号、顺序号逻辑框架及具体实现方式

#### 1. 宏程序逻辑框架

如图 7-36 所示，将需要刻录的批次号依次赋值给多个变量，每个变量代表批次号一个位置的数值，依次检索各个变量的值，然后跳转进入路径库选择需要的数字程序执行，再返回检索下一位变量值，再次跳转进入路径库选择合适的程序段执行，依次循环，直到系统检测到终止符，程序跳出批次号循环，记录批次号位数，准备进行顺序号刻制。自动判断顺序号位数，并分解为百位、十位、个位，逐个判断各个位数值，依次跳转进入路径库选择相应程序执行，反复循环，直至检测到终止符，刻顺序号循环终止，当前顺序号加 1，并保存进系统。

#### 2. 基于 FANUC 系统自动刻制批次号、顺序号实现具体方法

基于 FANUC 系统自动刻制批次号、顺序号实现具体程序如下。

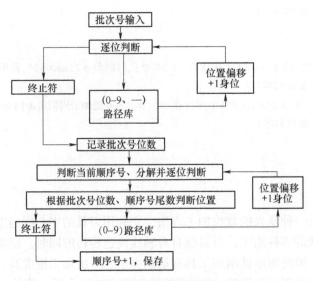

图 7-36   自动刻制批次号、顺序号逻辑框架

```
%
T1
(φ0.5mm 立铣刀)
M6
G0G90G54X0Y0S1000M3
G43H1Z50M8
#1=1   ⎫
#2=9   ⎪
#3=0   ⎪
#4=2   ⎪
#5=1   ⎪
#6=1   ⎪
#7=0   ⎬  ;#1~#13 代表批次号各位数值,本例批次号 1902110-1
#8=10  ⎪
#9=1   ⎪
#10=#0 ⎪
#11=1  ⎪
#12=#0 ⎪
#13=#0 ⎭
#20=1                            ;批次号计数,用于计算每个数字刻号位置
#21=3                            ;位宽
N333                             ;批次号主体行,每刻完一个数字均跳转到此处
IF[#[#20]EQ#0]THEN GOTO9999      ;判断遇到终止符跳转
G52X[1*[#20-1]*#21]Y0            ;依次刻号位置偏移
GOTO#[#20]
N0                               ;数字 0 程序段
```

```
;;;;                          ;程序主体
#20=#20+1                      ;向后移动一个身位
G52X0Y0
GOTO333                        ;返回主体
N1                             ;数字 1 程序段
;;;;                          ;程序主体
#20=#20+1                      ;向后移动一个身位
G52X0Y0
GOTO333                        ;返回主体
N2                             ;数字 2 程序段
;;;;                          ;程序主体
#20=#20+1                      ;向后移动一个身位
G52X0Y0
GOTO333                        ;返回主体
N3                             ;数字 3 程序段
;;                            ;依次到 9
;;
;;
N10                            ;分卡"—"程序段
;;;;                          ;程序主体
#20=#20+1                      ;向后移动一个身位
G52X0Y0
GOTO333                        ;返回主体
N9999                          ;批次号终止后跳转位置
#150=#20-1                     ;记录批次号位数
#20=1;                         ;
#21=3                          ;位宽
#22=FIX[#666/100]              ;#666 为 FANUC 系统全局变量,断电不消失,#22 顺序号百位
#23=#666-#22* 100
#23=FIX[#23/10]                ;十位
#24=#666-#22* 100-#23* 10      ;个位
#1=#22                         ;将顺序号分解后一次赋值给#1~#3
#2=#23
#3=#24
#26=#23
#25=#22
#27=-#21;
#151=3
```

```
WHILE[#25EQ0]DO1
WHILE[#26EQ0]DO2
#2=#0                          ;第二位设置为终止符
#1=#3                          ;将个位值赋值给#1
#26=99
#27=0;                         ;判断顺序号为1位数
#151=1
END2
#25=1
END1
IF[#26EQ99]GOTO444
```

```
#25=#22
WHILE[#25EQ0]DO1
#1=#2
#2=#3
#3=#0                          ;判断顺序号为2位数
#25=1
#151=2
#27=-#21/2;
END1
N444
#4=#0                          ;不允许顺序号超过3位数
N334
IF[#[#20]EQ#0]THEN GOTO8888    ;判断遇到终止符跳转
G52X[[[#151-#150]/2-#20+1]*#21*[-1]]Y-5  ;保证顺序号位置自动居中
GOTO#[#20]                     ;依次跳转
N0                             ;数字0程序段
;;;;                          ;程序主体
#20=#20+1                      ;向后移动一个身位
G52X0Y0
GOTO334                        ;返回主体
N1                             ;数字1程序段
;;;;                          ;程序主体
#20=#20+1                      ;向后移动一个身位
G52X0Y0
GOTO334                        ;返回主体
N2                             ;数字2程序段
;;;;                          ;程序主体
```

```
#20=#20+1                          ;向后移动一个身位
G52X0Y0
GOTO334                            ;返回主体
N3                                 ;数字 3 程序段
;;
;;
;;
N9                                 ;数字 9 程序段
;;;;                               ;程序主体
#20=#20+1                          ;向后移动一个身位
G52X0Y0
GOTO334
N8888
#666=#666+1                        ;顺序号+1
G91G30Z0
G49
M30
```

具体使用方法：根据当前加工零件的批次号依次对#1~#13 赋值（结合实际，设置最长为 13 位），例如，如果批次号为 654321-2，则赋值#1=6，#2=5，#3=4，#4=3，#5=2，#6=1，#7=10，#8=2，#9=#0，#10~#13 可以忽略；首次使用刻号程序，需要对批次号进行初始化，可以通过在机床 MDI 状态面板执行#666=1，或在系统后台直接找到#666 变量，赋值 1 即可，当然该方法也同样适用于如果有必要的情况下任意指定批次号。

### 3. 基于华中数控系统自动刻制批次号、顺序号实现具体方法

华中数控系统刻制批次号、顺序号宏程序采用了与 FANUC 系统类似的逻辑框架，虽然华中数控系统程序代码指令与 FANUC 存在一定的相似性，然而在宏程序格式以及变量分类等方面存在极大的差异性。例如，在宏程序格式方面，IF［］GOTO 需要转换为 IF［］---ENDIF，WHILE［］DOx---ENDx 需要转换为 WHILE［］---ENDW，除此之外，需要对程序进行以下几个方面的更改。

1）GOTO#［#20］，需要改为 GOTO［#［#20］］，在调试过程中一度认为华中系统 GOTO 跳段后面只能跟常量，后来发现针对多重变量需要整体加中括号。

2）关于#0 的意义。在 FANUC 系统中#0 代表空变量，不允许被赋值，而在华中数控系统中，不存在此类空变量，其局部变量#0~#49 均可以被赋值，如果不赋值直接调用，则初始值为 0；#0 在 FANUC 系统刻制批次号程序中的作用为判断批次号终止位，在华中数控系统中，通过修改批次号终止的判定条件由 EQ#0 改为 GE11，并将所有的#0 均替换为 11，可实现相同的目的。

3）关于设定代表顺序号的全局变量#666。#666 在 FANUC 系统中属于关机、断电也不丢失的全局变量，该变量的作用是实现顺序号的保存，即使隔天也可以依次刻号。在华中系统中，不存在具有类似功能的变量，其可以供用户读、写的所有可以赋值的局部变量、全局变量在 M30 执行后均清空。解决方案：将#666 改为#1090，该变量为 G59 坐标系 X 值，在

程序执行完后将#666更改为G91G10L2P6X1Y0，通过G10指令的合理运用，实现G59坐标$X+1$，其$X$位置对应系统变量#1090也同样+1，并且该值并不消失，成功实现了一批零件加工不需要多次赋值顺序号的问题，安全、精准、方便。

4）关于GOTO的寻址方式。在FANUC系统中，寻址从当前位置往下到程序末尾，再从程序开头往下，在该方式下，若行号安排在GOTO行的后面，会优先找到最近$N$号行，所以即使程序中出现多个$N$同号行，只要位置正确，就不影响程序正确执行；而在华中数控系统中，因程序会从程序开头寻找到程序末尾，如果出现$N$同号行，则优先识别最前面的，所以必须保证全部程序的$N$不同号，才能实现正确的跳段。为了保证刻字程序的行号不与原加工程序行号重叠，建议华中数控系统使用该刻号程序时通过G65指令调用子程序的方式实现。

5）关于行号N0。在FANUC系统中，跳转到N0，即GOTO0是有意义、能被执行的，然而在华中数控系统中，若跳转到N0，则GOTO0没有意义，程序不执行跳段，所以针对数字0对应的路径段需要将N0改为其他有效数字。

具体使用方法：根据当前加工零件的批次号依次对#1～#13赋值（结合实际，设置最长为13位）。例如，如果批次号为654321-2，则赋值#1=6，#2=5，#3=4，#4=3，#5=2，#6=1，#7=10，#8=2，#9=11，#10～#13可以忽略。首次使用刻号程序，需要对批次号进行初始化，需要对G59坐标$X$赋值为1，该方法也同样适用于如果有必要的情况下任意指定批次号。

**（三）数控自动刻制批次号、顺序号技术应用**

数控自动刻制批次号、顺序号技术具有较强的适用性、实用性，目前该技术已应用在大量铝合金、淬火钢零件上，大大提高了刻号的美观度，实际效果如图7-37～图7-39所示。

图7-37 侧板表面批次号、顺序号

图7-38 壳体表面批次号、顺序号

图7-39 某产品表面批次号、顺序号

### (四) 作用

数控机床自动刻制批次号、顺序号技术的应用能有效提高零件的外观质量，降低操作人员的劳动强度，缩短工件的加工周期，符合工厂生产加工去钳工化趋势，具有较大的可推广性。

## 九、加工中心中心冷却压力自动调整的方法

### (一) 存在的问题

某加工中心采用 FANUC 0$i$C 系统，有中心冷却功能，由于此设备冷却压力是手动调节，对于用较多半径相差很大的刀具，需要频繁手动调节压力，极不方便。如果使用 3 种压力，可基本满足加工需要。

### (二) 解决方案

为此修改冷却回路（见图 7-40），保证 3 种压力，分成 3 个支路，通过电磁阀控制液压支路的开通或关闭，手动稳压阀调整压力。

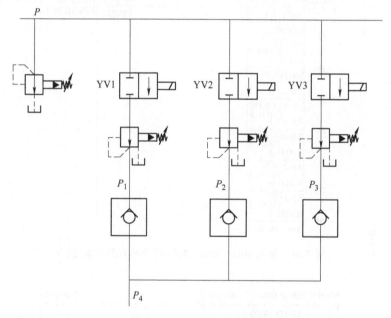

图 7-40 修改的冷却回路

在控制时用原来不使用的 M93、M94、M95 指令分别控制 3 个电磁阀。根据刀具补偿的大小来确定哪个电磁阀打开。在加工程序中，换刀后，将刀具半径补偿值给变量#110，也就是#110 = #（1200+N），如果参数 6000#3 为 0，则 12000 改为 13000。其中，N 为刀具半径补偿号，程序格式如下：

```
T( )M6;
#110 = #(12000+N);
M98P2
```

下述程序为打开电磁阀的子程序，以刀具半径>10mm、6~10mm、<5mm 分别打开不同压力的回路。

```
IF#1110GE10 GOTO N100
IF#110GE6 GOTO N80
M93
GOTO N200
N80 M94
GOTO N200
N100 M95
N200M30
```

修改 PMC 程序，加入 M93、M94、M95 指令的有关 PMC 指令。Y4.5、Y4.6、Y4.7 为 PMC 控制电磁减压阀的输出指令。图 7-41 中 M93 下面 3 行是为了输出 3 个指令完成信号，图 7-42 所示是泵起动指令，R251.0、R251.1、R251.2 是保证在电磁阀有打开下才能起动泵，防止泵损坏。图 7-40 中 $P$ 为水泵出水压力，$P_4$ 为进行调压后冷却刀具压力，溢流阀是为了保证在当电磁阀或调压阀没有正常工作时，防止泵憋坏。

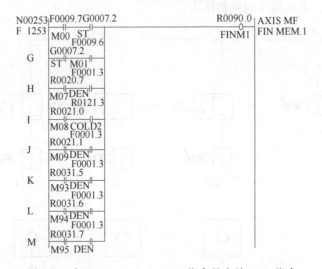

图 7-41　加入 M93、M94、M95 指令的有关 PMC 指令

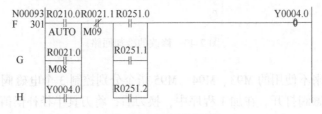

图 7-42　泵起动指令

经过增加自动调整压力功能后，操作人员基本不用再调整压力。极大地方便了操作，节约了人力成本。

## 十、梯形螺纹、蜗杆宏程序的编写

梯形螺纹（见图 7-43）一般是轴向传动，蜗杆（见图 7-44）需与蜗轮配合作垂直传动，两种螺纹外形相似。在车削加工方面，因梯形螺纹一般螺距较小，故比较容易加工；而蜗杆螺距与牙深都比较大，因此比较难加工。因梯形螺纹和蜗杆的切削深度普遍较大，采用直进法会产生扎刀现象，所以加工梯形螺纹和蜗杆通常采用左右分层的方法。

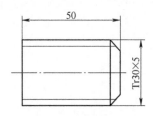

图 7-43 梯形螺纹

图 7-44 蜗杆

梯形螺纹的程序编制如下：

```
O1
T303 M03 S700
G0X32
M08
Z3
#1=5(切削深度)
#2=0.13(tan15°/2)
N10 #3=#2*#1(X值与Z值的计算公式)
#4=25+#1
M98 P2
G0 W[#3]
M98P2
G0 W-[#3]
M98 P2
#1=#1-0.1
IF[#1GE0]GOTO10
G0 Z200
M30
O2
G1X[#4]F0.2
G32 Z-40 F5
G32 X32 F5
G0 Z3
M99
```

加工蜗杆时需要将#2赋值为0.18（tan20°/2），切削时根据阻力大小对步距大小进行调整，从而达到实际加工中的要求。加工蜗杆程序编制如下：

```
O1
T303 M03 S700
G0X32
M08
Z3
```

```
#1=5(切削深度)
#2=0.18(tan20°/2)
N10 #3=#2* #1(X值与Z值的计算公式)
#4=25+#1
M98 P2
G0 W[#3]
M98 P2
G0 W-[#3]
M98 P2
#1=#1-0.1
IF[#1GE0]GOTO10
G0 Z200
M30
O2
G1X[#4]F0.2
G32 Z-40 F5
G32 X32 F5
G0 Z3
M99
```

运用宏程序加工梯形螺纹和蜗杆，简化了编程，采用高速切削提高了效率，在切削深度较大的情况下避免了扎刀现象，在生产车间推广应用，解决了数控车削梯形螺纹和蜗杆的加工技术瓶颈。

## 十一、加工不规则形状螺纹的宏程序

由于螺纹为不规则形状，用成形螺纹刀加工，切削阻力太大，所以利用宏程序进行粗加工，再利用成形刀进行精加工。

如图 7-45 所示的螺纹，粗加工只需使用一把 1.5mm 宽切刀即可，程序编制如下：

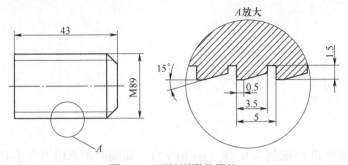

图 7-45 不规则形状螺纹

```
O1
T101 M03 S700
G0 G99 X92
M08
```

```
Z4
先加工矩形螺纹
#1 = 2.8(切削深度)
N1#2 = 86 + #1
M98 P2
#1 = #1 - 0.1
IF［#1GE0］GOTO1
再加工15°斜面螺纹
#3 = 3(斜面长度)
G0 X92
Z4
N3#4 = #3 * 0.53(Tan15° * 2)
#5 = 3 - #3(理论起点)
#6 = 4 - #5(编程起点)
#7 = 89 - #4(X值)
G0X92
Z［#6］
N4#8 = #7 + #4
M98P3
#4 = #4 - 0.1
IF［#4GEO］GOTO4
#3 = #3 - 0.1
IF［#3GE0］GOTO3
G0 Z200
M30

O2
G0 X［#2］
G32Z-40F5
G32X92F5
G0Z4
M99

O3
G0X［#8］
G32Z-［43-#3］F5
G32X92F5
G0Z［#6］
M99
```

在数控加工中经常会遇到很多形状不规则的零件,虽然常规程序指令无法完成加工,但可以利用宏程序建立合适的加工路径,解决零件的加工难点,从而提高加工效率和产品质量。

## 十二、利用宏程序建立模块自动生成程序

在日常加工生产中，经常会遇到加工试验零件，零件特点是批量小、种类多，加工编程次数多，准备时间长。在一批零件中有许多零件形状类似，但尺寸不一样，如常见的隔圈、压圈等，利用宏程序进行建模，根据毛坯和零件尺寸大小，填入宏程序中，即可加工形状相同、规格不一的零件，极大地提高相似零件的加工效率。

如图 7-46 所示的零件，在数控车床设置一次装夹加工多个零件的程序，零件的数量由#11 和#12 的赋值参数控制，程序编制如下：

图 7-46　小批量加工零件

```
O1
G28W0
G28U0
G0G55
#5241＝0(G55 X值系统参数)
#5242＝0(G55 Z值系统参数)
#1＝36(毛坯外圆尺寸)
#2＝33.9(外圆成品尺寸)
#3＝16(毛坯孔尺寸)
#4＝30(成品孔尺寸)
#5＝0.75(螺距)
#6＝1.3＊#5(螺纹深度)
#7＝#2-#6(螺纹底径)
#8＝1.95(切刀宽)
#9＝4(零件长度)
#10＝#8+#9(零件总加工长度)
#11＝40(毛坯端面到自定心卡盘的距离)
#12＝#11-#10(循环加工长度)
N1M98P2
#5242＝#5242-[#10+0.1]
IF[#5242GE-[#12]]GOTO1
#5242＝0
#5241＝0
M30
O2
T101M03S1200(外圆刀)
G0G99X[#1+1]
M08
Z0
G1X[#3-1]F0.1
Z0.5
```

```
G0X[#1]
G71U1R0.5
G71P1Q2U0.1W0F0.25
N1G0X[#2-2]
G1Z0F0.1
X[#2]C0.8F0.05
Z-[#10]
U1
W-1
N2X[#1]F0.1
G70P1Q2
G0Z200
T202M03S1200(镗孔刀)
G0X[#3]
Z0.5
G71U1R0.5
G71P3Q4U-0.05W0F0.2
N3G0X[#4+1]
G1Z0F0.1
X[#4]C0.3F0.05
Z-[#9+0.4]
U-1
Z-[#10]
N4X[#3]F0.1
G70P3Q4
G0Z200
T303M03S700(切断刀倒角)
G0X[#1]
Z-[#10]
G1X[#2]F0.1
U-1.4F0.04
U1.4F0.2
W0.7
W-0.7C0.7F0.05
U-1.4
G0X[#1]
U1
G0Z200
T404M03S700(螺纹刀)
G0X[#2+1]
Z1
G76P020060Q30R0.01
G76X[#7]Z-[#10-0.1]P[650*#5]Q150F[#5]
```

```
G0Z200
T303M03S700(切断)
G0X[#1]
Z-[#10]
G1X[#2]
X[#4-2]F0.04
G0X[#1+2]
G0Z200
M99
```

这只是加工生产中的一类零件，把宏程序建模的原理运用到更多零件中去，可省去大量的准备时间和编程时间，从而提高加工效率。

# 参 考 文 献

[1] 胡健. 螺旋桨空泡性能及低噪声螺旋桨设计研究 [D]. 哈尔滨：哈尔滨工程大学，2006.

[2] 温亮军. 船舶螺旋桨空泡数值预报及参数影响分析 [D]. 北京：中国舰船研究院，2016.

[3] 温钊. 基于实测毛坯的螺旋桨加工余量及进给参数优化 [D]. 重庆：重庆理工大学，2018.

[4] 冀志超. 螺旋桨数字化抛光加工中的在机测量关键技术 [D]. 大连：大连理工大学，2016.

[5] 杨福宝，刘恩克，徐骏，等. Er 对 Al-Mg-Mn-Zn-Sc-Zr-（Ti）填充合金凝固组织与力学性能的影响 [J]. 金属学报，2008（8）：911-916.

[6] 唐玉洁. 填充物在薄壁零件加工中的应用 [J]. 金属加工（冷加工），2016（18）：50-51.

[7] 赵红娜，张凯. 低熔点合金在异形孔凹模加工中的应用 [J]. 科技与企业，2015（16）：248.

[8] 梁炳文. 机械加工工艺与窍门精选 [M]. 北京：机械工业出版社，2004.

[9] 艾兴，等. 高速切削加工技术 [M]. 北京：国防工业出版社，2003.

[10] 安杰，邹昱张. UG 后处理技术 [M]. 北京：清华大学出版社，2003.

[11] 张磊. UG NX6 后处理技术培训教程 [M]. 北京：清华大学出版社，2009.

[12] 于斐，王细洋. 基于 UG 的 MIKRON 五轴加工中心后置处理的研究 [J]. 制造技术与机床，2008（8）：54-57.

[13] 陈德存. 基于 UG Post Builder 的多轴加工中心后置处理的编写 [J]. 成组技术与生产现代化，2010（2）：56-59.

[14] 袁博，谭宇，安静，等. 高精度光学零件毛坯的检测技术 [J]. 电子测试，2017（7）：46-49.

[15] 王君. 浅谈提高机械加工精度的措施 [J]. 冶金管理，2020（21）：5-6.

[16] 梁璨. 工程机械的智能化趋势与发展对策 [J]. 南方农机，2019，50（21）：107，128.

[17] 唐克岩. 高速切削技术的发展及应用 [J]. 组合机床与自动化加工技术，2015（12）：1-3，14.

[18] 李圣怡，戴一帆，等. 精密和超精密机床精度建模技术 [M]. 长沙：国防科技大学出版社，2007.

[19] 盛伯浩，唐华. 数控机床误差的综合动态补偿技术 [J]. 制造技术与机床，1997（6）：19-21.

[20] SCHWENKE H, KNAPP W, HAITJEMA H, et al. Geometric error measurement and compensation of machines—An update [J]. CIRP Annals-Manufacturing Technology，2008，57（2）：660-675.

[21] BYRNE G, DORNFELD D, DENKENA B. Advancing cutting technology [J]. CIRP Annals，2003，52（2）：483-507.

[22] 张彩芬. 现代精密和超精密加工技术及发展 [J]. 科技咨询导报，2006（20）：10.

[23] HEINZ A, HASZLER A, KEIDEL C, et al. Recent development in aluminum alloys for aerospace applications [J]. Materials Science and Engineering：A，2000，280（1）：102-107.

[24] 陈日曜. 金属切削原理 [M]. 2 版. 北京：机械工业出版社，2011.

[25] 王志刚，何宁，张兵，等. 航空薄壁零件加工变形的有限元分析 [J]. 航空精密制造技术，2000，36（6）：7-11.

[26] 王志刚，何宁，武凯，等. 薄壁零件加工变形分析及控制方案 [J]. 中国机械工程，2002，13（2）：114-117.

[27] 程敢峰. 刀具磨损与切削力及工件表面残余应力的研究 [J]. 机车车辆工艺，2004（6）：23-25.

[28] 董辉跃. 航空整体结构件加工过程的数值仿真 [D]. 杭州：浙江大学，2004.

[29] SMITH S, DVORAK D. Tool path strategies for high speed milling aluminum workpieces with thin webs [J]. Mechatronics，1998，8（4）：291-300.

[30] OBARA H, WATANABE T, OHSUMI T, et al. A method to machine three-dimensional thin parts [J].

Journal of the Japan Society for Precision Engineering, 2002 (3): 87-91.

[31] IWABE H I, SHIMADA T, YOKOYAMA K. Study on machining accuracy of thin wall workpiece by end mill [J]. 日本机械学会论文集 C 编, 1997, 63 (605): 239-246.

[32] 张伯霖. 高速切削技术及应用 [M]. 北京: 机械工业出版社, 2002: 4-5.

[33] FEILD M, KAHLES J F, CAMMETT J T. A review of measuring methods for surface integrity [J]. Annals of the CIRP, 1972, 21 (2): 219-238.

[34] 胡华南, 周泽华, 陈澄洲. 切削加工表面残余应力的理论预测 [J]. 中国机械工程, 1995, 6 (1): 48-51.

[35] 袁发荣, 伍尚礼. 残余应力测试和计算 [M]. 长沙: 湖南大学出版社, 1987: 84.

[36] FENG H Y, MENQ C H. The prediction of cutting forces in the ball-end milling process [J]. International Journal of Machine Tools and Manufacture, 1994, 34 (5): 697-710.

[37] SZECSI T. Cutting force modeling using artificial neural networks [J]. Journal of Materials Processing Technology, 1999 (92-93): 344-349.

[38] 陈统坚, 王卫平, 周泽华. 铣削过程的约束型智能控制研究 [J]. 华南理工大学学报 (自然科学版), 1994, 22 (4): 90-96.

[39] 宋金玲, 魏天路, 顾立志. 金属切削中刀-屑接触长度的有限元分析 [J]. 农业机械学报, 2003, 34 (3): 118-121.

[40] 米谷茂. 残余应力的产生和对策 [M]. 朱荆璞, 邵会孟, 译. 北京: 机械工业出版社, 1983: 2-3.

[41] YEN C Y, JAIN A, ALTAN T. A finite element analysis of orthogonal machining using different tool edge geometries [J]. Journal of Materials Processing Technology, 2004, 146 (1): 72-81.

[42] 王秋成, 柯映林. 航空高强度铝合金残余应力的抑制与消除 [J]. 航空材料学报, 2002, 22 (3): 60-62.

[43] 陶乾. 金属切削原理 [M]. 哈尔滨: 哈尔滨工业大学出版社, 1963: 113-115.

[44] 江志邦, 宋殿臣, 关云华. 世界先进的航空用铝合金厚板生产技术 [J]. 铝合金加工技术, 2005, 33 (4): 1-7.

[45] 王立涛, 柯映林, 黄志刚, 等. 航空结构件铣削残余应力分布规律的研究 [J]. 航空学报, 2003, 24 (3): 286-288.

[46] LIN Z C, PAN W C. A thermo-elastic-plastic model with special elements in a cutting process with tool flank wear [J]. International Journal of Machine Tools and Manufacture, 1994, 34 (6): 757-770.

[47] ELDRIDGE K F, DILLON O W, LU W Y. Thermo-viscoplastic finite element modeling of machining under various cutting conditions [D]. Southfield: Transactions of NAMRI/SME, 1991.

[48] 田欣利, 王立江. 陶瓷磨削力对磨削表面残余应力的影响 [J]. 吉林工业大学学报, 1998 (3): 81-84.

[49] 张利军, 申伟, 刘涛. 钛合金薄壁零件加工工艺技术研究 [J]. 现代制造工程, 2012 (11): 69-72.

[50] 简金辉, 焦峰. 超精密加工技术研究现状及发展趋势 [J]. 机械研究与应用, 2009, 22 (1): 4-8.

[51] 刘战强, 艾兴, 宋世学. 高速切削技术的发展与展望 [J]. 制造技术与机床, 2001 (7): 3.

[52] 杨建武. 国内外数控技术的发展现状与趋势 [J]. 制造技术与机床, 2008 (12): 57-62.

[53] 崔彤, 薛彦华. 超高速与超精密加工技术 [J]. 林业机械与木工设备, 2003 (6): 4-6.

[54] 周洁. 数控机床近年发展的六个趋势 [J]. 装备机械, 2003 (4): 36-40.

[55] 张云霞, 张云峰. 高速切削技术及其在我国的发展 [J]. 科技创业月刊, 2009, 22 (6): 71-72, 77.

[56] 杨冬焱. 我国数控技术的现状及对策 [J]. 装备制造技术, 2012 (3): 93-95.

[57] 陈炜. 现代机械加工中高速切削的应用 [J]. 太原科技, 2003 (4): 80-81, 83.

[58] 袁巨龙, 王志伟, 文东辉, 等. 超精密加工现状综述 [J]. 机械工程学报, 2007 (1): 35-48.

[59] 周志斌，肖沙里，周宴，等．现代超精密加工技术的概况及应用［J］．现代制造工程，2005（1）：121-123.

[60] 袁巨龙，张飞虎，戴一帆，等．超精密加工领域科学技术发展研究［J］．机械工程学报，2010，46（15）：161-177.

[61] 王先逵，吴丹，刘成颖．精密加工和超精密加工技术综述［J］．中国机械工程，1999（5）：9.

[62] 陈世平，曾凡宇，谢世列．高速切削关键技术与展望［J］．重庆理工大学学报（自然科学），2016，30（10）：71-75，93.

[63] 司国斌，张艳．精密超精密加工及现代精密测量技术［J］．机械研究与应用，2006（1）：15-18，26.

[64] 周琴．加工误差产生的原因及分析［J］．现代机械，2011（2）：8-10，13.

[65] 李征，刘飞，文振华．磨削加工硬脆材料的延性域研究进展［J］．机床与液压，2021，49（9）：177-181.

[66] 张虎，周云飞，唐小琦，等．数控机床精度强化方法研究［J］．机械与电子，2000（6）：46-49.

[67] 王晶晶，李新梅．高速切削加工技术及其重要应用领域浅析［J］．机床与液压，2015，43（4）：177-180，94.

[68] 李圣怡，朱建忠．超精密加工及其关键技术的发展［J］．中国机械工程，2000（Z1）：5.

[69] 蒋林森．超硬刀具在现代加工技术中的地位和作用［J］．超硬材料工程，2005（2）：40-43.

[70] 崔彤，薛彦华．超高速与超精密加工技术［J］．林业机械与木工设备，2003（6）：4-6.

[71] 赵庆．现代高速加工技术及装备［J］．科技资讯，2011（10）：38.

[72] 张莹．加工中心轮廓误差预测前馈补偿技术研究［D］．西安：西安理工大学，2007.

[73] 栗时平．多轴数控机床精度建模与误差补偿方法研究［D］．长沙：中国人民解放军国防科技大学，2002.

[74] 范梅梅．车—车拉数控机床的设计与精度分析［D］．沈阳：沈阳工业大学，2004.

[75] 孙克．数控机床几何误差软件补偿技术研究［D］．太原：中北大学，2010.

[76] 张变霞．数控机床精度及误差补偿技术［D］．太原：中北大学，2008.

[77] 胡建中．数控机床的误差补偿的实现［J］．硅谷，2009（11）：120.

[78] 张文博．基于填充曲线的曲面数控刀具轨迹自动生成算法研究［D］．长春：长春理工大学，2005.

[79] 文广，马宏伟．数控技术的现状及发展趋势［J］．机械工程师，2003（1）：9-12.

[80] 闫咏．薄壁易变形圆筒件几何尺寸自动测量方法［J］．中外企业家，2020（21）：256.

[81] 王春阳．轴套类零件加工变形原因及控制措施［J］．南方农机，2019，50（10）：171.

[82] 李富长，宋祖铭，杨典军．钛合金加工工艺技术研究［J］．新技术新工艺，2010（5）：66-69.

[83] 冯勇刚，谭平宇．慢走丝线切割加工工艺及操作技巧［J］．模具工业，2002（12）：50-54.

[84] 宋春香，李强．数控电火花线切割在模具加工中的工艺技术［J］．工具技术，2009，43（7）：89-91.

[85] 侯学军．基于工控机的三坐标数控钻铣床数控系统开发［D］．乌鲁木齐：新疆大学，2006.

[86] 李兴．卧式加工中心工作台旋转后坐标系的建立及编程［J］．金属加工（冷加工），2008（7）：65-66.

[87] 赵跃俊．薄板类零件加工变形的解决方法［J］．机械研究与应用，2012，25（3）：147-148，150.

[88] 吕军，杨雷，吕建．薄板类零件加工工艺研究与改进［J］．雷达与对抗，2016，36（2）：50-52.

[89] 孙攀攀，吴晓鸣，盛军，等．钛合金薄板类零件精度控制方法研究［J］．新技术新工艺，2019（5）：11-18.

[90] 赵新．薄壁类零件加工装夹技术研究［J］．新技术新工艺，2009（11）：116-118.

[91] 陈亚宁．机床制造业的节能减排［J］．机械制造与自动化，2011，40（3）：60-61.

[92] 毕迎华．高速铣削力预测软件开发与实验研究［D］．长春：吉林大学，2007.

[93] 黄邹亚．五轴联动运动控制仿真技术研究［D］．广州：广东工业大学，2011.

[94] 刘海鹏，赵文军，洪振军，等 . 基于数值仿真技术的渗碳工艺优化 [J]. 新技术新工艺，2017（6）：75-78.

[95] 张勇，陈焕新，高俊峰，等 . 高精度轴承座加工方法及加工变形的控制 [J]. 制造技术与机床，2018（9）：109-112.

[96] 张妍 . 超精密机床进给系统微动特性及其 QFT 控制器的研究 [D]. 兰州：兰州理工大学，2009.

[97] 陈耘辉 . 离子注入表面改性超精密加工机理及工艺的研究 [D]. 天津：天津大学，2014.